黄河源区弯曲河流演变过程与机理

Morphodynamic Processes and Mechanism of Meandering Rivers in the Source Region of Yellow River

李志威　王兆印　著

科学出版社

北京

内 容 简 介

本书以黄河源区弯曲河流为研究对象,采用长期野外考察、原型观测与实验、遥感解译、力学理论分析与概化模型实验相结合的综合方法,对黄河源区草甸型与泥炭型弯曲河流演变过程和机理进行系统研究。全书主要内容包括研究背景与意义,黄河源区弯曲河群空间分布、形态特征与边界条件,草甸型与泥炭型弯曲河流崩岸过程与机理,弯曲河流颈口裁弯过程与机理,弯曲河流颈口裁弯概化水槽实验,牛轭湖淤积过程与数值模拟,弯曲河流内有机碳输移规律,结论与展望。

本书可供从事河流动力学、河流地貌学和河流生态学等专业的科技人员及高等院校相关专业师生阅读和参考。

图书在版编目(CIP)数据

黄河源区弯曲河流演变过程与机理=Morphodynamic Processes and Mechanism of Meandering Rivers in the Source Region of Yellow River/李志威,王兆印著. —北京:科学出版社,2021.12
  ISBN 978-7-03-067589-7

Ⅰ. ①黄… Ⅱ. ①李… ②王… Ⅲ. ①黄河–河湾演变–研究
Ⅳ. ①TV147

中国版本图书馆 CIP 数据核字(2020)第 266193 号

责任编辑:范运年/责任校对:彭珍珍
责任印制:吴兆东/封面设计:蓝正设计

科 学 出 版 社 出版
北京东黄城根北街 16 号
邮政编码:100717
http://www.sciencep.com
北京中科印刷有限公司 印刷
科学出版社发行 各地新华书店经销
*
2021 年 12 月第 一 版 开本:720×1000 1/16
2021 年 12 月第一次印刷 印张:16 3/4
字数:340 000

定价:138.00 元
(如有印装质量问题,我社负责调换)

前　言

黄河源区位于青藏高原东北部，流域面积 13.2 万 km²，平均海拔超过 3000m，是草甸型和泥炭型弯曲河流的集中发育区，因此该区域是研究弱人类活动干扰下弯曲河流演变过程与机理的理想区域。以往对这两类高寒植被覆盖的弯曲河流缺少关注，对其发育条件、形态特征和演变过程等缺少深入系统的野外观测与机理研究。近年来，三江源国家公园建设和黄河流域生态保护与高质量发展的国家区域发展战略，对黄河源区河流生态保护提出新要求，急需实施一批重大生态保护修复工程以提升流域生态质量与水源涵养能力。广泛发育的弯曲河流廊道既为滨河湿地、草甸湿地和泥炭湿地提供水源，又是湿地水文连通性和生源物质输出的水流通道，两者相互依存，相互影响。因此，开展黄河源区弯曲河流演变过程与机理的探索性研究，不仅有助于全面掌握青藏高原弯曲河流演变的一般性规律，对丰富弯曲河流动力学的理论体系具有重要的学术价值，还可为源区滨河湿地保护和湿地生态恢复等提供科学参考。

作者带领团队于 2011～2020 年组织和实施了 20 余次黄河源区考察，观测了 10 多条不同空间尺度和不同边界条件的弯曲河流形态与演变过程，并基于野外观测数据开展了较系统的概化水槽实验研究。结合弯道侵蚀过程的理论分析，对典型弯曲河流崩岸、迁移、裁弯和牛轭湖形成及演变进行较全面和深入的研究。本书为上述研究成果的系统总结和梳理，包括以下六个方面的内容。

一是提出了黄河源区弯曲河群的概念，发现其发育四个大型弯曲河群，即玛多-达日草原、若尔盖盆地、甘南草原、黄南草原的弯曲河群，其中若尔盖盆地发育数量最多、河曲带最宽、平均弯曲度最大的弯曲河群，其边界条件主要由滨河植被作用下河岸二元结构物质组成。草甸型弯曲河流的河岸由紧密的草甸根土复合体和卵石夹砂组成，泥炭型弯曲河流的河岸由高强度泥炭层和河湖相粉砂组成。

二是揭示了草甸型-泥炭型弯曲河流独特的二元结构河岸物理及力学特性，其形成的悬臂式崩岸形式，即下部粉砂层受水流淘刷，导致上部根土复合体发生悬臂式剪切或张拉破坏。根据河岸悬臂结构的力矩平衡方程，揭示了悬臂式崩岸力学机制，提出了计算河岸稳定性的理论模型，进而推导了发生悬臂式张拉破坏的临界崩塌宽度公式。同时提出基于水文过程线的悬臂式崩岸模拟方法，指出某一时间范围内岸坡侵蚀受流量大小的量级及其频率的共同作用，但是不受峰值流量控制。

三是识别了若尔盖盆地的 4 条代表性弯曲河流在过去 100 年共计发生 105 次

颈口裁弯事件,而且于 2018 年 7 月发现并连续观测黑河下游 1 个颈口裁弯的地貌突变事件,揭示了极端洪水条件下强烈河岸侵蚀是触发这个颈口裁弯的主导机制。同时 2013～2018 年在黑河上游 2 个高弯曲度弯道的颈口实施人工开槽,实现加速颈口裁弯和缩短了观测时间,发现新河道分流角决定新河道发展与展宽路径,而且新河道调整与发展速率主要受河道比降、水流功率和河岸抗冲强度影响。

四是为了实现水沙条件可控的颈口裁弯并观测裁弯触发过程,基于多年野外观测的颈口裁弯现象与逼近裁弯的高弯曲度河湾,采用缩小几何比尺开展概化水槽实验,研究高弯曲度河道在恒定流量、非恒定流量和滨河植被条件下颈口裁弯过程与主控条件,分析裁弯发生过程、河道短期调整和颈口裁弯的发生条件与触发机制和滨河植被作用。

五是识别了若尔盖盆地典型弯曲河流河曲带内牛轭湖分布与形态特征,较深入观测和分析了牛轭湖进口段淤积过程,并建立相应的推移质淤积模型,同时建立牛轭湖出口段悬移质淤积模型并模拟其淤塞过程。

六是研究了若尔盖盆地典型弯曲河流的不同地貌单元对有机碳输移的影响规律与机制,包括分析了河道内的有机碳浓度及组成,揭示了凸岸点滩有机碳沉积及控制因子并阐明了裁弯后牛轭湖有机碳含量对水文连通性的响应过程。

本书的前期工作得到科技部国家国际科技合作专项项目“三江源河流生态动力学综合研究”(2011DFA20820)、“黄河源生态演变与保护”(2011DFG93160)和清华大学自主科研课题等资助;近期工作得到国家自然科学基金重大研究计划的培育项目“径流变化下三江源冲积河群的河床演变规律”(91547112),面上项目“黄河源弯曲河流颈口裁弯过程与机理研究”(51979012)、“黄河源牛轭湖淤积演变对湖内底栖生物的影响研究”(51979120)等资助,在此一并表示感谢。

本书第一作者的导师王兆印教授从 2009 年开始带领团队考察黄河源区河流地貌,并长期指导和支持团队成员开展弯曲河流形态与演变过程研究。本书的研究工作得到了胡旭跃教授的无私支持,没有他的关心和帮助,本书是很难完成的。诚然,近 10 年以来 20 余次野外考察与观测经历了青藏高原的严寒与艰辛,包含着先后众多参与者的贡献和付出。本书的研究工作主要由作者与研究生共同完成,章节分工如下:李志威负责前言、结论和参与所有章节撰写,汤韬和杨玥参与第 2 章撰写,朱海丽、郭楠、杨涵苑和汤韬参与第 3 章撰写,汤韬、游宇驰、吴新宇和徐艺菲参与第 4 章撰写,吴新宇参与第 5 章撰写;李想参与第 6 章撰写,王丹阳参与第 7 章撰写,对他们的辛勤劳动和智力投入表示诚挚的感谢。全书由李志威和王兆印统稿和修改定稿。美国雪城大学高鹏教授参与了多次野外考察,提出了许多宝贵建议。清华大学吴保生、傅旭东和钟德钰教授,中国水利水电科学研究院方春明和刘成教授级高工,中国科学院地理科学与资源研究所黄河清和陈东研究员,湖南师范大学李忠武教授,青海大学李希来和胡夏嵩教授,新西兰奥克兰大学 Gary Brierley 教授等对本书给予了鼓励和建议。参与野外考察和研究工作的人员还包括王旭昭、余国安、潘保柱、田世民、徐梦珍、李艳富、韩鲁杰、刘乐、杜俊、赵娜、吕立群、张晨笛、周雄冬、冀自青等，以及研究生刘晶、吴叶舟、颜旭、宋劼、鲁瀚友、刘亦伦、陈帮、郭西维、李凯轩、文杰、周杭懿等，他们都有付出与贡献，在此一并表示衷心感谢。余国安副研究员对本书结构和内容提出较多有益的建议，王丹阳博士通读和润色本书的文字表述。

　　本书的策划、撰写和出版，离不开夏军强教授的关心和鼓励，正是在他的强烈建议和无私支持下，作者才鼓起勇气，坚持完成书稿内容。本书的出版得到了武汉大学水资源与水电工程科学国家重点实验室和国家自然科学基金项目(51725902)的资助，特表致谢。

　　鉴于作者水平有限，尽管多次修改文稿，但仍难免有不妥之处，敬请读者批评指正。

李志威、王兆印

2020 年 11 月 18 日

目　录

第1章 绪 论

1.1 研究背景与意义

1.1.1 研究背景

　　黄河源区位于青藏高原东北部的唐乃亥水文站以上流域范围，涉及青海、四川、甘肃三省，总面积约 13.2km^2，年均径流量约 200 亿 m^3，年均输沙量约 1000万 t，是黄河流域主要产流区和水源涵养区，也是我国西部极为重要的生态安全屏障。黄河源区发源于巴颜喀拉山北麓各姿各雅山的约古宗列曲，其水系格局分布属于树枝型(图 1.1)，从扎陵湖和鄂陵湖东边流出后，左侧的主要支流为优尔曲、西柯曲、东柯曲、曲什安河、切木曲和大河坝河等，这些河流大部分发源于阿尼玛卿山。沿程右侧主要支流有喀日曲、多曲、勒那曲、热曲、柯曲、达日河、沙

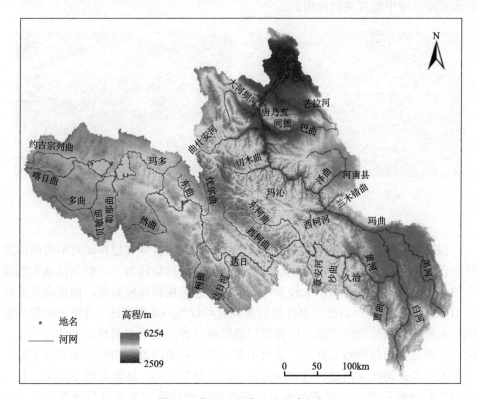

图 1.1 黄河源流域主要水系分布

曲、贾曲、白河、黑河、兰木错曲、泽曲、巴曲、芒拉河等，这些河流主要发源于巴颜喀拉山和岷山。总体而言，黄河源区的河网水系发达，冲积河流的类型多样，形态特征变化大。

黄河源区干支流沿程河流地貌和侵蚀类型丰富，冲积河道的平面形态具有多样性，干流沿程发生多次河型空间转化，如玛曲河段的辫状-分汊-网状-弯曲-辫状河道（Blue et al., 2013; Li et al., 2013; Yu et al., 2013, 2014; Brierley et al., 2016; Liu and Wang, 2017）。黄河源区冲积河谷的地势较平坦，如玛多源头区、黄南草原、甘南草原和若尔盖盆地，其高寒草原、草甸和泥炭广泛分布，弯曲河流如兰木错曲、吉曲、贾曲、白河、黑河、泽曲、麦曲、哈曲、格曲等。这些河流及其支流在玛多-达日、若尔盖盆地、黄南草原和甘南草原组成主要的弯曲河群（李志威等，2016）。这些弯曲河群河岸主要为草地、草甸或泥炭组成的二元结构，上层为根土复合体，下层为非黏性卵石夹砂层或粉砂层。这些尺度不同的弯曲河流平面形态蜿蜒迂回，弯曲度很高，自然裁弯形成的牛轭湖比比皆是，这是青藏高原河流最美的自然景观之一（图 1.2）。这些弯曲河流在凹岸侵蚀和凸岸淤积的驱动下，弯道经历微弯—弯曲—裁弯—微弯的周期性演变过程，其中自然裁弯在弯曲河流长期演变中发挥关键作用。

(a) 若尔盖黑河支流麦曲　　　　　　　　　(b) 黄南草原的兰木错曲

图 1.2　黄河源区典型弯曲河流

根据近 10 年野外观测和遥感影像解译，黄河源区草甸型和泥炭型弯曲河流横向迁移由悬臂式崩岸与侵蚀驱动，裁弯模式以颈口裁弯为主，但颈口裁弯的发生依赖河岸物质组成和来水来沙条件。采用遥感影像和原位监测，捕捉逼近裁弯的 Ω 形弯道和识别颈口裁弯事件是目前具有可行性的观测方法，进而采用野外观测与水槽实验相结合的方法，研究颈口裁弯前后的河道形态调整、水动力变化、河床冲淤过程和裁弯触发机理，是揭示黄河源区弯曲河流周期性演变和临界突变事件的一个关键科学问题。弯曲河流发生颈口裁弯之后，逐渐形成牛轭湖，其进出口淤积过程以及与新河道的水文连通性和生源物质交换是值得研究的科学问题。同时，对于黄河源区若尔盖泥炭地发育数量众多的弯曲河流，其中上游弯道流经泥炭湿地，凹岸侵蚀、凸岸淤积和牛轭湖沉积对流域有机碳来源与迁移具有重要影响，是可指示泥炭湿地环境特征的一个重要生源要素，但是目前对于这个区域弯曲河流有机碳输移仍缺少系统的监测与深入研究。

1.1.2　研究意义

弯曲河流是地球表面分布最广和形态优美的冲积河型，具有蜿蜒曲折的平面形态、周期性的演变过程和冲积环境的普遍适应性。弯曲河流广泛发育于不同的气候带，包括洪泛平原、青藏高原、热带雨林、极地冻土和沙漠干旱区，甚至在冰原、深海、火星也有弯道形成的痕迹或遗迹(Howard, 2009; Matsubara et al., 2015; Li et al., 2019)。弯曲河流的蜿蜒趋向性是在凹岸侵蚀和凸岸淤积的横向推拉作用下，弯道经历微弯—弯曲—裁弯—微弯的周期性演变。自然裁弯在弯道演变中扮演降低整体形态复杂度、启动新一轮周期演变和形成牛轭湖的关键角色。自然裁弯可分为颈口裁弯(neck cutoff)和斜槽裁弯(chute cutoff)，目前自然裁弯的发生条件、裁弯过程和触发机理仍是弯曲河流动力学的难点(Hooke, 2013)。

弯曲河流的横向迁移和纵向蠕动的速率较缓慢且空间差异较大，对于不同滨河植被条件下不同尺度弯道，其速率的差异更大(Hickin and Nanson, 1975; Nicoll and Hickin, 2010; Li et al., 2017)。因此，野外观测连续河湾的形态演变需要长时间原位观测或多源遥感影像监测，具有代表性的是 Hooke(1995, 2004)对英格兰北部的 Bollin River 和 Dane River 的长期跟踪观测与研究，Gay 等(1998)对 Power River 弯道裁弯过程的长期跟踪观测与研究，以及我国学者对渭河下游和黄河下游自然裁弯的观测分析(庞炳东，1986; 刘晶等，2017; 江青蓉等，2020)。1957~1964年，我国荆江河床实验站对下荆江弯曲河段开展了系统的弯道水流泥沙测验工作，同时为改善荆江航道条件和减轻防洪压力，下荆江的蜿蜒河段分别于 1967 年和 1969 年完成了中洲子和上车湾的人工裁弯工程、1972 年沙滩子发生自然颈口裁弯，以及进行了相应的原型观测与数据分析(潘庆燊等，1978)，而且谢鉴衡(1963)为下荆江的人工裁弯取直工程提出了水力计算及河床变形计算方法。这些早期的野外观测和实例研究，对认识弯曲河流动力学和自然裁弯打下了坚实的基础。

相对于野外观测，弯道水槽实验的难度小、成本低、可操作性强，国内外学者研究弯曲河流演变时，多选择以弯道自然模型实验或比尺模型实验作为突破口。因此，弯道水槽的实验成果相当丰富，至今弯道河床演变的水槽实验仍不断涌现。然而，边滩较难固定和漫滩水流冲刷的不确定性，使室内模拟弯曲小河并非易事，直接实现颈口裁弯则更是一个不小的挑战。早期，Friedkin(1945)在水槽中模拟弯曲小河发育和演变，只得到深泓线弯曲的微弯型河道，而且维持河床稳定的实验历时较短。唐日长(1963)通过下层铺纯沙，上层加黏土，种草固定边滩防止切滩，概化模拟了下荆江弯曲河道形成与演变。尹学良(1965)、Schumm 和 Khan(1971)在水流中成功添加黏土并在实验中模拟了弯曲小河。近 20 年，随着测控仪器与水槽设备更新升级，弯曲河流演变的水槽实验再次兴起，并为认识弯曲河流演变机理注入新活力，如 Braudrick 等(2009)种植苜蓿芽以固定边滩和河岸，van Dijk 等(2012)在粉砂中添加石英粉，Han 和 Endreny(2014)添加二氧化硅和滑石粉，Song 等(2016)、Yang 等(2018)也成功塑造正弦派生的弯曲小河。可见，添加黏性细颗粒和种植草本植物是水槽实验塑造近似自然弯曲河流的关键要素，但是较难考虑水流和泥沙相似的比尺效应。

作者采用长期野外考察与观测、实测资料分析、概化模型实验及力学理论分析相结合的方法，开展黄河源区弯曲河流演变过程与机理的系统研究。以近 10 年黄河源区的野外考察为基础，识别并提出黄河源区弯曲河群的空间分布、形态特征与边界条件，结合原型观测、理论分析和数值模拟系统揭示了草甸型-泥炭型弯曲河流崩岸特点、过程与机理，建立了典型弯曲河流颈口裁弯事件及相对时间序列。通过野外实验人工加速颈口裁弯并观测新河道和原弯道演变过程，发现黄河源区崩岸是触发颈口裁弯的主导机制。采用概化模型实验，研究了恒定流量、阶梯流量和植被作用下颈口裁弯发生、新河道发展和原弯道淤积过程。识别了典型河曲带内牛轭湖分布与形态特征，建立了牛轭湖进口段推移质淤积的理论模型和出口段悬移质淤积的数值模型，揭示影响牛轭湖淤积的主控因子。基于连续多年河流有机碳采样与测验分析，揭示了典型弯曲河流不同地貌单元对有机碳输移的影响规律。

这些研究成果在理论上定量揭示了黄河源区弯曲河流悬臂式崩岸和颈口裁弯机理，在原型观测和室内实验方面，提出了多种野外观测和室内概化实验方法，这不仅有利于加深认识黄河源区弯曲河流演变规律，而且有助于完善弯曲河流形态动力学的研究体系，并为黄河源区弯曲河流滨河湿地和泥炭沼泽的生态保护提供科学参考。

1.2 研究现状及存在的问题

1.2.1 弯曲河流平面形态与演变

通常可认为，弯曲河流是由一系列弯道段和与之相衔接的顺直过渡段组成的。弯曲河流具有蜿蜒趋向性，是通过凹岸冲刷崩塌和凸岸淤积外延，使得整个河流横向蜿蜒和纵向蠕动，即朝着弯曲度变大的方向演变，直至达到临界条件发生自然裁弯。由于弯曲河流蜿蜒蠕动的速率较慢且不同河流的差异较大(Hickin and Nanson, 1975; Nicoll and Nanson, 2010; Li et al., 2017)，野外观察河湾演变需要长时间追踪观测。法国工程师 Fargue 在 20 世纪初针对加隆河的长期野外观测，提出了河湾形态与演变的五条定律，为从事航道整治的工程师提供指南，他还精辟地指出"弯曲是河流的属性"和"顺直段只是两个弯曲段之间的连接"。1957～1964 年，我国荆江河床实验站对长江下荆江河段开展了较完整的弯道水流泥沙测验工作(如来家铺弯道)，对弯道水流动力轴线、水面纵横比降、横向环流、泥沙输移特性和弯道河床演变规律开展了观测研究。这些野外观察工作，对推动我国弯曲河流的河床演变研究起到了基础性作用。

目前，一般以河道中心线来概化弯曲河流的平面形态。例如，描述规则河湾的河道中心线的理论曲线，Ferguson(1973, 1976)总结的 Fargue 的螺旋线、圆弧、正弦波、von Schelling 曲线、Ferguson 曲线、正弦派生曲线以及 Kinoshita 曲线。应用最为广泛的理论曲线为 Langbein 和 Leopold(1966)根据最小方差理论提出的正弦派生曲线和 Kinoshita(1961)在正弦派生曲线基础上考虑弯道的偏斜度和丰盈度提出的 Kinoshita 曲线。Parker(1976)对弯道发展进行稳定性分析，提出与正弦派生曲线相似的曲线，只是形式较复杂。由于弯曲河流河湾的内在不对称和偏斜性(Carson and Lapointe, 1983)，正弦派生曲线只适用于描述规则对称而且中等弯曲度的弯道，而 Kinoshita 曲线可描述不规则且不对称的连续弯道，适用性更广泛。为了模型制作方便，Abad 和 Garcia(2009)在室内水槽修建了 Kinoshita 连续弯道，Song 等(2016)、Yang 等(2018)采用正弦派生曲线的连续弯道，开展了系统的弯道水流泥沙与河床变形实验研究。

弯曲河流的平面形态根据河道流路，可确定的几何参数有弧长、波长、波幅、弧角、河道宽度和曲率半径，还有无量纲参数，包括弯曲度(sinuosity)和弯道曲率(curvature)。

$$S = \frac{L}{\lambda} \tag{1.1}$$

$$C = \frac{r}{b} \tag{1.2}$$

式中，S 和 C 分别为弯曲度和弯道曲率；L 为河道中心线的弧长；λ 为波长；r 为曲率半径；b 为河道宽度。Ikeda 等(1981)运用摄动线性分析法求出河湾流路方程，并推导得到波长表达式如下：

$$\lambda = 8D\left(\frac{\pi w}{fD}\right)^{0.5} \tag{1.3}$$

式中，D 为水深；w 为河宽；f 为摩擦系数。

针对弯曲河流平面形态的研究，第一种方法是统计大量弯曲河流的平面几何参数，寻找形态参数的一般性统计规律，如高弯曲度的河湾显著地偏向上游发育(李志威等, 2011; Guo et al., 2019)。Hickin(1974)建立了 Beatton River 的曲率半径与河宽的经验关系：r/w=2.11。Brice(1974)依据美国 10 条弯曲河流的 125 个河湾段，将河湾形态分成 4 个类(简单对称、简单不对称、复式对称和复式不对称)和 16 个亚类。为了解决自动测量形态参数的问题，Andrle(1996)提出角度测量技术可更准确地测量河湾几何形态及计算弯曲度，只是使用起来比较麻烦。张斌等(2007)运用遥感影像分析嘉陵江的限制型河湾平面形态，认为嘉陵江发育最弯曲、最不规则的天然河湾。Constantine 和 Dune(2008)采用遥感影像测量 30 条代表性弯曲河流的牛轭湖和河湾形态特征，建立了牛轭湖平均湖长与弯曲度的指数关系，以及牛轭湖形成速率表达式。Nicoll 和 Hickin(2010)调查加拿大 23 个限制性弯道的平面形态与演变速率，表明限制性河湾与自由河湾的形态统计规律是一致的，但前者一般不易发生自然裁弯。

第二种方法是以分形几何和自组织临界来研究弯曲河流的几何分形和非线性几何复杂特征。分形几何是法国数学家 Mandelbrot 提出描述大自然复杂现象的几何学，特别对于具有自相似的层次结构，弯曲河流的整体与局部形态具备自相似特性，Snow(1989)、Nikora(1991)给出弯曲河流分形几何计算方法、分形结构和分形弯曲度。Stølum(1996)认为河湾长期演化是一种自组织过程，当河湾达到临界状态时，平均弯曲度在 3.14 附近振荡，分形维数等于 1.28。同时，Stølum(1998)统计了亚马孙河流域的 6 条支流的形态参数，弯曲度为 2.15~3.21，分形维数为 1.180~1.465。Montgomery(1996)统计了 Tok River 和 Nowitna River 的弯曲度分别为 2.26 和 2.30，分形维数分别为 1.46 和 1.51。汪富泉等(2001)运用自组织理论分析了河湾演变的自组织特征与稳定性。Perucca 等(2005)对 4 条弯曲河流的几何形态开展非线性分析，统计结果未表明存在非线性特征，认为自然裁弯和外力作用阻止了非线性形态动力过程。Howard 和 Hemberger(1991)对 33 条弯曲河段的 57 个自由河湾的 40 个形态参数进行统计分析，并运用 Ferguson 扰动周期模型及 Howard 和 Knutson(1983)的模型计算模拟曲线与弯曲河流的差异，两个模型的计算结果比自然弯曲河流规则得多。Guneralp 和 Rhoads(2009)运用离散信号处理方法分析弯曲河流的曲率与迁移速率的关系，分析表明一阶河湾演变模型以指数亏损的形式可反映相对简单的几何形态，对复式河环和多重河湾，只有采用高阶模型才能近似模拟。

第三种方法是通过统计方法建立形态参数与外部控制条件和河湾演变速率的关系(Li et al., 2017; Yu et al., 2020)。Hickin 和 Nanson(1975)建立了弯道曲率半径与河湾演变速率的定量统计关系。Swamee 等(2003)基于不同时期印度恒河的平面形态图像，认为区域地质构造、来水来沙条件、边界条件和新构造运动是控制恒河河道弯曲度的主要因素。Guneralp 和 Rhoads(2009)研究弯曲河流的弯曲度和变形速率的定量关系，认为两者关系呈强非线性且随空间变化，弯曲度的空间位置对变形速率的影响依赖于河湾形态的复杂性。

随着近 10 年多源遥感数据源不断增加和解译技术提升，对弯曲河流形态的自动提取技术、形态参数统计与弯道归因分析一直是河流地貌学者研究的重要问题（Monegaglia et al., 2018; Sylvester et al., 2019; Ielpi and Lapotre, 2020），也反映弯道形态动力学演变是认识弯曲河流的重要内容和热点问题。

1.2.2 弯曲河流演变的水槽实验

弯曲河流的周期性演变和自我调节机制（自然裁弯）决定了其平面形态的复杂性、生成大量的牛轭湖和在冲积河谷内形成较宽的河曲带。我国西部干旱区的塔里木河中下游弯曲河道，缺少黏性物质且植被稀疏，导致河湾的横向演变速率高和裁弯发生频率高（Li et al., 2017），而植被化弯曲河流凹岸崩岸的低速率和裁弯发生时快速的冲刷过程，使得野外观测其全演变周期（微弯-弯曲-裁弯-微弯），在连续观测的长时间尺度上和捕捉裁弯过程的短时间尺度上都具有很大难度。因此，目前对弯曲河流的河床变形调整、裁弯过程和突变机制仍不清晰，采用水槽实验塑造弯曲河道和概化模拟裁弯过程是一种有效的替代方法。

研究弯曲河流演变时多选择采用弯道自然模型实验，塑造弯曲小河并研究弯道演变过程中的可能发生裁弯现象（Tiffany and Nelson, 1939; Friedkin, 1945; Schumm and Khan, 1971; Smith, 1998; Braudrick et al., 2009; Dulal and Shimizu, 2010; Visconti et al., 2010; van Dijk et al., 2012）。最早的室内塑造弯曲河流的水槽实验始于 20 世纪 30 年代（Tiffany and Nelson, 1939）。后期，许多学者改变床沙物质组成（Friedkin, 1945; Smith, 1998），并在水流中添加黏性细颗粒物质（Schumm and Khan, 1971; van Dijk et al., 2012）或者种植草本植物以塑造弯曲度较大的河道（Braudrick et al., 2009）。室内塑造弯曲河流需要考虑诸多因素，如河床物质组成（Braudrick et al., 2009; Dulal and Shimizu, 2010）、流量变化过程（Visconti et al., 2010）、河床比降（Smith, 1998）、黏性物质含量（Schumm and Khan, 1971; Peakall et al., 2007）、上游扰动（van Dijk et al., 2012）和滨河植被（Millar, 2000; Gran and Paola, 2001; Tal and Paola, 2010）等。然而，室内塑造的弯曲小河弯曲度最大为 2.0（Smith, 1998），塑造稳定的高弯曲度河流并触发颈口裁弯仍未实现，这是弯曲河流水槽实验的一个重要挑战（Howard, 2009; Guneralp et al., 2012）。因此，水槽实验要实现模拟颈口裁弯需要更大力度的固定边滩防止斜槽裁弯和凸岸切滩发生，同时需要足够长的实验时间和相对较宽的水槽宽度，让河湾自由发育成高弯曲度河流并收缩形成颈口。

国内，早在 20 世纪 60 年代即开始在室内塑造弯曲河道，如唐日长（1963）通过水中加黏土和边滩上种草模拟荆江的弯曲特性，这被后续实验确认为一种可行的辅助方法。尹学良（1965）通过添加黏土成功塑造和在较长时间内维持弯曲小河，揭示了水流、泥沙和比降对弯道形成的影响。80 年代，金德生（1986）研究了边界条件对弯曲河流发育过程的影响，洪笑天等(1987)研究了河谷形态、流量、泥沙和侵蚀基准变化对弯曲河流形成的影响。从前人的大量实验结果可知，室内水槽塑造弯曲河道的关键难点是在连续弯道塑造成功之后，避免凸岸边滩的切滩撇弯向辫状河道发展，因此弯曲河道塑造与演变还涉及在不同边界条件下弯曲与辫状河型成因及相互转化问题(倪晋仁，1989；王随继等，2000)。

尽管前人实验水槽的尺寸不同，实验持续时间不同，弯道的弯曲度和维持时间不同，但是采用可控实验条件以观察弯道形成、演变和裁弯的思路是一致的。然而，水槽实验塑造弯曲河流的一些认识还不清晰，如添加黏性细颗粒的比例是多少，种植什么类型的草本植物，水槽实验实现颈口裁弯的临界条件是什么。室内塑造高弯曲度河流较为困难，但是采用水槽实验实现颈口裁弯仍具有可能性。目前，已有学者利用小型水槽研究颈口裁弯(Han and Endreny, 2014)，在水槽内开挖比降较大的初始河道，并采用恒定或非恒定流量过程模拟整个颈口裁弯过程，揭示了颈口裁弯过程的水头损失和潜流交换，仍未涉及触发裁弯的临界水流条件。可见，通过水槽中开挖弯曲度河道后，在颈口内侧设置浅引槽或不设置引槽，在施放水流过程中研究颈口裁弯过程与触发机制是一种可行性方法(吴新宇，2019)。

塑造弯曲河流实验的关键条件是床沙的级配、流量的大小及变幅、河床比降和添加黏性物质的级配及比例。前人实验所铺床沙有单一均匀沙和二元结构床沙，厚度为5~20cm，床沙中值粒径d_{50}为0.004~0.8mm。黏性细颗粒泥沙对于塑造室内弯曲河流具有重要作用，而且实验过程中加沙级配和加沙速率尤为重要。但是，加沙级配和加沙速率因人而异，没有统一标准。总结已有实验，加沙中值粒径变化范围为0.03~0.45mm，添加黏性物质为滑石粉、黏土、高岭土、硅藻土和二氧化硅等。床沙级配设计方案具有代表性的实验是金德生(1986)采用二元床沙，上层是64%高岭土和36%细砂，d_{50}=0.14mm，下层是中砂层，d_{50}=0.29mm；Smith(1998)采用的细颗粒物质是高龄土、白色瓷土和岩石粉(d_{50}=0.004~0.010mm)、玉米淀粉(d_{50}=0.012mm)、硅藻土(d_{50}=0.035mm)的组合形式，成功塑造弯曲度为2.0的连续弯道；Braudrick等(2009)所用的床沙粒径最大，d_{50}=0.8mm。van Dijk等(2012)通过粉砂中添加石英粉也成功塑造弯曲河道，固定凸岸边滩和模拟斜槽裁弯过程，并认为维持卵石河床弯曲河流的充分必要条件是来自持续的上游水流扰动和洪泛平原形成。Han和Endreny(2014)添加二氧化硅和滑石粉(底部物质是90%二氧化硅，d_{50}=0.18mm)，上层物质是10%滑石粉，Song等(2016)、Yang等(2018)采用类似方法成功塑造正弦派生曲线的弯曲小河。

弯曲河流的蜿蜒趋向性与流量周期性变幅存在密切关系，恰当的水流条件对实验塑造弯曲河道是至关重要的。塑造弯曲河流的关键是减缓河道展宽的速率，抑制斜槽裁弯的随机发生。前人水槽塑造弯曲河流所使用流量较小，一般流量变化范围为0.009~3.0L/s，仅有Friedkin(1945)的实验中最大流量可达12.7L/s。水槽塑造弯曲河道所需的比降不宜过大或过小，纵比降变化范围为 0.0025～0.025，如洪笑天等(1987)采用变化的河床比降，上游为 0.005，下游为 0.0025，而 Smith(1998)采用的河床比降较大，为 0.025。

种植草本植物提供河岸抗冲性和增加近岸水力阻力，也是一个重要的实验辅助方法，如种植苜蓿芽和高羊茅。自然界大多数弯曲河流的河岸都生长滨河植物，植物在中小弯曲河流维持与演变中发挥重要作用，已与前人广泛研究达成共识。滨河植被的作用可归纳为：增加河岸稳定性，使得河道变得窄深；减小近岸流速，抑制河岸侵蚀及崩岸的发生；根系能够增强泥沙抗冲刷能力。前人预先在水槽里塑造一个辫状河道并种植植物，实验表明植物能改变水流方向和河道形态，促进原河道向弯曲河型转化(Gran and Paola, 2001; Tal and Paola, 2010; Yang et al., 2018; Li et al., 2019)。仅有植被即可实现减小河道展宽速率和抑制裁弯的发生，促使凸岸的淤积速率和凹岸的冲刷速率基本保持同步(Braudrick et al., 2009)。以上研究都是肯定了滨河植物在弯曲河型形成过程中的积极作用，然而 Church(2002)认为河型发育过程中的主要控制因素是水流和泥沙条件，植物是外在的附加因素，Peakall 等(2007)认为仅有细颗粒泥沙即可产生足够的黏性，而不需要借助植物的作用。

迄今为止，实验塑造弯曲小河的弯曲度基本都小于自然弯道的弯曲度，仅发生斜槽裁弯，尚不能成功产生颈口裁弯，这说明在水槽实验实现颈口裁弯的充分条件尚不清楚。对比弯曲河流的周期演变过程和自然裁弯现象，颈口裁弯的触发条件主要包括如下 4 个方面：①凹岸具有一定抗冲能力(黏土成分、植物根系、泥炭层等)和崩塌块的短期护岸作用；②凸岸淤积(同岸泥沙淤积、漫滩洪水携带细颗粒泥沙)和先锋植被繁殖与演替；③流量非恒定，年内流量过程具有变幅(洪水期高涨，枯水期低落)；④输沙过程随季节变化，洪水期高输沙率，枯水期低输沙率甚至无输沙，悬移质浓度洪水期高，枯水期低，但悬移质始终存在，这对凸岸漫滩后边滩淤积增厚有利，同时细颗粒泥沙本身具有土壤肥力，有利于植物种子生根发芽、生长和繁殖。因此，采用新实验方法或人工加速的方式都需要考虑以上弯曲河流形成的关键物理背景，以便解决塑造持续稳定的高弯曲度河流和实现颈口裁弯。

1.2.3 自然裁弯类型与机理

弯曲河流的周期性演变由凹岸冲刷崩塌和凸岸淤积外延驱动，直至达到临界条件发生自然裁弯(Perucca et al., 2005; Hooke, 2007; 李志威等, 2013a, 2013b)。自然裁弯是弯曲河流自我调节过程中不可缺少的关键环节(Hooke, 1995; Stølum, 1996; Smith, 1998)。裁弯能够在较短时间内缩短河长，限制河道弯曲度和形态复杂度(Erskin et al., 1992)，是弯曲河流演变的突变地貌现象(Hooke, 2004)。由于黄河源区的弯曲河流以颈口裁弯为主，以下只关注颈口裁弯过程与机制。

弯曲河流颈口裁弯包括两种触发模式：①漫滩水流冲刷；②河岸侵蚀-崩岸。前者多发生于低频率洪水过程，发生时间短，冲刷速率快，广泛出现在北美平原、亚马孙河流域、长江中游、黄河的渭河下游、塔里木河等。后者在中低水位缓慢地由河岸侵蚀和崩岸缩短颈口宽度，直至上下游河道贯通，广泛分布于青藏高原、北极冻土、亚马孙河等。漫滩水流冲刷的颈口裁弯，由于地表植被覆盖、上层土体的非均匀且含有黏性物质、新河槽冲刷展宽过程非线性、新河槽发展与水沙输移耦合等复杂问题，目前较难采用理论分析建立形态动力学数学模型，水槽实验是可选的研究手段。

河岸侵蚀-崩岸的颈口裁弯大致可分为 3 个阶段：①河岸侵蚀-崩岸缩短颈口宽度，直至颈口宽度小于平均河道宽度；②河岸侵蚀-崩岸继续缩短颈口宽度至非常窄(小于平均河宽)，上下游水位差在颈口土体中产生增大的渗透压力和渗流侵蚀作用；③颈口上下游水流贯通，新河槽迅速展宽和切深，并逐步成为主流路，其上游河道发生侵蚀，下游河道发生淤积。采用水槽实验和理论建模描述这 3 个过程是揭示河岸侵蚀-崩岸贯穿型颈口裁弯机制的关键所在。

1. 野外观测

采用历史地图、航空照片、遥感影像与野外观测相结合是识别和分析弯曲河流颈口裁弯事件的重要方法(Micheli and Larsen, 2011; Li et al., 2017; Li and Gao, 2019)。前人关于颈口裁弯前后的河床变形与河道响应已有较多现象描述，但对其裁弯过程尚没有连续观测数据，如通过历史地图调查澳大利亚 Hunter River 下游的 8 次自然裁弯，河段弯曲度从 3.84 降低至 1.38，认为裁弯指示了古河道演变及原因(Erskin et al., 1992)。通过 Power River 颈口裁弯的观测表明，漫滩洪水的溯源侵蚀是触发裁弯的主要原因，而且需要多次高水位漫流水流冲刷(Gay et al., 1998)。英国 Bollin River 在 30 年时间内所有裁弯事件都发生于丰水期的洪水过程，颈口裁弯后新河槽快速展宽，侵蚀产生大量泥沙形成较多边滩和沙洲(Hooke，2004)。

许多学者认为低频率和高水位的洪水过程是诱发裁弯的主要原因(Hooke, 1995; Gay et al., 1998; Constantine et al., 2008, 2010; Micheli and Larsen, 2011)，然而 1967~2001 年 Rio Madeira River 的裁弯发生时间与洪水出现的时间并不一致(Gautier et al., 2007)，这说明洪水过程不是触发裁弯的唯一原因。河道几何形态逼近临界条件、河岸组成物质的不均匀性、河岸的快速侵蚀和局部水流比降的增大也影响裁弯的发生时间(Thompson, 2003; Hooke, 2004; Micheli and Larsen, 2011)。近 10 年来，已有学者采用高精度差分 GPS 和走航式声学多普勒流速剖面仪 ADCP 野外实测美国 White River 的 3 个已发生颈口裁弯后不同阶段的三维流场和地形变化，颈口裁弯后河道形态变化影响牛轭湖的泥沙淤积，增加主河道流场的连通性（Konsoer et al., 2016）。由于颈口裁弯具有持续时间短和位置不确定性，野外观测很难捕捉到颈口裁弯的实时水流条件和裁弯事件、牛轭湖形成和河道后续演变的整个过程（Camporeale et al., 2008; Li and Gao, 2019）。因此，需要结合不同分辨率的遥感影像先识别逼近裁弯的弯道，再采用野外观测和长期原位监测可能的裁弯事件与触发过程。

斜槽裁弯也可适当降低弯曲度和形态复杂性，同时增加一条新的水沙流路，一般会引起强烈的局部河床演变。斜槽裁弯早为国内外学者所认识，即其裁弯形成的新河槽与河湾轴线斜交。关于斜槽裁弯的概念，也称作"切滩撇弯"，一般指凸岸边滩发生切滩或水流动力轴线偏离原深泓线（谈广鸣和卢金友，1992；覃莲超等，2009；朱玲玲等，2017），尹学良（1965）提出5种切滩模式，揭示了斜槽裁弯的大部分形式及过程。斜槽裁弯的发生时间具有偶然性，这体现在裁弯事件依赖于河湾弯曲度和极端洪水发生时间，而且其发生位置的不确定性体现在从凸岸到河湾内侧底部均可能形成新河槽。运用历史地图和航空影像调查英国威尔士1条964km河道的145个自然裁弯，其中55%为斜槽裁弯，11%为简单的颈口裁弯和13%为多重河湾的颈口裁弯（Lewis and Lewin, 1983），而且Constantine等（2010）将斜槽裁弯分成3种基本类型且深入揭示Sacramento River的斜槽裁弯过程。Zinger等（2011）在 *Nature Geoscience* 报道了美国Wabash River的Mackey河湾于2008年6月和2009年6月发生了2次斜槽裁弯事件，发现这2次裁弯都触发新河槽河岸的强烈侵蚀，产生大量泥沙进入下游河道，影响航道正常通行。显然，这类捕捉裁弯过程除了适用于大型冲积弯道的卫星遥感监测，还需要长期追踪某个逼近裁弯河湾和先进野外测量仪器（如走航式声学多普勒流速剖面仪和多波束测深仪）。

综上可知，遥感影像和野外调查是观测颈口裁弯的重要方法，但是对于颈口裁弯过程的捕捉依赖于遥感影像的精度和长时间序列，野外观测较难捕捉正在发生裁弯的弯道，只能监测逼近裁弯的Ω形弯道和裁弯后的新河道及牛轭湖。因此，对于颈口裁弯触发的临界条件和裁弯发生过程的快速河床演变，则需要采用水槽实验、理论建模和数值模拟的综合研究方法。

2. 数值模拟

弯曲河流横向演变和蠕动速率一般较慢，而且不同弯曲河流的演变速率千差万别，要研究弯曲河流形态的周期性演变规律，运用形态动力学模型进行数值模拟是近30年应用最多的研究方法。构建河湾演变的数学模型关键是建立横向迁移速率与弯道水流的理论关系。迄今为止，以Ikeda等（1981）的线性模型应用最为广泛，其表达式如下：

$$M = Eu'_b \tag{1.4}$$

式中，M 为河湾演变速率；E 为河岸侵蚀经验系数，取值范围为 $10^{-8} \sim 10^{-7}$，取决于河岸泥沙特性、水流特征和河湾平面形态，需要运用实测横向速率数据反算与验证；u'_b 为凹岸近岸平均流速与断面平均流速的差值。

Stølum(1996)利用式(1.4)模拟弯曲河流数百年的长期演变过程，提出颈口裁弯对弯曲河流形态演变从无序至有序具有调节作用。Howard(1992)、Sun 等(1996)考虑地形因素利用式(1.4)模拟弯曲河流长期演变与洪泛平原相互作用，Xu 等(2011)在此基础上增加了二阶非线性项，数值模拟河湾演变与洪泛平原形成的相互作用。类似的数值模拟工作还有很多，如 Lancaster 和 Bras(2002)、Frascati 和 Lanzoni(2009)等。正如 Parker 等(2011)明确指出式(1.4)建立的线性河湾模型，存在至少 3 点不足之处：①侵蚀经验系数需要利用已观测数据率定，缺乏物理机理解释(Constantine et al., 2010)；②保持河宽不变，实际弯曲河流的河宽沿程均有所变化；③不适用于非黏性和无植被的河湾，因此该模型不适合预测自然弯曲河流。Parker 等(2011)为解决此模型的不足，提出一个更具物理机制的统一理论模型，具体体现在：①将河宽分为凹岸、河床和凸岸三个部分，不再需要河宽保持不变；②给出侵蚀岸和淤积岸的演变方程；③考虑凹岸崩塌体抑制冲刷作用，而且该模型数值模拟已取得良好模拟效果。

弯曲河流的另外一个模拟思路是从力学角度考虑凹岸崩岸机理，耦合水流泥沙输移模型和地形变化模型，如 Darby 等(2002)、钟德钰和张红武(2004)、Chen 和 Tang(2012)、假冬冬等(2010)、Xu 等(2011)、Posner 和 Duan(2012)、夏军强和宗全利(2015)等，这方面的平面二维数值模拟已达到较成熟水平，并且可用于实际弯曲河段的冲淤和形态演变计算。弯曲河流形态动力学的数学模型已较为丰富和成熟，而且考虑二元物理组成的弯道崩岸物理机制模型不断出现。然而，以往众多的数学模型均假定河道宽度恒定，凸岸淤积速率等于凹岸侵蚀速率，较少考虑河岸物质组成差异以及滨河植被影响，并且采用河道中心线概化整个弯道，难以模拟和预测弯曲河流的颈口裁弯过程。

目前，弯曲河流的颈口裁弯是否具有自组织临界尚存不少争议。Stølum(1996)认为颈口裁弯是一个重要的调节机制，即当河湾处于有序状态(低弯曲度)时，裁弯破坏这个有序状态；当河湾处在无序状态(高弯曲度)时，裁弯产生这个有序状态，从而达到动态平衡状况。Hooke(2004, 2007)也认为河湾演变的不稳定性是内生的，多重裁弯事件一般由自组织临界引起。Camporeale 等(2005)表明颈口裁弯实质上移除高弯曲度的旧弯道，这个过滤方式能够有效地限制河湾的形态复杂性，数值模拟时裁弯产生的间断噪声，可影响整个弯道河道的形态动力过程。进而，Camporeale 等(2008)认为自然裁弯具有双重角色，即移掉旧弯道形态复杂度和限制产生间断噪声。然而通过河湾演变模拟的结果，也有认为尚无明显证据表明河湾演变与裁弯受自组织临界和混沌理论控制(Frascati and Lanzoni, 2010)。由此可见，弯曲河流形态动力学的自组织及非线性特征主要取决于对颈口裁弯过程与机理的原型观测与深入认识。

基于形态动力学的数值模拟是研究颈口裁弯对整体连续弯道演变影响的一种重要方法。颈口裁弯也被认为是弯曲河流长期演变过程中的一个随机突变现象(Frascati and Lanzoni, 2010)，或者是弯曲河流系统内在自组织临界的结果(Stølum, 1996; Camporeale et al., 2005, 2008; Hooke, 2007)。因此，在数值模拟弯曲河流的长期演变过程中，自然裁弯始终是一个关键问题。一般假定颈口宽度等于平均河宽的 1.5 倍或弯曲度达到某个数值时自动发生裁弯(Howard, 1992, 1996)，再采用新网格点替换原河道中心线，开始新一轮演变过程(Lancaster and Bras, 2002; Camporeale et al., 2005)。这类数值模型未考虑裁弯物理机制，在裁弯发生时刻尚无力学机制描述颈口裁弯过程。有学者利用数学模型研究裁弯过程的流速和边界剪切力变化(Fares, 2000)，但是仍没有涉及颈口裁弯发生的水流-泥沙-植被临界条件。因此，研究弯曲河流颈口裁弯机理有助于从物理机制上提出触发颈口裁弯的形态动力学方程，为河湾演变的长时间尺度模拟提供更坚实的理论基础。

综上可知，河湾数值模拟可通过简单的临界条件复演颈口裁弯的结果，但尚不能模拟其裁弯发生过程。较多的河湾数值模拟可复演特定条件下弯曲河流演变，尚未见报道可模拟颈口裁弯发生与过程的数学模型，因此需要对颈口裁弯机理开展裁弯条件、水动力和水流-冲刷-崩岸耦合的力学模型研究。

1.2.4　存在的主要问题

(1) 根据黄河源区发育数量众多、尺度不同的弯曲河流的空间分布情况，提出弯曲河群是在某个区域或某个流域分别为支流或具有从属的干支流，具有冲积弯曲河道类型，共同组成一个弯曲河流群体，简称弯曲河群(李志威等, 2016)。对于某个弯曲河群,将河群内部的不同尺度的河流作为一个整体来研究它们形态、边界条件和演变过程的共性和差别，而不是孤立地研究某一条弯曲河流。这有利于比较弯曲河群内部的不同河流的共性和差异，这为从中等尺度(区域尺度)认识黄河源区弯曲河流分布与形态特征提供新思路。

(2) 黄河源区弯曲河流颈口裁弯后在河曲带内遗留大量的牛轭湖，反映了百年时间尺度内已发生颈口裁弯事件，但对其曾经的裁弯过程却知之甚少，可以采用形态参数统计与反演分析裁弯时间序列。尽管 2013 年夏季作者曾在黑河支流麦曲的 2 个逼近裁弯的 Ω 形弯道颈口，开挖窄浅河槽以加速颈口裁弯，通过 2014～2018 年夏季观测获得半自然条件下颈口裁弯观测数据(Li and Gao, 2019)，但对裁弯过程与机制缺少连续测量，尚缺乏理论表述。因此，以黄河源区已裁弯、正裁弯和逼近裁弯的弯道作为研究对象，采用不同分辨率的遥感影像识别黄河源区草甸型和泥炭型弯曲河流的裁弯事件，建立已发生、正发生和将发生颈口裁弯的数据集与时间序列，揭示黄河源区颈口裁弯的模式和临界触发条件是本书所关注的关键科学问题。

(3)黄河源区弯曲河流的崩岸过程以悬臂式崩岸为主，但是草甸型与泥炭型的二元河岸物理与力学特性、崩岸过程及数值模拟、年内水文过程对崩岸速率与强度产生影响，同时弯道凹岸侵蚀量与凸岸淤积量不平衡，产生弯道泥沙横向亏损量，这些问题对于认识弯曲河流横向迁移与长期演变速率具有重要意义。

(4)不同固定边滩的方法都可在水槽实验中成功模拟斜槽裁弯过程，而且河湾数值模拟可通过简单的临界条件复演颈口裁弯的结果，但水槽实验尚未解决塑造与模拟颈口裁弯。这说明尽管颈口裁弯具有确定性的力学模式，但室内水槽要实现模拟颈口裁弯需要更大力度的固定边滩、防止斜槽裁弯和抑制边滩切割发生，同时需要持续足够长时间和横向空间让河湾自由发育收缩成狭窄的颈口，而如何确定和实现颈口裁弯的水流-泥沙-植被临界条件是本书所关注的主要问题。

(5)黄河源区的若尔盖盆地是国家级湿地自然保护区，既是青藏高原弯曲河流的集中区，也是青藏高原泥炭湿地发育的核心区，形成弯曲河流与泥炭湿地交互作用的独特冲积环境，使得该区域弯曲河流上游沟道溯源侵蚀和沿程河岸侵蚀产生大量有机碳输出。这里碳输移过程不仅导致河流不同形态的有机碳浓度高(如黑河)，而且在不同地貌单元对有机碳输移规律均有不同，这些问题需要结合水文过程开展连续多年取样与测验分析，以揭示典型弯曲河流有机碳浓度及通量时空变化规律。

1.3　研究意义及章节内容

1.3.1　研究意义

(1)开展黄河源区弯曲河流演变过程与机理的定性描述和定量研究，首先需要识别与提取黄河源区弯曲河流的空间分布，进而提出弯曲河群的概念。这不仅需要从宏观上总体描述，更需要结合野外考察识别与确定弯曲河流的形态特征、河床和河岸边界条件。目前，在青藏高原尚缺少弯曲河流的整体现象描述与形态特征统计分析。因此，需要以黄河源区弯曲河群的空间分布为数据基础，通过形态特征和边界条件的分析，揭示源区弯曲河流形态与边界条件的共性规律。

(2)弯曲河流横向迁移主要受凹岸崩岸侵蚀驱动，而悬臂式崩岸不仅与近岸水流条件有关，还与河岸根土复合体组成及物理力学特性密切相关。黄河源区草甸型与泥炭型弯曲河流的二元河岸结构与低海拔冲积平原黏性细颗粒泥沙形成的二元结构有较明显区别，但是目前缺少源区根土复合体二元河岸特性的原位观测资料和崩岸速率，所以有必要对草甸型与泥炭型弯曲河流进行河岸原位观测、力学分析和数值模拟，揭示其悬臂式崩岸速率、过程与力学机理。

(3)黄河源区弯曲河流的自然裁弯以颈口裁弯为主，但是其实现裁弯需要等待很长时间(数年至数十年)，而且触发裁弯和新河道形成时间短，一般难以及时开展原位监测，因此选取高弯曲度弯道，开展人工开槽加速裁弯、遥感解译与原位连续观测和采用缩放几何比尺的概化模型实验是研究颈口裁弯过程与机制的可选研究手段。

(4)黄河源区弯曲河流由于以往颈口裁弯遗留大量的牛轭湖，而之前对于这些牛轭湖形成过程与淤积问题知之甚少，有必要结合原型观测、理论分析和数值模拟，深入研究牛轭湖淤积过程与沉积规律。

(5)黄河源区若尔盖盆地的弯曲河流中上游水系流经泥炭湿地，通过凹岸侵蚀、凸岸淤积和牛轭湖沉积，影响从泥炭湿地输出有机碳的浓度与沉积过程，因此对于这个河流动力学与环境科学相结合的交叉学科问题，需要从泥炭沟道侵蚀、水文过程与有机碳输移三个方面加以连续取样和分析。

1.3.2　章节内容

本书以黄河源区弯曲河流演变过程与机理为研究目标，旨在揭示弯曲河群分布、形态特征、崩岸过程与机理、颈口裁弯机制、牛轭湖形态与淤积以及弯曲河流不同地貌对有机碳输移的影响规律。各章具体内容如下。

第1章：提出重要问题，给出研究背景与意义。分别从弯曲河流平面形态、弯曲河流演变过程、裁弯类型与机理，较全面总结已有研究的相关成果，重点介绍了弯曲河流自然裁弯的野外观测、水槽实验与数值模拟的研究现状及存在的不足等。

第2章：基于遥感解译和野外考察，提取弯曲河群的概念，识别黄河源区弯曲河群分布，分析其形态特征，区分不同类型弯曲河流的河岸边界条件。

第3章：根据野外观测与取样、理论分析与数值模拟，较系统地研究了草甸型与泥炭型弯曲河流的崩岸过程、控制因子和力学机理，在有限水文资料条件下提出基于水文过程线的崩岸过程模拟方法，同时基于无人机航测典型弯曲河段，计算弯道河道物质亏损量。

第4章：根据遥感影像、野外观测与实验和水动力数值模拟，研究若尔盖弯曲河流颈口裁弯事件序列及相对时间，人工开槽加速2个颈口裁弯过程及河道响应，黑河下游崩岸触发颈口裁弯过程与触发机理。

第5章：采用新建宽体水槽，基于缩放几何比尺的概化模型实验，在恒定流量、阶梯流量和植被作用下研究颈口裁弯形成、触发过程与河道响应规律。

第 6 章：基于遥感影像、野外观测和数值模拟，较全面研究了若尔盖盆地典型弯曲河流的牛轭湖分布与形态特征，建立了牛轭湖进口段淤积过程的理论模型和出口段悬移质淤积的数值模拟，揭示了影响牛轭湖淤积速率的主控因子。

第 7 章：采用野外采样和室内检测分析，研究了若尔盖弯曲河流不同地貌单元(河道、凸岸点滩、凹岸侵蚀)对有机碳输移的影响规律。

第 8 章：对本书已取得的结论进行总结，梳理研究过程中遇到的各种问题，并对下一步黄河源区弯曲河流的研究工作提出展望。

第 2 章　弯曲河群空间分布、形态特征与边界条件

黄河源区的河网水系发达，其中较大支流 30 余条，较小河流 400 余条。这些大大小小的河流所在河谷宽阔，比降较小，河道蜿蜒曲折，自然裁弯形成的牛轭湖随处可见，它们在不同流域组成若干弯曲河群。根据河岸物质组成的不同，弯曲河流大体分为两种：草甸型弯曲河流(如黄南草原和甘南草原)和泥炭型弯曲河流(如若尔盖盆地)(汤韬和李志威，2020)。草甸型弯曲河流的河岸上部为密集的草本与黏土组成的根土复合体，下部为非黏性的卵石夹砂。泥炭型弯曲河流的河岸上部为泥炭层，下部为非黏性的粉砂或松散沉积物。对比这两类弯曲河流的空间分布、形态特征和边界条件，有助于从整体上把握黄河源区弯曲河流的形成与发育条件。

2.1　冲积河群的概念与空间分布

弯曲河群指在某个地区或流域，具有相同的弯曲河型和相似的边界条件，且相互独立的支流或者具有从属关系的干支流组成的河群(李志威等，2016)。本书主要针对黄河源区的弯曲河流。遥感影像的解译与实地考察表明，黄河源区发育4 个弯曲河群，沿黄河源干流自上游向下游依次为玛多-达日弯曲河群、若尔盖弯曲河群、甘南弯曲河群和黄南弯曲河群(图 2.1)。这 4 个河群是黄河源区弯曲河流的重要空间分布特征，对其研究有利于从中等尺度空间分析弯曲河流的形态特征与边界条件。

黄河源区的地形起伏多变，从东向西海拔逐渐降低(6254m 降至 2509m)。扎陵湖至沙曲段存在众多山谷，绝大多数支流为辫状河流或者山谷限制性河流(图 2.1)，但是仍有一小部分支流随河谷展宽，这些支流在靠近黄河干流时发展为弯曲河流，如东曲、多曲、勒那曲、吉曲等，其弯曲河流分布相对分散，多为山谷限制性弯曲河流，它们共同组成玛多-达日弯曲河群。夏容曲至黑河段弯曲河流发育较好，数量较多，在白河、黑河及其支流流经的若尔盖盆地，形成了若尔盖弯曲河群。

玛曲至龙羊峡水库，泽曲及其二级支流与相邻流域的兰木错曲、永曲等共同组成黄南弯曲河群，该段主要是山谷限制性河流和少数辫状河流(巴曲和大河坝河)。在甘肃西南部，由大夏河和洮河等的支流共同组成了甘南弯曲河群，主要分布在玛曲、夏河和碌曲等，地表类型以黄河第一弯内侧的泥炭湿地和高寒草甸地为主。

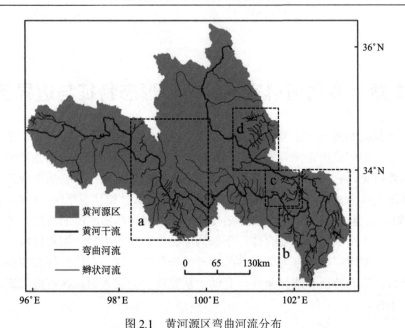

图 2.1　黄河源区弯曲河流分布

a-玛多-达日弯曲河群；b-若尔盖弯曲河群；c-甘南弯曲河群；d-黄南弯曲河群

　　玛多-达日弯曲河群沿黄河干流分布，相比其他 3 个弯曲河群更为分散，从上游至下游，左岸包括扎曲和优尔曲等，右岸包括约古宗列曲、多曲、勒那曲、黑河曲、夏曲、柯曲和吉曲等。玛多-达日弯曲河群是黄河源区的主要支流，是一个较分散的弯曲河群[图 2.2(a)]。

　　若尔盖弯曲河群，主要分布在四川的若尔盖县、红原县和阿坝县，是黄河源区最大的弯曲河群，分布于黄河干流的右岸，从上游至下游依次是夏容曲、贾曲、达日曲、沃木曲、白河、玛尔莫曲、合纳曲和黑河[图 2.2(b)]。白河的弯曲支流从上游至下游，依次有朗米曲、岔布枕曲、龙日曲、达青曲、阿木曲、佐曲和欧木涅曲等。黑河是若尔盖盆地的最大弯曲水系，从上游至下游依次包括德讷河曲、格曲、哈曲、麦曲、热曲和达水曲等。黑河的弯曲水系主要分布在若尔盖县城上游，下游只有少量弯曲河流(如达水曲)。若尔盖弯曲河群以黑河和白河的干流与支流的弯曲河流为主，还包括少量黄河干流沿程支流，这些相互独立的干流与支流共同组成弯曲河群。

　　黄南弯曲河群位于黄河第一弯下游的右岸，面积约 1.27 万 km²，海拔在 3500m以上，内部其弯曲河群以泽曲为干流，泽库县以上河段主要弯曲支流有左岸的多切河、日俄冬曲和夏德日河，右岸的则曲，河南县下游段的主要弯曲支流有左岸的浩斗曲、措火日曲，右岸的切儿切河、下五曲、干马儿曲和洞五曲，以及相邻流域的赛欠曲、沃合特曲、兰木错曲和永曲等，共同组成一个弯曲河群[图 2.2(c)]。

甘南弯曲河群面积约为 2.51 万 km²，主要分布在甘肃省西南部的玛曲、夏河和碌曲三县。这里以高寒阴湿的高寒草甸草原为主，海拔多在 3000m 以上。该区域弯曲河群主要分布在黄河第一弯内侧的泥炭湿地和高寒草甸地区，从上游至下游包括赛尔曲、贡曲、尔则曲、纳艾曲、唐迪曲、娘伊曲、朗曲、姚达尔曲、纳尔玛曲和那合地曲等，黄河干流也有局部河段是弯曲河道[图 2.2(d)]。甘南弯曲河群基本都是黄河的支流，弯曲河流的长度和宽度都较小。

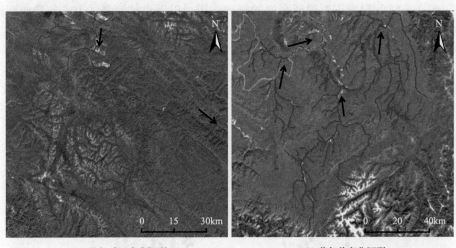

(a) 玛多-达日弯曲河群　　　　　　　　　　(b) 若尔盖弯曲河群

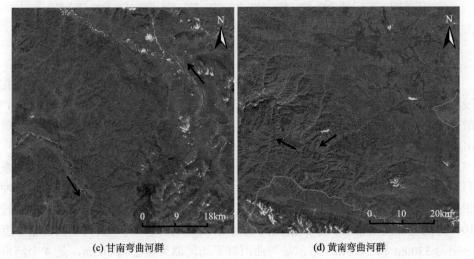

(c) 甘南弯曲河群　　　　　　　　　　　　(d) 黄南弯曲河群

图 2.2　黄河源区 4 个弯曲河群

2.2 弯曲河群的形态统计特征

2.2.1 河曲带宽度

河曲带是指弯曲河流长期周期性演变过程中，在自然裁弯、牛轭湖沉积、地形等影响下，连续弯道在冲积河谷内横向迁移的最大范围。河曲带宽度可反映弯曲河流在长时间尺度下对洪泛平原的塑造作用。以下对黄河源区 106 条弯曲河流干流和支流的河曲带宽度进行统计分析，如图 2.3 所示。

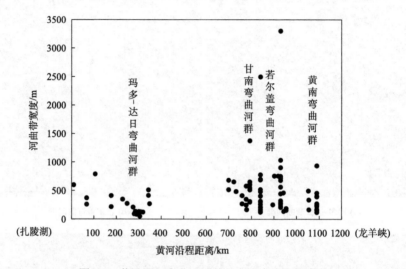

图 2.3   黄河源区弯曲河群的河曲带宽度沿程变化

河曲带宽度超过 1000m 的弯曲河流有贾曲、白河、黑河和热曲。自黄河出扎陵湖之后直至沙曲，20 条支流的河曲带都较狭窄，其中河曲带最人宽度为 787m，最小宽度为 50m。这主要是因为沿程左侧的阿尼玛卿山和右侧的巴颜喀拉山对黄河支流起到明显的约束作用，弯曲河流只能在较窄的山谷里发展。

从玛多到达日段，山谷是限制这些河流自由发展最主要的因素，弯曲河流发育不多。流经若尔盖盆地的贾曲、白河、黑河及其众多支流，由于区域地形为冲积平原，坡降小，适合弯曲河流发育并形成了若尔盖弯曲河群，河曲带宽度超过 1000m 的弯曲河流都在其中。最具代表性的弯曲河流是黑河和白河，河曲带宽度分别为 3300m 和 2498m，若尔盖弯曲河群平均河曲带宽度为 565m，是 4 个河群中最大的河曲带。

位于黄河干流第一弯内侧的甘南弯曲河群和下游右侧的黄南弯曲河群，主要由黄河的一级支流组成，河流发育与某些若尔盖盆地的河流类似，但是由于地形原因，河曲带宽度比若尔盖河流小，未发现河曲带宽度大于 1000m 的河流。兰木错曲以下，主要是山谷半限制性河道，以泽曲干支流形成的黄南弯曲河群，其河曲带比若尔盖和甘南两大弯曲河群都要窄，除了泽曲的最大河曲带宽度为 936m 外，各二级支流的河曲带宽度平均值仅有 253m。

2.2.2　牛轭湖分布

牛轭湖是冲积平原弯曲河流中一种常见的地貌形态，也是弯曲河道长期演变的重要标志，是河道演变过程中自然裁弯所遗留的痕迹，其包含的信息对于弯曲河道的演变过程和洪水作用具有指示作用。本书选取的牛轭湖影像均清晰可辨，对于已经消亡或距离河道太远(大于 20 倍河宽)的牛轭湖不做统计。针对 106 条弯曲河流牛轭湖分布及临近裁弯，其弯道颈口 10%～20%平均河宽，反映弯道逼近裁弯，它们的统计结果如图 2.4 所示，典型牛轭湖影像如图 2.5 所示。

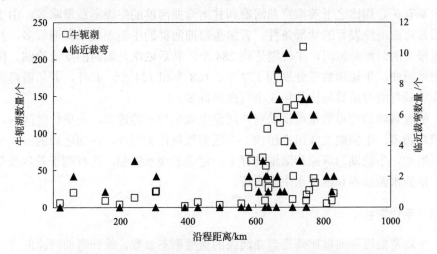

图 2.4　弯曲河群的牛轭湖数量与临近裁弯数量

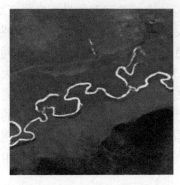
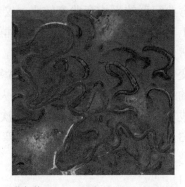

(a) 玛多-达日(33°54′25.40″N, 99°13′11.64″E)　　(b) 若尔盖(33°11′19.32″N, 102°52′08.62″E)

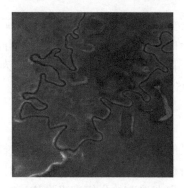
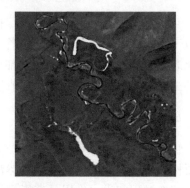

(c) 甘南(33°33′10.66″N，102°01′57.19″E)　　　(d) 黄南(34°36′29.19″N，101°30′00.11″E)

图 2.5　弯曲河群的典型牛轭湖影像

　　玛多-达日弯曲河群的牛轭湖数量较少，均小于 40，其原因仍然与两侧山体的限制有关。相比之下黄南弯曲河群和甘南弯曲河群的牛轭湖数量略多。由于具有适合弯曲河流发育的地形条件，若尔盖弯曲河群的牛轭湖数量普遍较多，其中数量最多的河流是黑河，牛轭湖达到 284 个，其后依次是黑河的支流哈曲、格曲和德讷河曲，牛轭湖数量分别为 177 个、168 个和 124 个。此外，若尔盖弯曲河群临近裁弯的弯道数量比其他 3 个弯曲河群多。

　　临近裁弯的弯道数量可反映弯曲河流生成牛轭湖的速率，在单位时间内，临近裁弯越多，牛轭湖生成速率越快。牛轭湖数量在黄河进入沙曲之后的冲积平原大量增加，牛轭湖为草原和湿地储存了一定量的淡水资源，这有利于若尔盖草原与湿地的水源涵养和维持水生态健康。

2.2.3　平均弯曲度

　　平均弯曲度和河道比降是弯曲河流的重要形态参数，统计弯曲河流的弯曲度和比降的关系如图 2.6 所示。若尔盖弯曲河群的平均弯曲度最大，为 1.67；玛多-达日弯曲河群的平均弯曲度较小，仅为 1.19。4 个弯曲河群的最小弯曲度均接近，约为 1.11 左右，但是若尔盖弯曲河群的最大弯曲度最大，其次是黄南弯曲河群、甘南弯曲河群、玛多-达日弯曲河群，这说明若尔盖弯曲河群发育最好，同时其弯曲度变化范围最大(1.11～2.36)。玛多-达日弯曲河群的河道平均比降最大且不同河流的差异较大，河道比降变化很大(0.002～0.050)，这主要是因为该河群分布在海拔 4000m 以上的山谷地区。其次是黄南弯曲河群，有少数弯曲河流的比降超过 0.03，而若尔盖弯曲河群和甘南弯曲河群比降都较小且有相似的变化规律。若尔盖弯曲河群的最大河宽是其他 3 个河群的 1.9～4.1 倍，而最小河宽相差不大(表 2.1)。

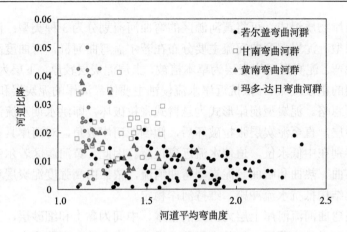

图 2.6　弯曲河群的河道平均弯曲度与河道比降的关系

表 2.1　4 个弯曲河群形态参数

弯曲河群	最大弯曲度	最小弯曲度	平均弯曲度	最大比降	最小比降	平均比降
玛多-达日	1.44	1.12	1.19	0.050	0.002	0.022
若尔盖	2.36	1.11	1.67	0.024	0.001	0.009
甘南	2.07	1.21	1.65	0.028	0.001	0.011
黄南	2.08	1.13	1.49	0.038	0.002	0.013

2.3　弯曲河群的边界条件

黄河源区弯曲河群的地表覆盖主要是高寒草甸、湿地和草原，因此这些弯曲河群的来沙量较少，主要来自坡面过程和崩岸入河的泥沙，既有粗颗粒卵石推移质，也有细颗粒悬移质。一般认为，影响弯曲河流河型的因素有水沙条件、床沙粒径、河床比降、滨河植被等，但对于黄河源区弯曲河流，最主要的边界条件是滨河植被作用下的河岸二元结构物质组成。为了探究河群之间的异同，对 4 个弯曲河群的滨河植被种类和河岸物质组成归类如表 2.2 所示。

表 2.2　黄河源区滨河植被种类及河岸物质组成

弯曲河群	滨河植被种类	河岸物质组成
玛多-达日	茂密的草本和稀疏的灌木	卵石河床、少量黏土
若尔盖	草本和灌木混合	表层草本、较厚泥炭层、湖相粉砂、卵石
甘南	高寒草甸	草本、黏土、卵石夹砂
黄南	高寒草甸	草本、黏土及细砂、卵石

根据河岸物质组成，可将黄河源区的弯曲河流划分为 3 种类型：泥炭型、草甸型及草原型。泥炭型弯曲河流主要分布在若尔盖弯曲河群，弯曲度高，裁弯形式为颈口裁弯。泥炭型河岸表层为草本植被，上层泥炭层较厚，下层为湖相粉砂，夹杂河流相的粗砂或卵石。抵抗近岸水流侵蚀主要依靠河岸的泥炭层和土体能力，植被作用可忽略。泥炭型崩岸形式为悬臂式张拉破坏，即洪水期水流淘刷泥炭层下部的粉砂层，直至泥炭层张拉破坏后，倾倒在河岸坡角，对河岸具有一定的保护作用，特别在中低水位，迫使水流远离近岸。因此，黄河源区若尔盖弯曲河群的麦曲、格曲、热曲和哈曲等泥炭型弯曲河流，依靠由高强度泥炭层和湖相粉砂组成的二元结构抵抗水流冲刷，维持河岸稳定。

草甸型弯曲河流河岸上层为密集的草本，中间为黏土和细砂层，下层为卵石层，广泛分布于甘南草原，如兰木错曲、泽曲、吉曲等，弯曲度高，裁弯主要为颈口裁弯，极少数为斜槽裁弯。其滨河植被多为高寒草甸，这类植被根系发达，与土体结合形成紧密的根土复合体，具有很强的抗剪强度和抗冲能力。此外，上部根土复合层崩落入河后贴附于坡脚，可减小近岸流速以保护近岸土体不受水流直接冲刷。在洪水期，植被的存在能增加水流阻力，拦截细颗粒泥沙，抑制凹岸冲刷，同时对凸岸点滩的淤积起到关键作用。故对草甸型弯曲河流而言，弯曲河型的稳定依赖于由紧密的根土复合体和卵石夹砂组成的二元结构河岸。

对于玛曲干流、白河和黑河干流中下游的草原型弯曲河流，弯曲度高，裁弯多为颈口裁弯。凹岸上层为较薄的草本根系层，河岸物质组成为湖相粉砂和河流相粗砂或卵石，有层理结构，抵抗近岸水流侵蚀主要依靠河岸土体自身的抗冲能力，上层植被根系具有一定作用，崩岸形式以剪切破坏为主。这类河流基本为河宽较大的干流，弯曲河道总体较稳定。

2.4 典型弯曲河流点滩形态特征规律

黄河源区的冲积河流以弯曲河型为主，是弯曲河群分布最为集中的区域，如 2.2 节所描述的若尔盖白河与黑河的干支流(格曲、麦曲、哈曲、热曲、德讷河曲等)(李志威等，2016)。白河与黑河流经若尔盖盆地，其区域气候、地形和地貌条件基本相同，且流域内水系发达，植被发育良好，人类活动对河流变化的影响可忽略，是研究弯曲河流形态特征、凸岸淤积与凹岸侵蚀崩岸的理想区域。弯曲河流横向迁移过程由凹岸崩岸的外延和凸岸淤积的推挤共同驱动，其中凸岸淤积形成的点滩形态特征与变化规律仍是一个尚待研究的重要问题。

点滩是形成于河道两岸的带状成型淤积体，包括弯道凸岸的点滩(point bar)、顺直微弯河道的交错点滩(alternative bar)和辫状河流的不稳定点滩(bank-attached bar)。这 3 类点滩广泛分布于冲积河道中，其演变规律与河流类型、边界条件和水沙条件密切相关(朱玲玲等, 2011; 孙昭华等, 2013; 韩剑桥等, 2018)。对于弯曲河流的凸岸, 点滩是由同岸输沙形成的弧形淤积体, 是弯曲河道横向迁移的重要推动力。点滩的形成受到弯道形态、水沙条件、床沙粒径和植被覆盖的综合影响。河道的弯曲度越小, 同侧凸岸顶部沉积的泥沙越多(Kawai and Julien, 1996; Willis, 2010; Bywater-Yeyes et al., 2018)。植被侵占与演替有利于凸岸点滩在中高水位时, 减弱漫滩水流的流速, 拦截上游泥沙并增加凸岸顶部的淤积量(朱海丽等, 2018; 刘桉等, 2018)。对于长江中下游弯道的凸岸点滩, 根据其发育状态, 划分为雏形点滩、半成熟点滩与成熟点滩, 统计表明点滩的长宽比与弯道弯曲度成反比(曹耀华, 1994)。对于弯曲河流凸岸点滩的研究主要集中在其形成过程与影响因素, 而对凸岸点滩沿程形态特征与变化规律尚缺乏深入认识。

本节以白河和黑河下游弯曲河段为研究对象, 基于 Google Earth(2010~2012年)与 Landsat(2008~2014 年)遥感影像和 2008~2014 年水沙数据, 描述凸岸点滩形态, 依据形态特征与沉积模式对凸岸点滩进行分类, 建立点滩的形态与水文条件的联系, 分析典型点滩的演变规律, 加深对弯道凸岸形成与横向迁移过程的认识。

2.4.1　研究河段与研究方法

黑河、白河流域位于若尔盖盆地的东部, 位于 32°20′~34°16′N, 102°11′~103°30′E 之间, 是黄河上游主要产流区。黑河发源于若尔盖南县岷山西麓, 由东南流向西北, 途经沼泽草地, 于玛曲县东南区域汇入黄河, 全长 456km, 流域面积 7608km^2。因流经沼泽区域时水流携带较多泥炭颗粒而呈灰黑色, 故称为“黑河”。白河因沿岸沼泽泥炭层发育较弱, 与黑河相比河水较为清澈而得名“白河”。白河发源于巴颜喀拉山东部, 由南流向北, 于唐克附近汇入黄河, 全长 270km, 流域面积 5488km^2。两条河流均为典型的弯道河流, 且流域内人工痕迹较少, 河道演变基本属于自然过程, 可作为点滩研究的典型河段。

在白河与黑河上各选取 1 个研究河段, 图 2.7(b)研究河段位于白河中下游, 河道长约 40km, 河宽 70~210m, 河床平均比降为 0.0038%。该段在每个弯道凸岸都有发育明显的点滩。河段两岸均由沼泽泥炭层与细砂层组成, 且沼泽泥炭层发育较弱。图 2.7(c)研究河段位于黑河下游, 河道长约 40km, 河宽 30~220m, 河床平均比降为 0.0016%, 河道性质及两岸泥沙组成与白河研究河段相似, 凸岸也有明显的沉积痕迹。

选取 Landsat 8 OLI-TIRS 和 Landsat 7 TM SLC-off 遥感数据(表 2.3), 空间分辨率为 30m, 进行数据提取与分析。由于不同时段研究区域径流量不同, 水位变化较大。为认识流量对凸岸点滩的影响, 依据白河、黑河流域多年径流量变化规律, 选择研究区域丰水期、枯水期遥感影像对比, 且保证研究区域不被云层覆盖。

水文数据选取靠近研究区域的白河与黑河 2008~2014 年实测日流量数据。

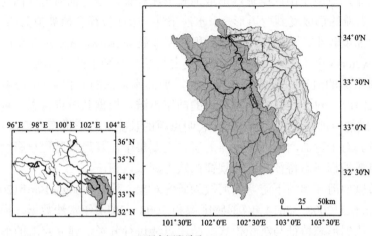

(a) 研究河段选取

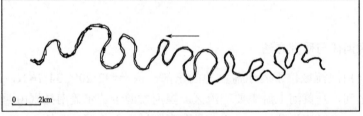

(b) 白河研究河段

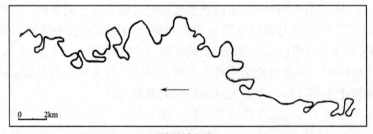

(c) 黑河研究河段

图 2.7　黄河源区白河与黑河下段的位置

表 2.3　遥感影像的基本信息

研究流域	数据	成像时间	列	行	日径流量/m³
白河流域	Landsat 8 OLI-TIRS	2014/8/12	131	37	304.00
	Landsat 8 OLI-TIRS	2014/5/7	131	37	38.50
	Landsat 8 OLI-TIRS	2014/1/31	131	37	3.64
	Landsat 7 TM SLC-off	2008/12/24	131	37	11.90

续表

研究流域	数据	成像时间	列	行	日径流量/m³
	Landsat 7 TM SLC-off	2008/10/24	131	37	47.10
白河流域	Landsat 7 TM SLC-off	2008/7/17	131	37	50.60
	Landsat 7 TM SLC-off	2008/5/14	131	37	24.60
	Landsat 8 OLI-TIRS	2014/1/31	131	37	3.64
	Landsat 8 OLI-TIRS	2014/5/7	131	37	14.70
	Landsat 8 OLI-TIRS	2014/12/1	131	37	12.20
黑河流域	Landsat 7 TM SLC-off	2008/5/14	131	37	6.16
	Landsat 7 TM SLC-off	2008/7/1	131	37	22.50
	Landsat 7 TM SLC-off	2008/10/5	131	37	11.80
	Landsat 7 TM SLC-off	2008/12/24	131	37	2.47

　　根据 2008～2014 年白河唐克水文站与黑河若尔盖水文站的水文数据,白河年均径流量变化区间为 10 亿～26 亿 m³,在 2009 年、2012 年与 2014 年都有流量突增的情况,流量变化均大于 50%,且在 2009 年流量突增最为明显,与 2008 年相比增加近 1 倍。2013 年流量呈现陡降趋势,年均径流量减少超过 35%,各年间流量变化明显。与白河相比,黑河的流量变化并不显著,年均径流量变化区间为 4 亿～10 亿 m³,但各年流量变化情况与白河的变化趋势相似。

　　由图 2.8 可知,白河与黑河流量的年内分布并不均匀。白河在 1～4 月内流量较小,月均径流量无明显变化,在 4～7 月流量逐渐增大直至达到峰值。8 月流量骤减,此后保持下降趋势,在 11 月流量略增大但 12 月流量依然减小。黑河的年内流量变化情况与白河类似,只在 11 月时流量不再增大。在黑河和白河,最小流量出现在 1 月,最大流量出现在 6～7 月。

　　通过 ArcGIS 软件对遥感影像资料进行几何校正、大气校正等预处理,将点滩与河道平面形态构建成 shp 文件,得到研究区域各凸岸点滩的形态图像。将 shp 文件中的图像与 Google Earth(2010～2012 年,视觉海拔为 2.0km)影像中的图形结合并进行筛选对比,并对类似形态的边滩分类,归纳其形态特点。

　　为了更准确地描述凸岸点滩受流量变化的影响,提出反映点滩形态特征的参数。除可以直接测量得到的点滩宽度 W_{blt}、平滩宽度 W_{bkf}、点滩面积 S 数据外,结合弯曲河道弯曲度的相关定义,可用点滩岸线曲率 k 反映点滩沿河流方向的弯曲程度,用点滩长宽比 P_a 反映点滩纵向弯道占比(图 2.9),点滩岸线曲率的表达式如式(2.1),点滩长宽比的表达式如式(2.2):

$$k = \frac{\lambda}{L_m} \tag{2.1}$$

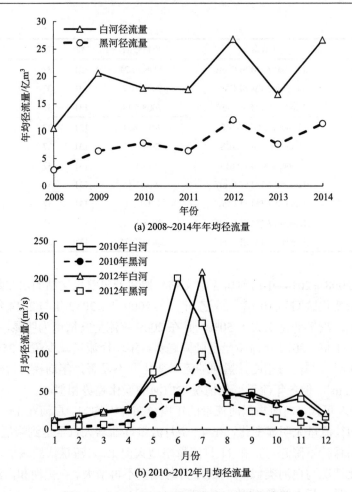

(a) 2008~2014年年均径流量

(b) 2010~2012年月均径流量

图 2.8 白河与黑河年均径流量与月均径流量

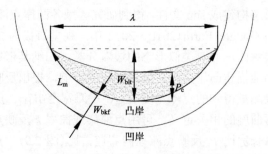

图 2.9 凸岸点滩形态参数示意图

$$P_a = \frac{W_{blt}}{P_c} \tag{2.2}$$

式中，L_m 为沿河岸线长度；λ 为平行河岸线长度；P_c 为点滩纵向高度。

2.4.2　凸岸点滩形态特征

通过对研究河段内沿程共 54 个形态清晰的凸岸点滩样本对比分析，将点滩按形态特征分为 2 种：常规形态点滩和特殊形态点滩。常规形态点滩分布范围较广，而特定形态点滩常在特殊形态弯道处分布。常规形态的点滩包括以下两种。

长条形点滩：如图 2.10（a）所示，为凸岸点滩常见形态。长条形点滩在弯道凸岸区域呈弧形分布，并覆盖弯道凸岸背水流方向区域，一直延伸至下一个弯道的凹岸范围内。长条形点滩起始点位于弯道凸岸顶点圆弧形区域内，其中心点常位于凸岸背水流方向区域，与凸岸顶点位置相距较远。

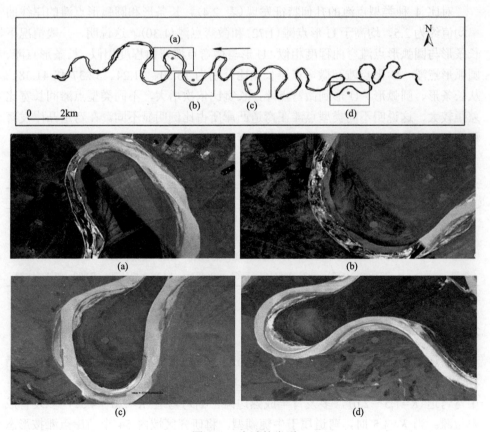

图 2.10　点滩的类型
(a)长条形；(b)圆弧形；(c)U 形；(d)微弯

　　圆弧形点滩：如图 2.10(b)所示，是凸岸点滩典型形态。圆弧形点滩与弯道凸岸形态相近，呈对称弧形分布。圆弧形点滩分布于凸岸点滩顶点附近，其起始点与终止点分别位于弯道凸岸顶点附近圆弧形区域的两端，两点的连线与凸岸点滩中分线近乎垂直。点滩中心点与弯道凸岸顶点位置相邻。

　　特殊形态的点滩可分为以下两种。

　　U 形点滩：如图 2.10(c)所示，是复合弯曲型弯道处形成的特定形态。点滩并不分布在凸岸顶点，而是在复合弯曲型弯道迎水面。U 形点滩形态与圆弧形点滩类似，呈对称弧形分布。点滩起始点与终止点位于复合弯道迎水面两端。

　　微弯点滩：如图 2.10(d)所示，是雏形弯道处形成的特定形态。雏形边滩呈对称弧形分布，分布于原河道凸岸顶点附近，且边滩中心点与凸岸顶点位置相近。微弯点滩分布范围覆盖整个弯道凸岸，与其他类型点滩相比，其演变对凸岸的影响更明显。

　　对比 4 种类型点滩的几何特征发现(表 2.4)，长条形和圆弧形点滩的岸线曲率均值约为 2.5，均高于 U 形点滩(1.72)和微弯点滩(1.30)。这说明，一般情况下长条形与圆弧形点滩弯曲程度相似，U 形与微弯点滩弯曲程度相似。长条形点滩、圆弧形点滩、U 形点滩和微弯点滩长宽比分别为 16.80、21.24、32.37 和 41.38。从长条形、圆弧形、U 形到微弯点滩，长宽比依次增大，不同类型点滩间长宽比差距较大，这说明不同类型点滩在弯道凸岸所占比例明显不同。在弯道凸岸发育程度最小的是长条形点滩，最大的是微弯点滩。

表 2.4　白河与黑河 4 类点滩的几何特征

类型	点滩个数	λ /m	P_c/m	W_{bkf}/m	k	P_a
长条形	17	391～1232(811)	271～910(590)	51～130(90.5)	1.84～2.98(2.41)	9.20～24.39(16.80)
圆弧形	27	288～1011(650)	245～933(589)	51～116(83)	1.75～3.54(2.65)	10.80～31.68(21.24)
U 形	11	249～939(594)	109～751(430)	41～151(96)	1.16～2.50(1.72)	10.79～53.95(32.37)
微弯	7	332～912(662)	82～246(164)	61～105(83)	1.12～1.47(1.30)	24.00～57.77(41.38)

2.4.3　凸岸点滩沿程分布

　　河道平均弯曲度是以河道弯曲长度与河谷直线长度的比值，弯曲度 K 作为指标，将弯曲河流弯道分为四类。其中，低弯弯道(K=1.1～1.5)，多发育雏形边滩；中弯弯道(K=1.5～2.0)，多发育半成熟边滩；高弯弯道(K=2.0～4.5)，多发育成熟边滩；当 K>4.5 时，弯道属于牛轭湖型。将研究区域内 54 个凸岸点滩按形态类型命名：长条形点滩命名为 T1，圆弧形点滩命名为 T2，U 形点滩命名为 T3，微弯点滩命名为 T4。可发现，圆弧形、长条形与微弯点滩的岸线曲率 k 与该类型点滩所在弯道的弯曲度 K 相近,可用弯曲度 K 代替岸线曲率 k 反映点滩的弯曲程度。由于 U 形点滩并没有完全覆盖所在弯道凸岸,致使 U 形点滩的岸线曲率与弯道弯曲度差距较大。

不同演变时期的凸岸点滩,可以通过形态分类进行简单区分(图 2.11)。微弯点滩的弯曲度与低弯曲度的弯道相吻合,故判断微弯点滩属于点滩的初级阶段。绝大多数 U 形点滩位于牛轭湖区域,U 形点滩属于牛轭湖型点滩。圆弧形与长条形点滩的形态变化与演变阶段之间无直接关系,它们均处于中等弯曲度弯道和高弯曲度弯道中。其中,白河段 17% 的圆弧形与长条形点滩位于高曲弯道,黑河段有 20%。这说明与黑河段相比,白河段内成熟点滩占比更小。

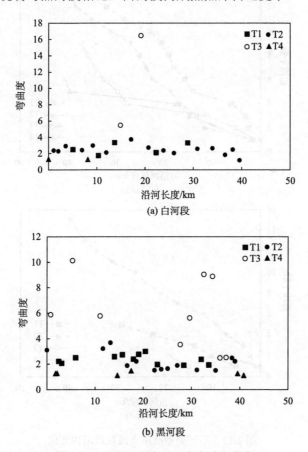

图 2.11　沿程不同类型凸岸点滩弯曲度

白河段各类型点滩弯曲度相近,且绝大部分点滩属于半成熟弯道点滩,其中圆弧形点滩占主要地位,占点滩总数的 50%。微弯点滩与 U 形点滩出现次数小,全河段共出现微弯点滩 2 处、U 形点滩 2 处[图 2.12(a)]。而且微弯点滩只出现于河段上游 0～10km 段，U 形点滩只出现于 10～20km 段，两处点滩出现的位置较为集中。

　　黑河段各类型凸岸点滩弯曲度差别较大，虽然半成熟与成熟弯道的点滩数量依然最多，但是圆弧形点滩占比达到 32.5%，与长条形点滩持平。微弯点滩和牛轭湖型点滩出现次数增加，微弯点滩的比例增大至 15%，而 U 形点滩占全部边滩的 22.5%[图 2.12 (b)]。这说明弯道形态越规则，圆弧形点滩的数量越多，点滩弯曲度越接近。

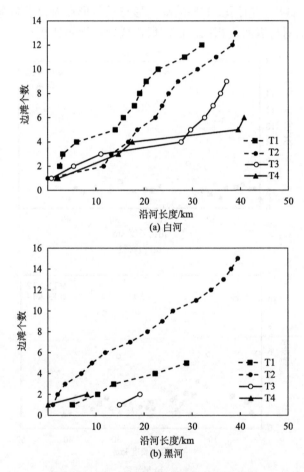

图 2.12　不同类型凸岸点滩数量沿程变化

　　白河段内圆弧形点滩分布的范围为 0～40km、长条形点滩为 5～30km、U 形点滩为 15～25km、微弯点滩为 0～10km。同类型两个点滩间平均距离为 1.5km，各类型点滩分布较为均匀。在黑河段，各类型点滩的分布范围虽均为 0～40km，但圆弧形与长条形点滩的同类型边滩间平均距离为 3.07km，分布相对均匀。微弯点滩与 U 形点滩的同类型点滩平均距离最高可达 23.6km，可见其分布较分散。故对不同研究段，除圆弧形点滩外，其他类型点滩的分布受研究河段形态的限制。

2.4.4　凸岸点滩形态变化

从 54 个点滩中按照 4 种形态类型各选出 1 个典型点滩，观察其在不同时间下的形态变化(图 2.13)。研究区域内日均流量存在波动，年内 7~8 月日均流量最大，12 月至次年 1 月日均流量较小，4 类点滩面积也随之变化。如白河段在 2014

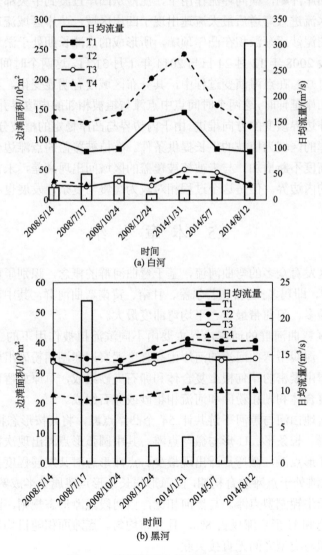

(a) 白河

(b) 黑河

图 2.13　不同类型凸岸点滩面积变化

年, 1~8 月日均流量增大 158%, 4 类点滩面积缩小 48%左右, 点滩类型对点滩面积变化无明显影响。这是由于白河研究段上游来水情况变化, 不同时间点日均流量差异较大。当流量增大, 河道内水位上升, 出露水面的边滩区域将减小, 当日流量减少时边滩出露水面部分增加, 从而导致边滩面积的年内波动。

在比较点滩面积变化时, 应选择日均流量相差不大的时间。黑河段 2008 年 12 月 24 日和 2014 年 1 月 31 日的日均流量分别为 2.47m³/s 和 3.64m³/s, 相差较小, 而长条形点滩在 2008~2014 年增大 7.7%。点滩面积增大说明其保持淤积状态。弯道内凹岸冲刷, 横向环流作用下, 泥沙从凹岸过渡到中央部分再运动到点滩处。由于水流进入弯道后最大流速出现于凹岸区域, 凸岸区域流速减缓, 故运动到凸岸处的泥沙逐渐淤积在凸岸顶端, 所形成的点滩长期处于淤积状态。

从黑河段 2008 年 12 月 24 日与 2014 年 1 月 31 日, 这两个时间点 T1~T4 的遥感影像中可知: 在点滩演变过程中, 其分布区域没有明显变化。当与岸线相邻的外边界向凹岸延伸时, 这两个时间点中点滩与植被相邻的内边界并非完全重合, 内边界在向外边界演变的方向推进。由于内边界与凸岸稳定的植被分布群落相邻, 点滩远离河岸的区域为植被的生长提供条件。有植被覆盖的点滩边界区域受根系加固影响, 高度不断增加, 与未被植被覆盖的区域间出现高差, 未被覆盖的区域逐渐形成新的内边界。但是这个过程相对较为缓慢与复杂, 发展也不同步。

2.5　本 章 小 结

黄河源区发育众多的弯曲河流, 基于弯曲河群的概念, 识别了黄河源区发育 4 个弯曲河群, 即玛多-达日、若尔盖、甘南、黄南弯曲河群, 其中若尔盖弯曲河群发育数量最多、河曲带最宽、平均弯曲度最大。

黄河源区弯曲河群的河岸边界主要由不同滨河植被作用下的二元结构物质组成。其中, 泥炭型弯曲河流的河岸由高强度泥炭层和湖相粉砂组成, 草甸型弯曲河流的河岸由紧密的草甸根土复合体和卵石夹砂组成, 草原型弯曲河流的河岸由草本根土复合体和湖相粉砂和河流相粗砂或卵石组成。

若尔盖盆地白河与黑河下游共计 54 个凸岸点滩, 将其按形态特点分为 4 个类型: 圆弧形、长条形、U 形与微弯点滩。其中圆弧形点滩出现次数最高, 其次为长条形、U 形点滩, 微弯点滩出现最少。点滩形态对其发展程度具有明显的指向性: 微弯点滩处于点滩发育初期, 圆弧形与长条形点滩属于半成熟或成熟点滩, U 形点滩属于牛轭湖型点滩。与黑河相比, 白河段点滩形态规则, 圆弧形点滩占比 50%, 微弯和 U 形点滩仅占 8%, 且分布均匀。点滩面积随日均流量变化而波动, 点滩面积与类型之间无直接关联。

第3章 草甸型与泥炭型弯曲河流崩岸过程与机理

黄河源区的黄南草原和若尔盖盆地分别发育草甸型和泥炭型弯曲河流。2011～2020 年黄南草原草甸型弯曲河流的野外调查表明，这类弯曲河流的凹岸崩塌发生频繁，每年较均匀地横向迁移 0.2～0.5m，演变速率相对较慢，但是缺少长期弯道崩岸过程的原位观测。这类草甸型河岸二元物质组成的自重厚度对河岸稳定性的影响大，根土复合体厚度增加，提高河岸稳定性，但粉砂层厚度增加则会降低河岸稳定性。

若尔盖盆地是我国重要的泥炭沼泽分布区，是世界上最大的高原泥炭湿地。若尔盖区域内水系发达，河网交错，发育白河、黑河及其支流(格曲、麦曲、哈曲、热曲)等众多弯曲河流，是一类特殊的泥炭型弯曲河流，也是黄河上游径流的重要水源地。泥炭型河岸土体组成自上而下可分为四层：表层覆盖有草木；上部为抗剪强度较高的泥炭层，厚 0.5～3m；下部为河湖相粉砂和细砂层；底部为砾石层河床。这类泥炭型弯曲河流崩岸过程与机制尚缺少研究报道。

3.1 草甸型二元河岸物质组成特点

兰木错曲是黄河源干流右侧一级支流，上游和中游为弯曲河段(图 3.1 中 A 点以上)，A 点下游为限制基岩河段，海拔 3400～4200m，属于高原亚寒带湿润气候区，年均气温小于−4℃，多年平均降水量为 329～505mm。兰木错曲的流域植被类型较简单，以山地草甸、高寒草甸和高山草原化草甸为主，局部高海拔地带分布垫状植被和流石滩稀疏植被。2011～2014 年的实地调查发现其为典型的草甸型弯曲河流(图 3.1)。

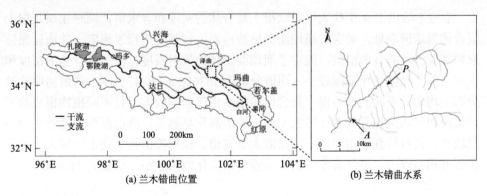

(a) 兰木错曲位置　　　　　(b) 兰木错曲水系

(c) 位于*P*点的无人机高空航拍照片(航拍高度为160m，2019年5月)

图 3.1　黄河源区兰木错曲的观测河段

兰木错曲河岸上层为草甸，中层为砂层，下层为卵石层，沿程具有相似的河岸物质组成。野外测量和统计崩塌块及临界块几何形态(宽度、长度和厚度)结果如下：2013 年 6 月和 2014 年 7 月，调查兰木错曲约 5km 河长(图 3.1)，总共统计 15 个临界块和 63 个崩塌块，其几何特征与根系长度统计如表 3.1、图 3.2 和图 3.3 所示。崩塌块的宽度变化范围为 0.40~1.30m，长度变化范围为 0.60~4.30m，河岸根系长度变化范围为 0.20~1.20m。崩塌块宽度与长度无明显趋势性关系，而崩塌块宽度与根系长度呈同向单增变化趋势，即根系长度越大，崩塌块宽度越大。根系在垂向有较强的固结和缠绕土体作用，根系长度与崩塌块厚度呈明显对数函数关系，相应地崩塌块的体积也随根系长度增大而增加(朱海丽等，2015)。

表 3.1　崩塌块与临界块的几何参数值

经纬度	类型	数量/个	平均长度/m	平均宽度/m	平均厚度/m	主根系长度/m
34°24′19″N~34°26′42″N	崩塌块	63	1.940	0.847	0.845	0.571
101°25′48″E~101°29′27″E	临界块	15	1.562	0.761	0.699	0.416
平均值			1.751	0.804	0.772	0.494

表 3.2 给出了 4 个代表性原状根土复合体的密度和含水率，同时在原状根土复合体崩塌河岸处，对穿过崩塌面的植被根系抗拉强度进行了测定，并通过原位取样和实验室的直剪实验，测定了崩塌面土体的抗剪强度。根土复合体的密度和含水率的测量值变化范围较小，均值分别为 1536kg/m³ 和 47.36%。弯道河岸植被分布不均匀，不同的植被根土复合体的根系密度差异较大，且不同植物根系的平均根径和平均抗拉强度存在较大差异。一般高原早熟禾、高山蒿草等植物平均根径较小，其抗拉强度相对较大，而灌木金露梅、怪柳等植物平均根径较大，其抗拉强度相对较小。不含根土体的抗剪强度值变化范围较小，均值为 11.40kPa。

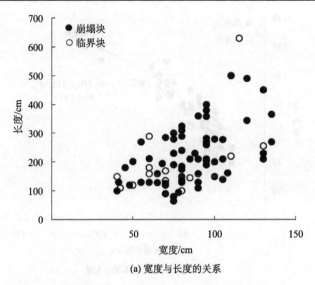

(a) 宽度与长度的关系

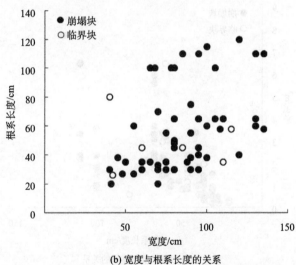

(b) 宽度与根系长度的关系

图 3.2　崩塌块和临界块的宽度与长度和根系长度的关系

表 3.2　原状根土复合体的物理参数测定值

编号	密度/(kg/m³)	含水率/%	平均根径/m	平均抗拉强度/kPa	平均抗剪强度/kPa
原状根土复合体-1	1542	53.09	9.30×10^{-4}	27680	11.22
原状根土复合体-2	1516	49.88	1.13×10^{-3}	26070	12.15
原状根土复合体-3	1559	42.78	1.36×10^{-3}	21920	10.70
原状根土复合体-4	1528	43.69	2.11×10^{-3}	18930	11.54
平均值	1536	47.36	1.38×10^{-3}	23650	11.40

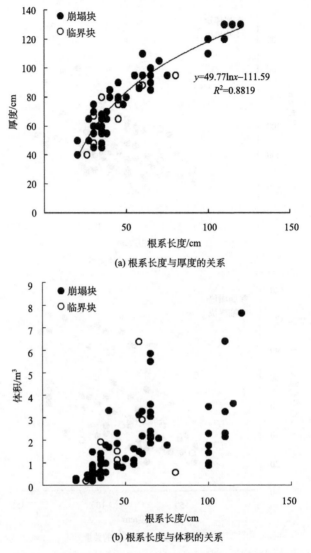

(a) 根系长度与厚度的关系

(b) 根系长度与体积的关系

图3.3 崩塌块和临界块的根系长度与厚度和体积的关系

3.2 草甸型弯曲河流崩岸过程及主控因素

3.2.1 草甸型河岸悬臂式崩岸力学分析

黄河源区广泛分布的草甸型弯曲河流,其河岸上层为密实的草甸,根土交织,具有很强的抗冲刷能力。草甸型弯道凹岸的崩岸机制与一般冲积弯曲河流不同,前者以悬臂式张拉破坏为主,后者则多为坡脚淘刷产生斜坡剪切破坏。兰木错曲的河岸崩塌主要集中于弯道凹岸区域，而且崩塌块垮塌到近岸对河岸具有一定保护作用(图 3.4)，即减缓水流冲刷和降低河湾横向演变速率。崩塌块基本是本年内发生的，上一年的崩塌块由于水流冲刷、腐烂和冻融等破坏作用促使其被水流带走，即崩塌块对河岸的保护作用是 1～2 年。

(a) 崩塌块

(b) 根系层

图 3.4　凹岸悬臂式崩塌

草甸型河岸的崩塌块以自重作用下悬臂式张拉破坏为主，破坏裂缝从地表开始，直至贯穿整个根土复合体，可认为整个破坏过程的剪切作用较弱，所有穿过崩塌面的根系所发挥的抗拉作用是抑制河岸崩塌的重要作用力。崩塌块的分层形式和单元受力如图 3.5 所示，根据崩塌块和临界块的几何尺寸测量，可知崩塌块分为根土复合体和砂层过渡体，其下部为卵石层。近岸水流淘刷卵石层及砂层过渡体，直至河岸悬空，在自重作用下达到临界状况，在河岸表层横向某处沿纵向出露贯穿性裂缝，最后垮塌贴住河岸[图 3.4(a)]。

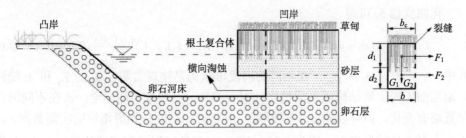

图 3.5　崩塌块概化图

假定临界块为长方体，根据单位长度临界块的受力状况，列其拉张临界破坏的力矩平衡方程如下：

$$(G_1 + G_2) \times \frac{b_c}{2} = F_1 \frac{d_1}{2} + F_2 \times \left(d_1 + \frac{d_2}{2} \right) \tag{3.1}$$

式中，G_1 和 G_2 分别为根土复合体和砂层过渡体的自重，$G_1 = \rho_1 g b_c d_1$，$G_2 = (\rho_2 - \rho_w) g b_c d_2$，$\rho_1$、$\rho_2$ 和 ρ_w 分别为根土复合体、砂层过渡体和水的密度，g 为重力加速度；b_c 为临界宽度。F_1 和 F_2 分别为崩塌面根土复合体的临界抗剪强度和砂层过渡体的最大黏聚力，$F_1 = (S_0 + \Delta S_1) d_1$，$S_0$ 为单位面积崩塌面土体产生的最大抗剪强度，ΔS_1 为崩塌面所有发挥作用的根系所产生的增强抗剪强度。假定穿过崩塌面处的根系表面受到足够的摩阻力、约束力且有足够的锚固长度使根系不被拉出，所有的根系都达到极限抗拉强度的同时全部断裂，根据 Wu 等(1979)的根系增强作用模型公式，给出近似理论表达式 $\Delta S_1 = 1.2 T_N (A_r / A_s)$，其中 T_N 表示单位面积内土体中根系的平均抗拉强度，A_r / A_s 表示崩塌面上根系的截面积之和与崩塌面积之比，称为根面积比，$A_s = d_1 b_L$；$F_2 = c_2 d_2$，c_2 为砂层黏聚力，d_1 和 d_2 分别为根土复合体和砂层过渡体的垂向厚度，b_L 为临界崩塌块体长度。

将 G_1、G_2、F_1 和 F_2 的表达式代入式(3.1)，可得

$$\frac{b_c}{2}\left[\rho_1 g b_c d_1 + (\rho_2 - \rho_w) g b_c d_2\right] = \left[S_0 + 1.2 T_N (A_r / A_s)\right]\frac{d_1^2}{2} + c_2 d_2 \left(d_1 + \frac{d_2}{2}\right) \quad (3.2)$$

化简式(3.2)，可得根土复合体的临界抗剪强度 F_1 为

$$F_1 = \frac{g b_c^2 \left[\rho_1 d_1 + (\rho_2 - \rho_w) d_2\right] - c_2 d_2 (2 d_1 + d_2)}{d_1^2} \quad (3.3)$$

对崩塌块的张拉破坏形式进行变量分析，假设张拉破坏临界平衡函数如下：

$$f = (G_1 + G_2) \times \frac{b_c}{2} - F_1 \frac{d_1}{2} - F_2 \times \left(d_1 + \frac{d_2}{2}\right) \quad (3.4)$$

$$f = \frac{b_c}{2}\left[\rho_1 g b_c d_1 + (\rho_2 - \rho_w) g b_c d_2\right] - \left[S_0 + 1.2 T_N (A_r / A_s)\right]\frac{d_1^2}{2} - c_2 d_2 \left(d_1 + \frac{d_2}{2}\right) \quad (3.5)$$

化简式(3.5)可得

$$f = \frac{g b_c^2}{2}\left[\rho_1 d_1 + (\rho_2 - \rho_w) d_2\right] - \frac{d_1^2}{2}\left[S_0 + 1.2 T_N (A_r / A_s)\right] - \frac{c_2 d_2}{2}(2 d_1 + d_2) \quad (3.6)$$

式中，g、ρ_1、ρ_2 和 ρ_w，在相同的河段可认为是物理常数；S_0、T_N 和 A_r 随河岸崩塌面不同土质结构或不同植物种而有差异，可通过实地测定；c_2 在不同河段位置略有变化，但可以通过取样实测；A_s、d_1、d_2 和 b_c 为崩塌块的实测数据，d_1 为根土复合体的厚度，一般为 $0.30\sim0.90$m，可通过现场实测统计得到平均值(表3.3)。d_2 为卵石夹砂层保留厚度，由水流淘刷高度决定，当水流淘刷高度接近根土复合体时，即 $d_2 \to 0$，此极限条件下，式(3.6)可简化为

$$f = \frac{1}{2}\rho_1 g b_c^2 d_1 - \frac{d_1^2}{2}\left[S_0 + 1.2 T_N (A_r / A_s)\right] \quad (3.7)$$

当崩塌块达到临界平衡状况时，$f=0$，故可得

$$b_c = \left\{ \frac{d_1\left[S_0 + 1.2T_N(A_r/A_s)\right]}{\rho_1 g} \times 100 \right\}^{0.5} \tag{3.8}$$

式(3.8)忽略了近岸根土复合体下部的粗砂及卵石层，实际上粗砂及卵石层在接近崩塌发生时，已经被水流全部淘蚀或剩下很薄的一部分，因此忽略粗砂层的自重和黏聚力具有合理性。根据兰木错曲 63 个已崩塌块和 15 个临界崩塌块数据，近岸根土复合体的厚度均值为 $d_1=0.772\mathrm{m}$，$\rho_1=1536\mathrm{kg/m}^3$。表 3.3 给出了 4 处河岸崩塌面植物根系的平均根径和单根平均抗拉强度，T_N 取 4 处河岸崩塌面植物根系的平均抗拉强度，即 $T_N=23650\mathrm{kPa}$，S_0 同样取土体平均抗剪强度，$S_0=11.4\mathrm{kPa}$。崩塌面上根系的截面积之和 A_r 可近似按式(3.9)计算：

$$A_r = \sum_{i=1}^{n} \frac{N_i \pi \overline{d_i}^2}{4} \tag{3.9}$$

式中，$\overline{d_i}$ 为直径为第 i 径级的根的平均根径；N_i 为直径为第 i 径级的根的数量。根据原位实测，穿过崩塌面的根径可大致分为 4 个主要径级，各径级的总根量为每一径级的加权数与总根量的乘积(表 3.3)，不同的崩塌截面总根量也不同，取实测临界崩塌块体的平均长度 $b_L=1.751\mathrm{m}$，穿过崩塌截面总根量 $N\approx750$ 个。由于在研究区河岸带崩塌面处，青藏薹草是唯一优势植物，因此本书以青藏薹草各径级抗拉强度为例(表 3.3)进行计算。

表 3.3　崩塌面根系抗拉强度的实测参数统计

径级 d_i /m	平均根径 $\overline{d_i}$ /m	根量 N_i /个
≥0.0020	0.00250	750×0.36=270
0.0015～0.0020	0.00175	750×0.184=138
0.0010～0.0015	0.00125	750×0.137=103
0.0005～0.0010	0.00075	750×0.319=239

根据临界宽度的计算公式[式(3.8)]，将式(3.9)各实测参数代入式(3.8)计算崩岸临界宽度 b_c：

$$b_c = \left\{ 100d_1\left[S_0 + 1.2T_N\left(\sum_{i=1}^{n}\frac{N_i\pi\overline{d_i}^2}{4}/d_1 b_L\right)\right]\bigg/\rho_1 g \right\}^{0.5} \tag{3.10}$$

根据式(3.10)，计算得到崩岸临界宽度 $b_c=0.512\mathrm{m}$，实测研究区 63 个崩塌块和 15 个临界块的平均临界宽度为 0.804m，相对误差为 16.7%，对应于 15 个临界崩塌块的平均宽度 0.761m(表 3.1)，相对误差为 8.8%。式(3.10)中仅粗略考虑穿

过河岸崩塌面处所有单根所产生的抗剪强度增量之和，但是植物根系在土体内相互缠绕，当崩塌面处的根系在重力作用下逐渐拉断时，这些根系还与其他未穿过崩塌面的须根相连，发挥抗拉作用，因此式(3.10)计算值仍偏小。通过以上验证计算可知，崩岸临界宽度的计算公式[式(3.10)]具有较高的可信度，而且式(3.10)未引入经验系数，即可根据实测物理量直接计算临界宽度，这对下一步研究草甸型弯曲河流的横向演变速率和崩塌块护岸时间都有重要意义。

3.2.2　草甸型河岸悬臂式崩岸过程模拟

通过兰木错曲的野外观测和崩塌块取样，对河岸及崩塌块的几何形态进行测量与分析(图3.6)，发现草甸型弯曲河流的崩岸类型为悬臂式崩塌，即长距离河岸土体大幅度崩塌，且崩塌块各位置的垂向深度相近，外形为条带状。这种类型崩岸形成的主要原因是沿岸线河岸土体的物质组成及力学性质相似，相同的水流条件下河岸沿线坡脚淘刷速率相近，上部土体力学特性相似，导致达到临界崩塌状态的条件相似，因此河岸沿线的坡脚淘刷与岸坡崩塌基本处于同步状态，使得河岸最终呈条带状崩塌。

图 3.6　兰木错曲的草甸型悬臂式崩岸(拍摄于 2013 年 6 月 30 日)

针对草甸型弯曲河流的崩岸问题，运用 BSTEM(Bank Stability and Toe Erosion Model)对草甸型河岸进行岸坡稳定性分析，模拟草甸型河岸的崩塌过程。由美国农业部泥沙实验室开发的 BSTEM，综合考虑了土体组成物质及分层、植被覆盖和护岸工程等对河岸稳定性的影响，用以预测由水流侵蚀及土体破坏导致的河岸崩退，该模型已经在国际上得到了广泛应用。BSTEM 的计算部分包括坡脚侵蚀模块(TEM)和河岸稳定性分析模块(BSM)，用户通过输入河岸几何形态参数、河岸和坡脚的土体组成及力学特性、水力参数、植被根系数据等，即可计算出坡脚的侵蚀度及河岸的安全系数 F_s。

根据兰木错曲的野外测量，并对河岸轮廓形态、物质组成、河道及水流相关数据进行整理，确定用于 BSTEM 所用河岸与河道比降的相关参数（表 3.4）。

表 3.4 河岸参数与河道比降

参数	数值
岸高/m	1
岸坡/(°)	75
坡脚长/m	0.6
坡脚角度/(°)	25
比降/(m/m)	0.0017

草甸型河岸为典型二元结构，上层为黏性的根土复合体（草甸层），下层为砂层，夹杂卵石，最下层为卵石层，与卵石河床相连（图 3.5）。在 BSTEM 中将河岸分为 5 层，上面 2 层为草甸层，下面 3 层为砂层。经实地测量，河岸的高度约为 1m，草甸层高度为 0.3～0.5m。因此，可将根土层厚度设定为 0.3m、0.4m、0.5m 三种不同厚度进行计算，对应的砂层厚度分别为 0.7m、0.6m、0.5m，其分层情况见表 3.5。根据对河岸土体的采样分析，上层为黏土，可采用 BSTEM 里面标准黏土；下层为砂层，可采用 BSTEM 里面两种标准砂（细砂和粗砂）相关数值见表 3.6。

表 3.5 野外考察河岸土体的分层情况

分层情况	根土层厚度/m	砂层厚度/m
1	0.3	0.7
2	0.4	0.6
3	0.5	0.5

表 3.6 河岸土体的性质

土层	厚度/m	容重/(kN/m³)	φ^b/(°)	摩擦角 φ/(°)	黏聚力 c/(kN/m²)	D_{50}/mm
黏土层	0.15	17.7	15	26.4	8.2	<0.005
细砂层	0.20	18.5	15	28.3	0.4	0.18
粗砂层	0.20	18.5	15	28.3	0.4	0.71

注：我国水利规范将粒径小于 0.005mm 的视为黏土。

分析根土复合体样品发现，草本植物的根系布满整个草甸层，根系长度为 0.3～0.5m。朱海丽等（2015）通过现场和室内的根系抗剪强度实验，并根据 Wu 等（1979）的根系增强模型计算得到兰木错曲地区根系增加的黏聚力平均为 39.0kPa。

BSTEM 采用的是 RipRoot 模型，综合考虑了 Waldron（1977）、Wu 等（1979）、Waldron 和 Dakessian（1981）的研究成果，其具有高度可信性。根据 Wu 等的模型根系附加黏聚力平均为 38.31kPa，可推导出 RipRoot 模型根系的附加黏聚力约为 15.0kPa。假定 3 种不同的根土层根系附加黏聚力基本相同，并选用草龄为 3 年的 Eastern Gammagrass 和 Reed Canarygrass 的不同组合比代表草甸层的根系的情况，其组合比的情况见表 3.7。

表 3.7　根系的附加黏聚力和根系组合占比

根土层厚度/m	RipRoot 模型附加黏聚力/kPa	Wu 等模型附加黏聚力/kPa	Eastern Gammagrass 占比/%	Reed Canarygrass 占比/%
0.3	15.56	40.63	25	75
0.4	14.19	36.27	30	70
0.5	15.13	38.04	40	60

兰木错曲河道的水位变化主要由夏季降雨引起，河岸的侵蚀和崩塌事件主要发生在雨季。基于野外测量河道不同水位条件下断面平均流速和水深计算得到平滩流量和中等流量，并相应地概化得到平滩流量（2m³/s）和中等流量（1m³/s）两种情况，代表河岸受到不同的水流冲刷作用。两种流量过程中流量和水位随时间变化情况如图 3.7 所示。

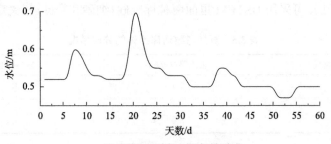

(a) 中等流量过程水位随时间变化

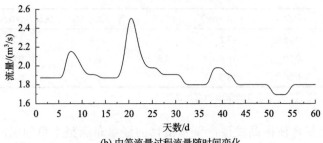

(b) 中等流量过程流量随时间变化

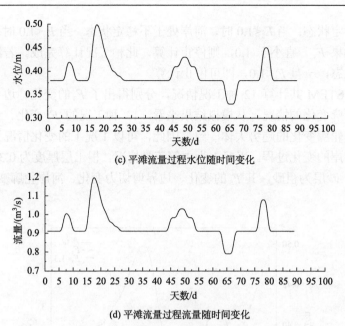

(c) 平滩流量过程水位随时间变化

(d) 平滩流量过程流量随时间变化

图 3.7　中等与平滩流量过程中流量和水位随时间变化情况

　　基于根土层厚度、砂层的粗细和流量情况的不同组合，此次共模拟计算 12 种工况(表 3.8)。每种工况的原始河岸轮廓相同，不考虑河岸形状变化的影响。此次模拟计算的时间步长为 24h，每次时间步长记录的数据包括安全系数、边界剪切力、河岸侵蚀量及河岸轮廓变化情况。计算过程中，当 F_s<1.3 时，河岸开始处

表 3.8　模拟工况设计

工况	流量/(m³/s)	根土层厚度/m	砂层类型
1		0.3	粗砂
2			细砂
3	2.0	0.4	粗砂
4			细砂
5		0.5	粗砂
6			细砂
7		0.3	粗砂
8			细砂
9	1.0	0.4	粗砂
10			细砂
11		0.5	粗砂
12			细砂

于亚稳定稳定状态；当 $F_s<1.0$ 时，河岸处于不稳定状态。当 $F_s<1.0$ 时，继续模拟 8～10d，如果 F_s 一直小于 1.0，则停止计算，此种工况计算完成。若河岸长期处于亚稳定状态，一旦 $F_s<1.0$，即可停止计算。

通过 BSTEM 共计算 12 种工况情况，分别得出了 F_s 的变化、边界剪切力变化和河岸轮廓变化的情况。从模拟结果来看，12 种工况的 F_s 变化、边界剪切力变化、河岸轮廓变化的趋势大体一致。因此，可以工况 1 的变化情况为代表，分析草甸型河岸的变化过程。工况 1 为中等流量情况，根土层厚度为 0.3m，砂层厚度为 0.7m，砂层为粗砂，其 F_s 的变化、边界剪切力变化、河岸轮廓变化如图 3.8 所示。

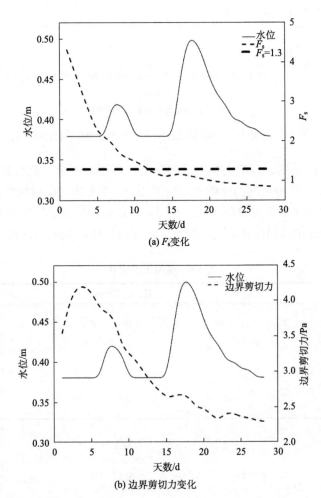

(a) F_s 变化

(b) 边界剪切力变化

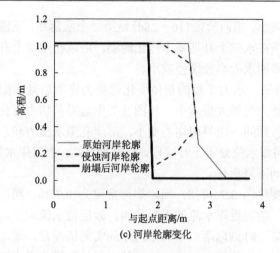

(c) 河岸轮廓变化

图 3.8　F_s、边界剪切力和河岸轮廓变化

由图 3.7 可知，在第 13d，河岸开始处于亚稳定状态；第 22d 河岸开始处于不稳定状态。在 $F_s>1.3$ 之前，F_s 变化速率快，但是河岸一直处于稳定状态；$F_s<1.3$ 之后，F_s 变化速率变缓。河岸处于稳定状态期间，F_s 一直在减小，并不随水位的波动而变化，而河岸进入亚稳定状态后，F_s 随水位升高略微增加。在河岸处于稳定阶段时，河岸的稳定性主要由砂层的淘刷过程决定，此时水流剪切力的横向淘刷是河岸失稳的最主要原因。河岸受到的水流边界剪切力由式(3.11)计算：

$$\tau_0 = \rho_w gRS \tag{3.11}$$

式中，τ_0 为边界剪切力，Pa；ρ_w 为水的密度，kg/m³；g 为重力加速度，m/s²；R 为水力半径，m；S 为河道比降，m/m。

水流边界剪切力主要由水力半径和河岸比降决定，在此次模拟中河岸比降视为不变，因此，水力半径是决定边界剪切力的决定性因素。水力半径由式(3.12)计算：

$$R = \frac{A}{\chi} \tag{3.12}$$

式中，A 为过水断面面积，m²；χ 为湿周，m。

水力半径的变化可分为以下 4 个阶段分析：第一阶段(0～5d)水位平稳，坡脚淘刷速率较快，此时湿周减小而过水断面面积基本不变，水力半径增大。第二阶段(6～10d)是第一个涨落期，水位增大，导致过水断面面积与湿周同时增大，但高水位下水面变宽导致过水断面面积变化相对较慢，而河岸下部粉砂层受水流淘刷使得河岸轮廓往内侧发展，从而水力半径整体呈减小趋势。第三阶段(11～15d)水位平稳，过水断面面积基本不变，但下层粉砂继续被淘刷，湿周增大，因此水力半径继续减小。第四阶段(16～28d)是第二个涨落期，下部粉砂层的淘刷速率逐渐变缓，甚至在水位上升期基本停止淘刷，所以在水位上升期水力半径缓慢增长，在水位下降期水力半径缓慢减小。

由式(3.11)可知，水力半径的整体变化趋势为先增后减，因此岸坡边界剪切力的整体变化趋势为先增大后减小，与图3.7中边界剪切力变化趋势相符。当河岸处于亚稳定状态期间，边界剪切力变小，河岸孔隙水压力和水流冲刷共同影响河岸稳定性。当河岸水位处于上升阶段，F_s略微升高；当河岸水位处于下降阶段，F_s比平稳水流期间下降更快。

由河岸轮廓变化图3.7可知，河岸崩岸宽度为0.77m。河岸受到冲刷的部位主要集中在坡脚，随着近岸水流的不断冲刷，砂层被水流淘空，上部的根土复合体悬空，然后在某一时刻塌落。草甸型河岸的实际情况是，崩塌块的根土复合体具有很强的耐冲刷性，能够在很长一段时间内保护坡脚免受水流冲刷，保护时间约为1年。

1. 崩塌宽度变化

将12种工况的河岸崩塌宽度汇总于柱状图对比分析(图3.9)。工况1～6为中等流量情况，工况7～12为平滩流量情况，中等流量情况的崩塌宽度基本比平滩流量情况小。工况1与工况7、工况2与工况8、工况3与工况9、工况4与工况10、工况5与工况11、工况6与工况12，除了流量不同以外，其他条件相同，两者崩塌宽度的差值分别为0.22m、0.25m、0.19m、0.29m、0.39m和0.73m。草甸型弯道悬臂式崩岸的F_s由式(3.13)计算：

$$F_s = \frac{\sum_i^I \left\{ c_i L_i + S_i \tan \varphi_i^b + \left[P_i \cos(\alpha - 90°) - \mu_{ai} L_i \right] \tan \varphi_i' \right\}}{\sum_i^I (w_i + P_i \cos \alpha)} \tag{3.13}$$

式中，I为河岸崩塌体的总层数；i为层数，$i=1,2,\cdots,I$；c_i为第i层土体的有效黏聚力，kPa；L_i为第i层土体的崩塌面垂直长度，m；P_i为由外围水流施加给第i层土体的侧向静水压力(围压)，kPa；α为河岸的坡度，(°)；w_i为第i层土体重量，kN；φ_i'为第i层土体有效的内摩擦角，(°)；φ_i^b为第i层土体表征黏聚力随基质吸力增加而增加的快慢程度；$S_i = L_i(\mu_a - \mu_w)$，μ_a为孔隙空气压力，μ_w为孔隙水压力；μ_{ai}为第i层土体孔隙空气压力。

当其他条件不变时，仅改变流量的大小，即水位的高低，由式(3.13)可知，水流的围压对河岸的F_s值影响最大。当水位升高时，水流对河岸的围压增大，而围压的主要分力对河岸起稳定作用，所以河岸在高水位下更加稳定，河岸的崩塌距离增大。

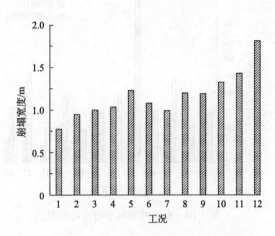

图 3.9　12 种工况下计算获得的崩塌宽度

工况 1 与工况 2、工况 3 与工况 4、工况 5 与工况 6、工况 7 与工况 8、工况 9 与工况 10、工况 11 与工况 12，除了下部砂层不同以外，其他条件相同，图 3.8 表明细砂河岸的崩塌宽度比粗砂河岸大，两者差值分别为 0.17m、0.04m、0.02m、0.21m、0.13m 和 0.37m。在小流量的情况下，下部砂层种类，对河岸稳定性影响较小，根土层厚度为 0.4m 和 0.5m 时，其崩塌宽度的差值仅分别为 0.04m 和 0.02m。根土层厚度对河岸稳定性发挥重要的影响，根土层越厚，河岸崩塌距离越大，河岸越稳定。特别是在大流量情况下，河岸崩塌宽度随根土层厚度呈阶梯上升。

实测草甸型河岸的崩塌宽度为 0.6~0.9m，各工况的崩塌宽度基本接近 1m，比实测宽度略大，但在可接受的范围内，这说明通过 BSTEM 模拟草甸型河岸的崩岸过程具有合理性。崩塌体在坍塌过程中与岸坡土体发生撞击使得一部分土体与崩塌块分离，或者在坠入河道后，水流长时间侵蚀导致靠近外围土体随水流冲刷下移，致使崩塌体几何形态，即宽度、高度和厚度不同程度地减小，因此计算值比实测值偏小具有一定合理性。

2. 崩塌时间变化

将 12 种工况河岸的不稳定时间和崩塌时间汇总于图 3.10。图 3.10 表明不稳定的时间点与稳定的时间点之间存在一个明显的差值，最大值为 64d，最小值为 11d。处在亚稳定状态的河岸也可能会发生崩塌，只是概率小，而不稳定状态的河岸，发生崩岸的概率是非常大的。

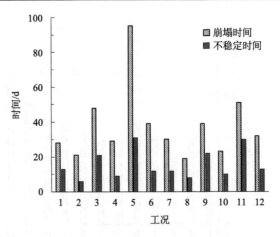

图 3.10　崩塌时间和不稳定时间对比

在其他条件相同的情况下,下层为细砂的崩塌时间比下层为粗砂的崩塌时间快;根土层越厚,河岸发生崩塌的时间越长;中等流量情况下发生崩岸所需的时间比平滩流量长。河岸崩塌所需的时间越长,说明河岸维持稳定状态的时间越久,河岸就越稳定。河岸维持稳定性时间的长短与砂层的淘刷情况有关,砂层被淘刷的越快,河岸发生崩塌所需的时间越短,所以在下层为粗砂的情形下河岸更稳定。河岸的稳定性还与上部根土复合体厚度有关,根土复合体越厚,其抗剪强度越大,河岸越稳定。

3. 侵蚀量及侵蚀速率变化

图 3.11 是水流对河岸的侵蚀量和侵蚀速率,在其他条件相同的情况下,平滩流量的侵蚀量比中等流量多。下层为细砂的侵蚀量比下层为粗砂的侵蚀量多;砂

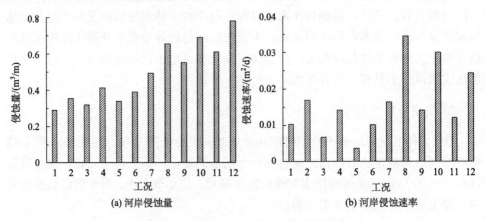

(a) 河岸侵蚀量　　　　　　　　　　(b) 河岸侵蚀速率

图 3.11　12 种工况条件下河岸侵蚀情况

层越厚，侵蚀量越多；大流量情形的侵蚀速率比中等流量快。下层为细砂的侵蚀速率比下层为粗砂的侵蚀速率快，在平滩流量情形下两者的侵蚀速率差别十分明显，细砂情形下的侵蚀速率为粗砂情形下的 2 倍。

图 3.11 验证这一规律，即河岸的侵蚀受水流边界剪切力与河岸临界剪切力的共同影响，在平滩流量下，近岸水流的边界剪切力越大，对河岸的冲刷越强，侵蚀量和侵蚀速率越大。工况 8、工况 10、工况 12 的侵蚀速率比其他工况明显偏大，这是由于此 3 种工况既属于细砂河岸，又处于大流量的水流条件下，受两种因素综合影响，使得侵蚀速率产生显著增加。

3.3　泥炭型弯曲河流崩岸过程及数值模拟

为研究泥炭型弯曲河流崩岸过程，2016～2017 年夏季对若尔盖泥炭型弯曲河流的水力参数、河岸土体特性、崩塌块几何形态等方面开展了实地测定和取样分析。河流水力参数主要包括水面比降、平均流速、河宽和水深。河岸土体特性包括土体的泥沙颗粒级配(采用 Mastersizer 2000 测定)、含水量、泥炭密度和孔隙度的测量。实地测量若尔盖黑河支流麦曲上游麦朵岗地区(图 3.12)，该区域河流多

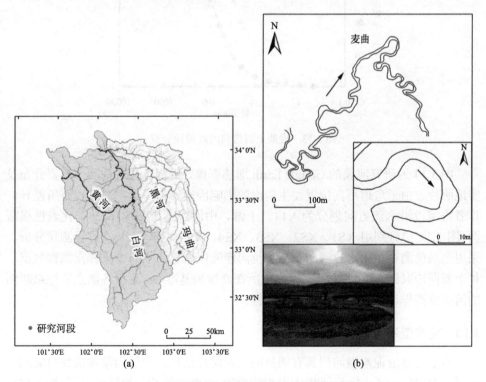

图 3.12　研究区域地理位置及麦曲上游的研究河段

为连续弯道,河湾曲率大。在麦朵岗选取了位于32°56′56.154″N,103°03′13.776″E
的一个Ω形河湾进行测量。该河段全长约100m,平均河宽为4.54m,比降为0.36%,
平均弯曲度为6.16。2016年野外工作主要测定该河段的地形和河岸土体组成,2017
年9月测量了洪水期水流数据,包括河道及河漫滩的地形高程、土体力学性质指
标、断面水深、流速及岸坡轮廓形态。

利用 Global Water 直流式流速仪,测得各测量点所在垂线距河床约 0.7 倍水
深处点流速,得到详细的断面轮廓形态及水流数据。利用 SZB-1.0 型便携式十字
板剪切仪对河道沿程各点不同深度的土体进行剪切实验,得到不同位置处土体的
抗剪强度数据。通过原位取样将泥炭和粉砂样品带回实验室进行土工实验,利用
排水法测得土样的堆积密度。对小于 1mm 的细颗粒采用激光粒度仪进行粒径分
析,对大于 1mm 的粗颗粒采用筛分法确定颗粒级配。河岸土体粒径分布如图 3.13
所示。

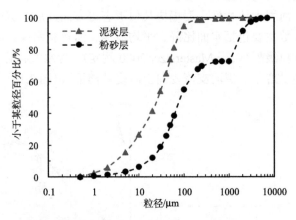

图 3.13　麦曲上游弯曲河段粒径分布

图 3.14 为研究河段的 Google Earth 遥感影像、沿程各代表性断面位置分布及
实地照片。由于弯道不同位置发生崩岸的影响因素、崩岸速率和过程有所差异,
作者将河段沿水流方向划分为入口、上游、中游、下游和出口 5 个代表性横断
面(图 3.14 中分别用 XS1、XS2、XS3、XS4、XS5 表示),依次进行测量分析。
采用全站仪测量了中水位河床及高水位河漫滩区域总计 430 个采样点高程数据。
每个断面选取约 20 个测量点,以岸顶所在高度为基准线,测量各测点所在纵断面
的河床点高程、边坡点高程和水面高程。

3.3.1　泥炭型弯道崩岸机制

若尔盖盆地泥炭型河岸具有明显的二元层理结构:表层为草本植物(10cm),
上层为泥炭层(0.5~3m),下层为湖相的粉砂,夹杂河流相的粗砂或卵石(图 3.15)。

上层的泥炭具有紧密的纤维网状结构，抗冲刷能力极强，故不易被水流淘刷；下层粉砂层抗冲刷能力较弱，在水流的作用下易被淘刷。因此，近岸水流的淘刷作用集中在下部的粉砂层，粉砂层被横向淘刷后，导致上部泥炭层悬空，河岸在某处出现裂缝，最终断裂泥炭层在岸脚垮塌。泥炭崩塌块在一定时间内能保护粉砂层，减慢河湾横向演变的速率。由于水流冲刷、氧化和冻融等破坏作用，崩塌块会被水流完全冲走，粉砂层重新暴露，再次受到水流淘刷。

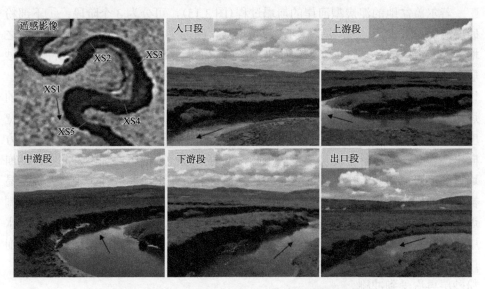

图 3.14　研究河段遥感影像及 5 个实测断面岸坡形态

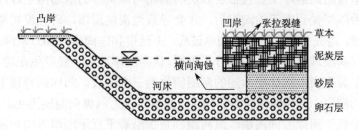

图 3.15　泥炭型弯道的横向淘刷概化图

图 3.15 表明此弯曲河流河岸下部的粉砂层较厚，约占河岸高度的 75%，即便洪峰流量下其顶部也高于河道水位，因此粉砂层土体并非完全随水流冲刷下移，而是一部分受水流淘刷。由于其抗剪能力弱，当坡脚淘刷至一定深度时，受土体自重力作用，临空的粉砂土体在某一接触面的剪切力达到临界抗剪强度，将沿该剪切破坏面失稳而崩落入河，从而造成上部泥炭土体临空形成悬臂结构，这与传统观点认为上下层土体崩退速度差异而形成悬臂结构的机制不同。

河岸上部的泥炭土含水量高、容重低、抗压强度低的有机根系体，抗剪强度很高。野外考察表明，泥炭层的崩塌大部分为旋转倒崩入河(图 3.14)，破坏形式为悬臂式张拉破坏。发生崩岸后的泥炭土体坡度近似呈 90°，5 个实测断面下部粉砂层边坡坡度为 50°～80°，坡脚坡度为 20°～70°。尚未发生整体崩塌的河岸或正处于二次崩塌的河岸，其下部粉砂层已存在一定程度的剪切破坏，上部泥炭层由于具有很高的抗剪强度，此时尚未崩塌而处于临空状态。

若尔盖盆地的泥炭型河岸的崩塌过程(图 3.15)，可分为 3 个阶段：①下部粉砂层淘刷。洪水期(5～8 月)，河流流量增大，断面平均流速增大，近岸流速随之增大。当近岸流速超过泥炭型河岸下部粉砂层的起动流速后，水流开始冲刷粉砂层，随着下部粉砂层的逐渐冲刷，粉砂层被淘刷部位的宽度和长度进一步增大，该砂层将逐渐被近岸水流横向淘空。②上部泥炭层的绕轴崩塌。随下部粉砂层的逐渐淘刷，上部泥炭层悬空，形成类似悬臂结构。下层的粉砂淘刷使泥炭悬空宽度和长度进一步增大，泥炭层在自身重力的作用下达到临界状况，河岸沿纵深方向出现裂缝，最后悬空泥炭块一边下坠，同时一边绕某一中性轴倒入河中。③崩塌后的泥炭体落入近岸水中一定时间后，最终被近岸水流冲散并带走。泥炭不易被水流冲刷，崩塌块倾倒在河岸坡面，对近岸的粉砂层有一定时间的保护和抑制近岸水流冲刷作用，特别在中低水位，迫使水流远离近岸，直到泥炭崩塌块在水中长时间浸泡，泥炭氧化、腐烂和分解，才被水流冲走。崩塌的泥炭体能减慢崩岸的速度，但不能阻止崩岸的发生，当倾倒在坡脚的泥炭块完全被水流冲走后，粉砂层再次受到冲刷。

泥炭型弯道的崩岸主要包括粉砂层的淘刷与泥炭层的崩塌两个过程，二者紧密联系。粉砂层受到水流的淘刷后，才会导致泥炭层崩塌，研究泥炭型弯曲河流的崩岸机理，需先分析粉砂层的淘刷过程。王延贵和匡尚富(2005)从河岸剪切力、泥沙运动和涡流理论三个方面进行了分析，认为凹岸冲刷主要发生在弯顶下游处。本节将若尔盖泥炭型河岸粉砂层的淘刷简化为三个阶段。凹岸的弯顶下游处最先受到水流的淘刷，开始以横向淘刷为主，渐渐转变为以纵向淘刷为主。横向淘刷是指沿着垂直于河岸方向淘刷，纵向淘刷是指沿着平行于河岸方向淘刷。

通过分析若尔盖弯曲河流的崩岸特征，结合土坡失稳理论，作者依据实际河岸分层，提出了一个计算若尔盖弯曲河流二元结构河岸土体稳定性的理论模型(图 3.16)。其中，维持上部泥炭层土体稳定性的张应力由黏聚力提供，对于崩塌体的应力分布，目前存在两种处理方法：①对于坚硬的黏土河岸，在崩塌面上存在中性轴，中性轴以上为张应力，以下为压应力，一旦关于中性轴的自重力矩超过了土体抗拉和抗压强度的阻力矩，则发生崩塌；②对于一般黏性土体，崩塌面上的应力按无压力三角形分布处理。

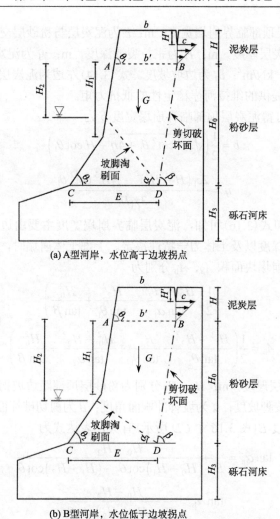

(a) A 型河岸，水位高于边坡拐点

(b) B 型河岸，水位低于边坡拐点

图 3.16　河岸几何形态及稳定性分析模型

若尔盖弯曲河流的泥炭层土体，除了抗剪强度大，其他性能均较差，因此采用第二种无压力处理方法。假定水流自水面以下沿坡脚淘刷面发生侧向淘刷，实测数据表明水面与边坡拐点存在两种相对位置，作者将其划分为 A、B 型河岸分别进行计算(图 3.16)。取单宽河岸分析，根据实测的岸坡形态，上部泥炭层发生悬臂式张拉破坏时，破坏面近似取为 90°，其力矩平衡方程为

$$\frac{\gamma_1 H}{6}\left(b^2 + b'^2 + bb'\right) = \frac{c_1\left(H - H'\right)^2}{3} \tag{3.14}$$

$$b' = b + H \cot\theta_1 \tag{3.15}$$

式中，b 为泥炭层顶部临界崩塌宽度，m；b'为泥炭层与粉砂层交界面临界崩塌宽度，m；H 为泥炭层厚度，m；H'为张拉裂缝深度，m；γ_1 为泥炭容重，kN/m^3；c_1 为泥炭黏聚力，kN/m^2；θ_1 为边坡坡度。式(3.14)左边为泥炭层的自重力矩，右边为土体黏聚力提供的维持河岸稳定性的抵抗力矩。

由式(3.14)可得泥炭层顶部临界崩塌宽度 b 为

$$b = \frac{1}{2}\left(\sqrt{H^2 \cot^2 \theta_1 + 4\eta} - H \cot \theta_1\right) \tag{3.16}$$

$$\eta = \frac{2c_1 \left(H - H'\right)^2 - \gamma_1 H^3 \cot^2 \theta_1}{3\gamma_1 H} \tag{3.17}$$

由式(3.15)和式(3.16)可知，泥炭层临界崩塌宽度主要由边坡形态、泥炭层厚度、张拉裂缝深度以及土体力学特性决定。上部土体崩塌时，相应的 A、B 型河岸下部粉砂层崩塌块面积 A_a、A_b 分别为

$$A_a = \frac{1}{2}\left(\frac{H_0^2 - H_2^2}{\tan \alpha_1} - \frac{H_2^2}{\tan \theta_1} + \frac{H_0^2}{\tan \beta}\right) \tag{3.18}$$

$$A_b = \frac{1}{2}\left(\frac{H_1^2 - H_2^2}{\tan \theta_2} - \frac{H_1^2}{\tan \theta_1} + \frac{H_0^2 - H_2^2}{\tan \alpha_2} + \frac{H_0^2}{\tan \beta}\right) \tag{3.19}$$

式中，H_0 为粉砂层厚度，m；H_1、H_2 分别为粉砂层顶部距边坡拐点和水面的垂向高度，m；θ_2 为坡脚坡度；α 为坡脚冲刷面角度；β 为剪切破坏面角度。α 和 β 与坡脚侧向冲刷宽度 E(图 3.16 中 CD 所示)有关，表达式为

$$\tan \alpha_a = \frac{H_0 - H_2}{E - \left(H_0 - H_1\right)\cot \theta_2 - \left(H_1 - H_2\right)\cot \theta_1} \tag{3.20}$$

$$\tan \alpha_b = \frac{H_0 - H_2}{E - \left(H_0 - H_2\right)\cot \theta_2} \tag{3.21}$$

$$\tan \beta = \frac{H_0}{\left(H_0 - H_1\right)\cot \theta_2 + \left(H_1 + H\right)\cot \theta_1 + b - E} \tag{3.22}$$

通过式(3.17)~式(3.21)即可确定粉砂层剪切崩塌块面积。维持土体稳定性的抵抗力 F_R 为土体的抗剪强度，其表达式可由库仑公式给定：

$$F_R = N \tan \phi_2 + c_2 l_{BD} \tag{3.23}$$

式中，ϕ_2 为粉砂的内摩擦角；c_2 为粉砂的黏聚力，kN/m^2；N 为作用在剪切面上正压力，Pa；l_{BD} 为剪切崩塌面长度，m。所以有

$$F_R = \frac{\gamma_2 A \tan \phi_2}{\sqrt{1+\tan^2 \beta}} + \frac{c_2 H_0 \sqrt{1 + \tan^2 \beta}}{\tan \beta} \tag{3.24}$$

式中，γ_2 为粉砂容重，kN/m^3。

促使土体崩塌的驱动力 F_D 为土体重力沿剪切崩塌面的分力，表达式为

$$F_D = \frac{\gamma_2 A \tan \beta}{\sqrt{1 + \tan^2 \beta}} \tag{3.25}$$

河岸粉砂层稳定性系数 K_S 定义为抵抗力 F_R 和驱动力 F_D 的比值：

$$K_S = \frac{F_R}{F_D} = \frac{\gamma_2 A \tan \beta \tan \phi_2 + c_2 H_0 \left(1 + \tan^2 \beta\right)}{\gamma_2 A \tan^2 \beta} \tag{3.26}$$

理论上，当 K_S=1 时，即驱动力 F_D 等于抵抗力 F_R，此时粉砂层土体将处于临界崩塌状态。然而若尔盖盆地的实际情况是，河岸下部粉砂层崩塌导致上部泥炭层失稳是一个连续的累积性过程。图 3.16 表明，在一个崩岸周期内，水面以下的粉砂层由于水流侧蚀会发生数次剪切破坏。因此，本节将其概化为只发生一次崩塌而导致泥炭层破坏，对应临界崩塌状态下的 K_S 应小于 1。为了确定该状态下的 K_S，可先由式 (3.14)～式 (3.16) 得到 5 个实测断面的 b 和 b'，采用 BSTEM 基于实测数据在给定稳定的水流条件下模拟各断面粉砂层顶部的累计崩塌宽度达到相应 b' 的崩岸过程，记录相应的土体的崩塌量、坡脚冲刷宽度 E 及发生崩岸时的岸坡轮廓，再将所得的 E 代入式 (3.17)～式 (3.26)，计算河岸整体处于临界崩塌状态下的 K_S。

3.3.2　模型参数选取

BSTEM 无法模拟河岸上、下层土体的整体崩塌，但能局部模拟粉砂层的崩岸过程。沿水流方向对 5 个代表性横断面进行实地测量，得到了 5 个断面处的岸坡土体组成和力学性质指标 (表 3.9) 及断面轮廓形态参数 (表 3.10)。测量弯道总长约 100m，各断面计算长度取 10m，河道水力比降设为 0.36%，计算时间步长设为 4h，断面轮廓形态和水位按实测值给定，以此作为 BSTEM 中"Input Geometry"和"Bank Material"模块的输入数据。本书模拟了 5 个实测断面粉砂层受水流侧蚀在自重力作用下发生剪切破坏的过程，当其顶部累计崩塌宽度达到泥炭层下部临界崩塌宽度 b' 时停止计算，统计各断面的土体崩塌量 V 和坡脚淘刷宽度 E。

表 3.9　不同土层土体力学性质指标

土层	容重/(kN/m³)	内摩擦角/(°)	黏聚力/(kN/m²)	抗剪强度/Pa	冲刷系数/[cm³/(N·s)]
泥炭	12.0	26.6	11.2	50.00	0.01
粉砂	18.5	28.3	0.4	0.51	0.14

表 3.10　各实测断面岸坡形态参数

断面	进口	上游	中游	下游	出口
H/m	0.35	0.29	0.25	0.26	0.24
H_0/m	1.19	0.77	0.85	0.77	0.62
H_1/m	0.34	0.56	0.52	0.57	0.31
H_2/m	0.51	0.49	0.56	0.48	0.38
H_3/m	0.16	0.33	0.19	0.27	0.26
θ_1/(°)	56.96	74.05	81.14	88.62	87.71
θ_2/(°)	70.56	23.63	25.24	13.50	37.78

3.3.3　泥炭层厚度 H 对 b 的影响

　　泥炭层临界崩塌宽度 b 反映了泥炭土体发生悬臂式张拉破坏的临界条件。不考虑张拉裂缝影响,采用表 3.9 所给定的土体力学性质指标,代入式(3.15)和式(3.16),计算 θ_1 分别为 50°、60°、70°、80° 和 90° 时,不同的泥炭层厚度 H 对 b 的影响。图 3.17(a)表明,当 θ_1 一定时,b 随泥炭层厚度 H 的增大而增大,在 H 较小时,b 增长较快,随着 H 增大,b 增速减小,说明泥炭层越厚,对临界崩塌宽度的变化作用越小。当 θ_1 较小时,相同泥炭层厚度对应的 b 较小,增速较缓,随着 θ_1 增大,b 同时增大,曲线斜率变大,b 增速加快,泥炭土体越难达到临界崩塌状态,即同条件下河岸稳定性越好。5 个实测断面泥炭层厚度最大为 0.35m,当土体力学指标保持实测值不变时,最大临界崩塌宽度为 0.47m。

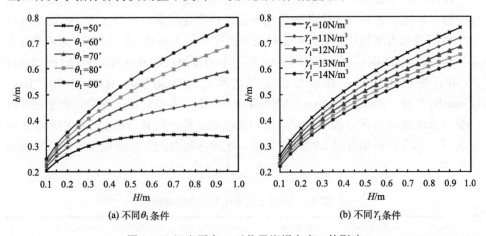

图 3.17　泥炭厚度 H 对临界崩塌宽度 b 的影响

　　图 3.17(b)表明当 θ_1 保持不变,泥炭容重 γ_1 越大,河岸稳定性越差。当 $\theta_1=80°$,土体含水率增加导致容重由 10N/m³ 增大到 14N/m³ 时,实测断面临界崩塌宽度最

大值由 0.48m 下降到 0.4m，说明 b 与 θ_1 成正比，与 γ_1 成反比，且 b 对 θ_1 的影响更敏感。

河岸崩塌之前，当河岸上层的张拉应力超过土体的抗拉强度，沿着破坏面将会近似垂直地出现一条具有一定深度的张拉裂缝。由于土体表面拉应力最大，所以张拉裂缝通常从表面向下延伸。该裂缝对分析悬臂式黏性河岸稳定性有较大影响，因为河岸土体往往由于张拉裂缝的存在在重力作用下与河岸分离从而发生崩岸。图 3.18 表明当其他条件不变时，临界崩塌宽度 b 随裂缝深度 H' 增加而线性减小，边坡坡度 θ_1 和土体黏聚力 c_1 增大时，相应的 b 也越大，说明河岸一旦出现贯穿式的张拉裂缝，随着裂缝深度的纵向延伸，临界崩塌宽度 b 越来越小，河岸稳定性越来越低。不同 θ_1 条件下 b 基本保持相同速率快速减小，而当 c_1 增大时，b 减小速率加快，随着 H' 增加，c_1 对临界崩塌宽度的作用越小，使得不同 c_1 条件下 b 越接近。

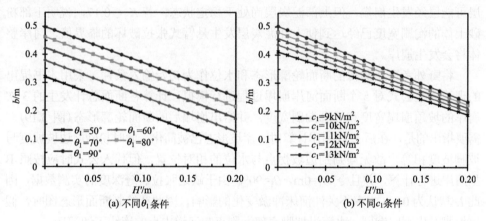

图 3.18　裂缝深度 H' 对临界崩塌宽度 b 的影响

3.3.4　河岸稳定性分析与崩塌形态预测

采用 BSTEM 计算所得的 F_s，若 $F_s > 1.3$，说明河岸稳定，无须采取防护措施；若 $1.0 \leqslant F_s \leqslant 1.3$，说明河岸亚稳定，考虑到处于临界崩塌状态的河岸由于外力等不确定因素作用，实际发生崩塌的可能性较大，因此认为此条件下也会发生崩岸；若 $F_s < 1.0$，则说明河岸不稳定，理论上将会发生崩岸。3.3.1 节的理论模型与 BSTEM 的计算结果如表 3.11 所示。

计算所得的 K_S 值约为 0.17，中游和下游断面结果偏差比较大，产生误差的主要原因是这两个断面采用 BSTEM 坡脚侵蚀模块计算时并非完全按照 3.3.1 节提出的理论模型所假定的沿平面向内淘刷。中游断面计算所得的淘刷面为外凸的曲面，下游断面为内凹的曲面。为方便模型概化并减小误差，对 5 个断面 K_S 计算值取平均值 0.17，将该值作为河岸整体处于临界崩塌状态的临界 K_S 值。

表 3.11　理论模型与 BSTEM 计算结果

断面	进口	上游	中游	下游	出口	计算方法
b/m	0.35	0.38	0.37	0.40	0.38	式(3.15)、式(3.16)
b'/m	0.58	0.46	0.41	0.41	0.39	式(3.15)、式(3.16)
E/m	0.87	0.95	0.98	1.17	0.68	BSTEM
V/m^3	3.00	1.00	2.00	1.00	1.00	BSTEM
K_S	0.17	0.16	0.20	0.13	0.18	式(3.26)

因此，采用本理论模型公式预测河岸崩塌形态的计算方法为：先由式(3.14)～式(3.16)求得泥炭层临界崩塌宽度 b，再反求出坡脚临界冲刷宽度，可采用试算法将 E 代入式(3.16)～式(3.24)进行试算，若所得的 $K_S>0.17$，说明河岸下部粉砂层可能已经发生崩塌，但上部泥炭层尚处于稳定状态；若 $K_S \leqslant 0.17$，说明下部粉砂土体的淘刷宽度已经达到使上部泥炭层发生悬臂式张拉破坏的临界值，河岸整体将会发生崩岸。

将野外考察所测得的断面轮廓形态和水位作为初始输入条件，采用本书提出的理论模型公式对 5 个断面河岸崩塌过程进行模拟，计算各断面总计发生的 3 次崩岸的坡顶崩塌宽度和坡脚淘刷宽度，并给出崩塌后的断面轮廓形态(图 3.19)。需要指出的是，在后 2 次崩岸计算时，岸坡形态已被简化，此时粉砂层边坡坡度与坡脚坡度相等，故无须判别边坡拐点与水位的相对位置，但代入公式时应按照 B 型河岸进行计算，并且令 $H_1=0$m，$\theta_1=90°$。由于缺乏张拉裂缝深度的实测数据，因此 H' 默认为 0m。本书不关注河床冲淤变化的影响，因此在绘制断面形态图时，假定坡脚发生侧向淘刷，水流沿坡脚底部淘刷点与河道中点的连线下切河床。

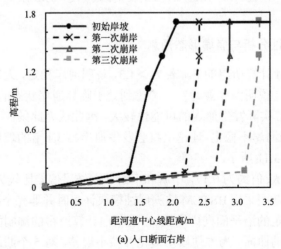

(a) 入口断面右岸

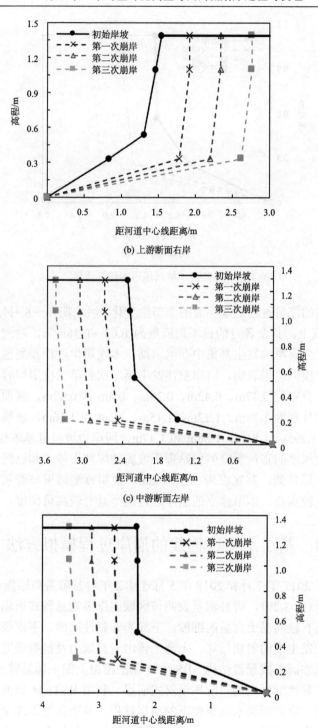

(b) 上游断面右岸

(c) 中游断面左岸

(d) 下游断面左岸

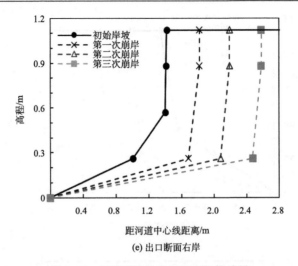

图 3.19　各断面岸坡崩塌形态计算结果

　　若尔盖黑河的流量过程呈现明显的季节性变化,洪水期(6~8 月)总来流量可占全年的 60%以上,其余各月的日平均流量为 $0.03\sim0.38\text{m}^3/\text{s}$,对河岸侵蚀作用较小,因而大部分崩岸的发生都集中在洪水期。本次崩岸过程预测也是基于洪水期的水流条件。模拟结果表明,河岸整体发生第二次和第三次崩岸时泥炭层顶部临界崩塌宽度 b 分别为 0.47m、0.42m、0.39m、0.4m 和 0.39m,坡顶发生 3 次崩塌的崩退总宽度分别为 1.29m、1.22m、1.15m、1.2m 和 1.16m,坡脚冲刷总宽度分别为 1.81m、1.79m、1.81m、1.88m 和 1.47m,河岸边坡坡度基本保持在 80°。对已经出现一定深度的张拉裂缝但仍贴覆于坡脚的岸坡土体,和已经崩落入河的崩塌块体进行现场估测,其宽度为 0.3~0.6m,说明预测结果与若尔盖泥炭型弯曲河流实际情况较吻合,本节建立的崩岸理论模型具有较高可信度。

3.4　基于水文过程线的崩岸过程模拟方法

　　研究团队于 2017 年 7 月和 2018 年 5 月连续 2 年对若尔盖高原黑河牧场 Ω 形弯道踏勘与调查(图 3.20),野外测量表明该区域崩岸多为悬臂式崩塌,其河岸上部土体组成为具有较高黏土含量的细砂,下部为非黏性细砂。下部细砂层河岸受水流淘刷和侵蚀发生平面剪切破坏,上部土体由于黏聚力及抗剪强度较大,还未达到临界崩塌状态而形成悬臂结构。BSTEM 无法模拟上部土体悬臂式张拉破坏,但能模拟下部非黏性细砂层的短陡坡滑落式崩塌。利用 BSTEM 研究下部土层在恒定流量及非恒定流量两类水流条件下的崩岸过程,发现在平均流量相同时,不同流量过程下坡脚冲刷速率和岸坡崩塌宽度基本接近。传统观点认为峰值流量是控制水流侵蚀的主要因素，作者将平均流量作为有效流量，认为在一个水文过程中，河岸侵蚀及崩塌不受单一的峰值流量控制，而受多组合流量的共同作用。岸坡侵蚀量及崩塌宽度与流量变化过程关系较小，其结果主要受平均流量控制，这为评估变化流量过程对岸滩崩塌及弯曲河流横向迁移的影响提供了新思路。

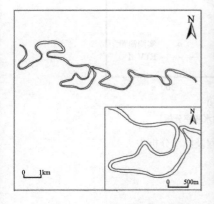

图 3.20　黑河下游黑河牧场弯道的崩岸研究河段

选用黑河牧场上游约 63km 处若尔盖县水文站 1981～2014 年逐日平均流量数据系列（1990～2006 年数据缺失）作为研究河段水文数据。该站 2013 年实测日流量数据（图 3.21）表明，该区域降水主要集中在 6～8 月，洪水历时较短，最大日流量为 178m³/s，平均日流量为 24.17m³/s。采用极值类型 I（EVT-I）拟合 1981～2014 年实测样本数据以进行洪水频率分析，拟合结果见图 3.21(b)。EVT-I 分布的趋势线方程为

$$T = 1.2163e^{0.0192x} \tag{3.27}$$

式中，T 为重现期，d；x 为日流量，m³/s。

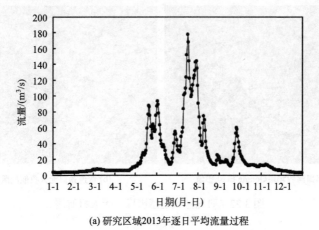

(a) 研究区域2013年逐日平均流量过程

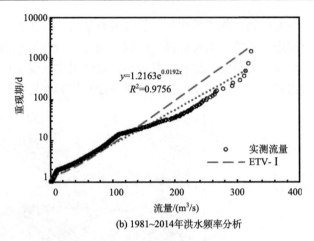

$y=1.2163e^{0.0192x}$
$R^2=0.9756$

○　实测流量
- - -　ETV-Ⅰ

(b) 1981~2014年洪水频率分析

图 3.21　研究区域流量过程及频率分析

3.4.1　野外测量方法与模拟方法

图 3.22 为研究河段 2013 年 Google Earth 遥感影像及 2018 年 5 月无人机航测影像(DJI 精灵 Advanced 4,飞行高度 160m,相机分辨率 1600 万像素)。作者测量 2018 年颈口段最小宽度为 5.94m(2013 年约为 12m),颈口宽度较小,近期发生裁弯的可能性很大。在可能发生裁弯位置处选取 5 个典型断面,其上下层土体组成相似,断面宽度沿弯顶向下游增大,采用中海达 RTK GPS(平面精度为±0.8cm+1×10⁻⁶,高程精度为±1.5cm+1×10⁻⁶)测量 1~5 号断面岸坡轮廓点三维坐标,借助 ArcGIS 中三维分析工具将其转化为平面坐标,得到河岸边坡的平面形态。将河岸原状土样取回实验室,采用室内土工实验方法对大于 1mm 土样进行筛分法、小于 1mm 土样利用激光粒度仪测量颗粒级配(图 3.23)。

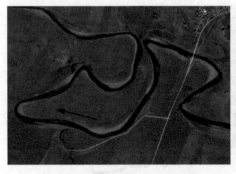

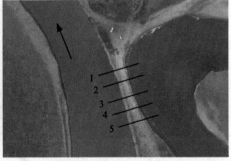

(a) 2013年黑河牧场段Google Earth影像　　　　　(b) 弯道颈口无人机航测照片

图 3.22　研究区域遥感影像及无人机航测

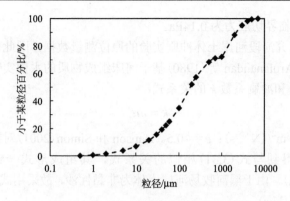

图 3.23　河岸土体泥沙颗粒级配曲线

BSTEM 中的坡脚冲刷模块（TEM）基于与土力学算法相关的剩余切应力法预测坡脚及岸坡表面的冲刷和下切。运行 TEM 模块计算所得的复杂岸坡形态作为"Input Geometry"模块中新的几何形态输入数据。潜在的崩塌面可由手动输入崩塌高程和角度或者通过软件自动迭代计算得出最可能出现崩塌的平面形态。该模型采用水力半径分割法计算在一定岸坡形态、水位和水力坡度的均匀流下河段尺度的切应力 τ 分布，平均切应力计算公式为

$$\tau_0 = \gamma_w RJ \tag{3.28}$$

式中，τ_0 为平均切应力，Pa；γ_w 为水的容重，取 9.81kN/m³；R 为水力半径，m；J 为水力坡度。

水力半径分割法通过沿水面以下岸坡做角平分线，将河岸横断面分割为不同子区域，区域内的水流受每个节点处的水力半径和糙率控制，其中水力半径为子区域面积与湿周之比。Khodashenas 等（2008）对比不同断面形态下计算切应力分布的理论方法和实验结果，认为与 BSTEM 中采用方法类似的一组除了边坡底拐角处外，其余位置计算结果与实验数据吻合良好。

岸坡节点处的平均冲刷速率采用剩余切应力法计算，再将该速率对时间积分得到平均冲刷宽度，这里认为冲刷角垂直于局部坡角而不是沿水平方向：

$$E = k\Delta t(\tau_0 - \tau_c) \tag{3.29}$$

式中，E 为冲刷宽度，m；k 为冲刷系数，m³/(N·s)；Δt 为时间步长；τ_c 为临界切应力，Pa。该式表明：河岸是否发生冲刷由水流边界剪切力与河岸临界切应力的相对大小决定，河岸冲刷速率受二者差值控制。临界切应力被广泛用于代表河岸土体抗冲刷能力，Hanson 和 Simon（2001）通过大量实测数据得到一个经验公式，可用于 BSTEM 中估算非黏性土体临界切应力：

$$\tau_c = 0.044 \times 16.2 \times d_{50} \tag{3.30}$$

式中，d_{50} 为泥沙颗粒中值粒径。黑河牧场河岸细砂中值粒径为 0.19mm，通过式

(3.30)计算得到临界切应力为0.14Pa。

由于缺乏研究河段河岸土体冲刷实验的原位测量数据,因此可采用经验公式计算冲刷系数。Arulanandan 等(1980)基于河床组成物质的水槽实验结果提出了一个临界切应力 τ_c 和冲刷系数 k 的关系式:

$$k = m\tau_c^e \tag{3.31}$$

式中,$m = 1\times10^{-7}\text{m}^2/(\text{N}^{0.5}\cdot\text{s})$;$e = -0.5$。Hanson 和 Simon(2001)对黏性沙采用水下射流实验装置得到与式(3.31)相似的关系式,其组成形式一致但系数 m 为 $2\times10^{-7}\text{m}^2/(\text{N}^{0.5}\cdot\text{s})$。由于黑河牧场河岸土体为非黏性沙,故采用式(3.31)得到冲刷系数为 $0.267\text{m}^3/(\text{N}\cdot\text{s})$。

黑河牧场段的崩岸在形态上属于条崩,即长距离河岸土体大幅度崩塌,河岸沿程土体组成及力学性质相似,导致相同水流条件下崩岸临界条件接近,使得崩塌块呈条带状分布。在崩岸发生机制上,黑河牧场段属于悬臂式张拉破坏。选取3 号断面进口段作为代表性河岸进行计算,实测岸高为5.26m,河床高度为0.88m。由于岸坡表层覆盖有草本,其根系与上层细砂结合形成根土复合体,且上层土体(1.19m)黏土含量较高,故该层土体黏聚力和抗剪强度较高。下部非黏性细砂易受水流淘刷,当岸坡达到临界崩塌角即发生平面剪切破坏,此时上部土体强度较大,未达到临界崩塌状态从而形成悬臂结构(图3.24)。本书仅对下部非黏性细砂层进行崩岸过程模拟,不考虑河岸上、下层土体发生整体崩塌的机制。

(a) 河岸崩塌照片

(b) 岸坡上部形态及垂向分层

图 3.24　岸坡崩塌及分层照片

BSTEM 要求河岸土体设置为 5 层,按土体力学性质指标进行分层。由于上部土体强度较大,对下部一定深度内岸坡崩塌具有限制作用。因此可将上、下部土体交界面以下 10%河岸高度内土体内摩擦角、黏聚力和临界切应力提高 20%，设为第 1 层(0.5m)。不同水流条件下平均水位以下部分，细砂由于渗透系数大，故其水下容重可采用浮容重计算，设为第 5 层。其余土层由于土体力学性质指标一致，因此该 3 层土体厚度设定对计算结果并无影响，设为 2～4 层。由于细砂透水性强，认为潜水位变化无滞后效应，即不同流量和时刻下潜水位高程与水面高程保持一致。河岸下部细砂层容重采用 BSTEM 中的默认值 18.5kN/m³，第 5 层取浮容重 8.7kN/m³。内摩擦角取为模型中方形及圆形砂粒默认值的中间值 32.0°。黏聚力采用 Klavon 等(2017)对砂粒进行实测的平均值 3.0kN/m²。基质吸力角设为模型默认值(15°)。各层土体力学计算参数见表 3.12。

表 3.12　各层土体力学性质指标

土层	容重/(kN/m³)	内摩擦角/(°)	黏聚力/(kN/m²)	临界切应力/Pa	冲刷系数/[cm³/(N·s)]
1	18.5	38.4	3.6	0.17	0.244
2～4	18.5	32.0	3.0	0.14	0.267
5	8.7	32.0	3.0	0.14	0.267

BSTEM 假定崩塌一旦发生，崩塌块即随水流冲刷下移，然而实际情况中崩塌土体可能在坡脚堆积，减弱近岸水流侵蚀从而保护河岸。但实地观测及实测岸坡形态表明，堆积的崩塌块体强度较大，大部分崩塌块附着有草本植物，且有植被根系贯穿其中，说明该河段崩塌块基本来源于上部黏性细砂层，由于其黏聚力及抗冲性较强，对水流侵蚀抵抗力较大，故堆积于坡脚。下部非黏性细砂层发生剪切破坏产生的崩塌块由于土体抗剪切能力弱，一旦崩落在短时间内即受水流冲刷向下游输运。因此，本节采用 BSTEM 进行模拟时不考虑非黏性细砂的坡脚堆积作用，符合该河段原型观测结果。本书对恒定及非恒定流量两类水流条件下的崩岸过程进行模拟，分析了坡脚冲刷量、崩塌宽度及崩退速率随时间和流量的变化规律及控制因素。

3.4.2　恒定流量条件崩岸模拟结果

根据 1981～2014 年日流量数据选取 5 组不同流量，由式(3.28)计算各流量重现期，采用 BSTEM 进行恒定流条件下崩岸过程模拟，计算时间步长设为 1d，河段长度取 1m，依次运行 TEM 和 BSM(河岸稳定性模块)。在计算过程中发现，当水深小于 2m，计算时间大于 40d 后，坡脚冲刷量及最大冲刷宽度均为 0，根据式(3.29)可知，此时岸坡平均切应力低于土体临界切应力，水流无法继续淘刷河床，岸坡形态将不再改变，而此时 $F_s > 1.3$，故 2m 水深以下的恒定流条件不会发生崩塌。

　　图3.25(a)表明，从初始岸坡开始发生冲刷，随着时间增大，冲刷量减小，其递减速率逐步减慢。流量越大，岸坡平均切应力越大，初始及平均坡脚冲刷量也随之增大，崩塌时间越短。由式(3.29)可知，临界切应力不变，冲刷量变化反映了岸坡切应力变化。由式(3.28)可知，比降一致，切应力受水力半径影响，表明该岸坡在不同的水流条件下，直至最终崩塌过程中水力半径始终呈减小趋势。

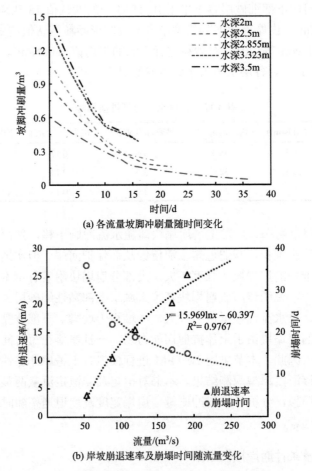

(a) 各流量坡脚冲刷量随时间变化

(b) 岸坡崩退速率及崩塌时间随流量变化

图3.25　坡脚冲刷及岸坡崩塌随时间及流量变化

　　水力半径取决于水位与岸坡形态，对于恒定流，每一次冲刷引起的岸坡形态变化都影响各节点计算区域面积与湿周之比，因此坡脚冲刷一方面改变岸坡轮廓形态及节点分布，另一方面改变各节点处切应力分布，从而影响下一时刻坡脚冲刷。式(3.29)表明，当土体临界切应力及冲刷系数不变时，水深及流量越大，单位时间内冲刷量越大，图3.25(a)反映了这一规律。水深由2m增大至2.5m，岸坡冲刷速率提高约 1 倍；水深由 2.5m 增加至 3.5m，冲刷速率上升为前者的 2.1 倍，说明较低水位时流量增大对冲刷的影响更剧烈。

由表 3.13 可知，崩塌宽度和崩塌角随流量的增大而增大，崩塌时间随流量的增大而减小。定义岸坡崩退速率 M_v（单位：m/a）为崩塌宽度与时间之比，得到恒流条件下 M_v 与流量 Q 关系近似为

$$M_v = 15.969\ln Q - 60.397 \tag{3.32}$$

式 (3.32) 表明，岸坡崩退速率与流量呈正相关的对数关系，且其变化速率随流量的增大而减小。当水深为 2m 时，由式 (3.32) 计算得 M_v=3.08m/a，该流量条件下河岸崩退速率计算值与 2013～2018 年实测值 (3.2m/a) 较吻合。2013 年日流量数据表明，包含单峰流量的水文过程线持续时间大约为 20d，由图 3.25(b) 可知，当崩塌时间为 20d，相应流量 Q 约为 120m³/s，当流量小于该值，流量过程持续时间在 20d 内，岸坡将保持稳定。

表 3.13　恒定流量 BSTEM 计算结果

水深/m	流量/(m³/s)	重现期/d	崩塌时间/d	冲刷速率/(m³/d)	崩塌宽度/m	崩塌角度/(°)
2	53.25	3	36	0.20	0.38	44.8
2.5	88.76	7	22	0.38	0.63	44.9
2.855	120.00	12	19	0.49	0.84	45.5
3.323	170.00	32	16	0.71	0.89	48.3
3.5	191.08	47	15	0.81	1.04	48.7

3.4.3　非恒定流量崩岸模拟结果

黑河牧场河段每年约有 9 个月处于低流量状态，其水位变化主要受夏季降雨影响。低流量下水流对岸坡侵蚀及崩塌作用很小，河岸稳定性高；高水位下岸坡侵蚀剧烈，坡脚淘刷速度快，河岸稳定性系数迅速减小。尽管较高水位的流量历时短，重现期长，但对河岸稳定性破坏大，是崩岸发生的集中时间段。因此，有必要基于水文过程探究较高水位的非恒定组合流量对崩岸过程的影响。

通过分析 1981～2014 年实测日流量数据中的单峰水文过程线，选取 50m³/s、100m³/s、130m³/s、150m³/s、180m³/s 和 200m³/s 共 6 种流量作为模拟水文过程的平均流量 Q_a，每一种流量的模拟时长均设置有 18d、20d 和 22d 三种工况，总计 18 组工况，其中计算时长为 20d 的 6 组工况均设为恒定流量以作为对照组。其余各组工况的流量过程线设置有前高后低 (Ⅰ 类)、前低后高 (Ⅱ 类) 和前后齐平 (Ⅲ 类) 三种不同形态，每一平均流量下的 3 种工况其水文过程线形态、变差系数 C_v 及峰值流量 Q_p 各不相同。各工况初始条件设置及模拟结果见表 3.14。

表 3.14　非恒定流量 BSTEM 设置条件及计算结果

组号	Q_a/(m³/s)	Q_p/(m³/s)	C_v	模拟时长/d	形态类型	冲刷速率/(m³/d)	崩塌宽度/m	崩塌时间/d
1	50	87.37	0.34	18	III	0.31	—	—
2	50	68.69	0.24	22	II	0.27	—	—
3	50	50.00	0.00	20	—	0.29	—	—
4	100	145.37	0.28	18	II	0.46	—	—
5	100	121.53	0.16	22	I	0.43	0.69	20
6	100	100.00	0.00	20	—	0.42	—	—
7	130	145.37	0.09	18	III	0.54	—	—
8	130	189.40	0.19	22	II	0.49	0.86	20
9	130	130.00	0.00	20	—	0.51	0.82	20
10	150	233.17	0.32	18	II	0.60	0.86	18
11	150	200.00	0.23	22	I	0.58	0.93	18
12	150	150.00	0.00	20	—	0.58	0.88	18
13	180	215.79	0.12	18	II	0.67	0.97	18
14	180	233.17	0.18	22	I	0.66	0.95	17
15	180	180.00	0.00	20	—	0.68	1.00	18
16	200	310.89	0.32	18	II	0.72	1.12	18
17	200	233.17	0.06	22	III	0.74	1.15	17
18	200	200.00	0.00	20	—	0.75	1.14	16

　　分析表 3.14 及图 3.26～图 3.28 可知：对于平均流量相同的 3 组工况，其流量过程的变化趋势、峰值流量、各时刻流量大小及流量分布的离散程度等均有较大差别，但单位时间内坡脚冲刷量的计算值非常接近，且随平均流量的增大而增大。第 1～18 组，每组计算结果相对同平均流量下 3 组工况冲刷速率平均值的误差分别为 5.45%、−5.42%和−0.03%，5.69%、−1.9%和−3.78%，4.89%、−4.4%和−0.49%，2.88%、−1.71%和−1.17%，−0.11%、−2.08%和 2.19%，−2.11%、−0.03%和 2.14%。

　　然而，图 3.26(b)表明冲刷速率与峰值流量的关系较散乱，尽管冲刷速率随峰值流量增大有增大的趋势，但对于相同峰值流量，如工况 11 和 18(200m³/s)，其冲刷速率分别为 0.58m³/d 和 0.75m³/d，相对二者平均值误差达到±12.8%，明显大于平均流量相同(200m³/s)时 3 种工况的−2.11%、−0.03%和 2.14%。工况 4 和 7，工况 10、14 和 17，其 Q_p 分别相同，但冲刷速率差别较大。峰值流量与冲刷速率整体成正比，Q_p 大的工况其 Q_a 也较大，因此可认为峰值流量通过平均流量间接作用于岸坡冲刷及崩塌。对于 Q_a 相同的 3 种工况，其冲刷时间各不相同，但图 3.26(a)表明，当 Q_a 一致，冲刷速率随时间变化较小，说明时间变化不大时对冲刷速率影响较小。

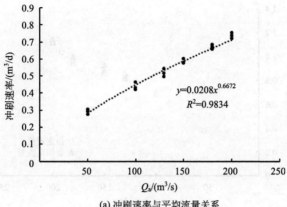

(a) 冲刷速率与平均流量关系

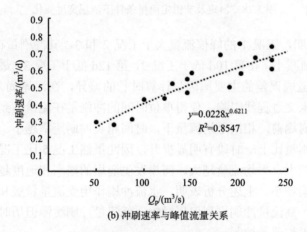

(b) 冲刷速率与峰值流量关系

图 3.26　冲刷速率与平均和峰值流量关系

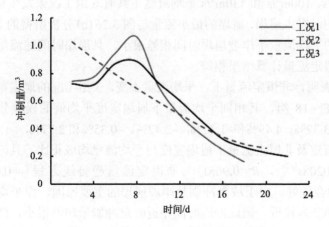

图 3.27　工况 1、2 和 3 坡脚冲刷量变化

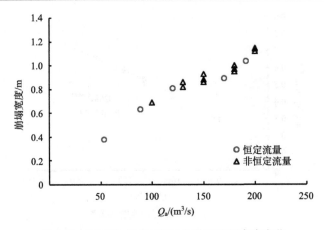

图 3.28　恒定及非恒定流量条件下崩塌宽度变化

图 3.27 表明，工况 1 的峰值流量大于工况 2 和 3，其冲刷量在第 8d 达到最大值，其后逐渐减小，在第 10d 低于工况 2，第 12d 低于工况 3，最终 3 者冲刷总量基本接近。造成误差的主要原因是计算时长的差异，在河岸尚未崩塌之前，3 组工况受单峰水文过程线影响，使得单位时间的冲刷量在流量达到峰值后一直递减，所以尚未崩塌前，相同平均流量下，时间越长冲刷速率越小。发生崩岸后一定时间内的冲刷量比上一时段有明显提升，因此虽然工况 5 比工况 6 时间长，但冲刷速率反而较大。平均流量越大，河岸发生崩塌的概率和速度越大，时长对于冲刷速率的影响越小。上述分析表明，水流冲刷作用受流量量级和该流量出现频率的共同影响，高流量冲刷剧烈但历时短，低流量冲刷缓慢但历时长，因此岸坡冲刷量主要受平均流量控制。

$Q=50\text{m}^3/\text{s}$、$100\text{m}^3/\text{s}$ 和 $130\text{m}^3/\text{s}$ 平均流量下共有 6 组工况未发生崩塌，其余工况在 18d 内均已发生崩塌，崩塌的最小流量与图 3.26(b)分析所得的 $120\text{m}^3/\text{s}$ 结果相近。相同的平均流量下岸坡崩塌时间相差很小，且崩塌时间随流量增大呈递减趋势，这与恒定流量计算结果相符。

图 3.28 表明，非恒定流量下，平均流量不变，3 组工况的崩塌宽度计算值基本接近，第 8~18 组，其相同平均流量下崩塌宽度平均值的误差分别为 2.38%和–2.38%、–3.37%、4.49%和–1.12%、–2.42%、–0.35%和 2.77%、–1.47%、1.17%和–0.29%。恒定及非恒定流量下崩塌宽度与平均流量均成正比，且恒定流量趋势线方程（$y=0.0208x^{0.747}$，$R^2=0.9651$）与非恒定流量趋势线方程（$y=0.0325x^{0.6628}$，$R^2=0.9116$）吻合较好。由于坡脚冲刷是岸坡崩塌的主要原因，而平均流量相同时坡脚冲刷速率基本接近，因此冲刷时间相近时总冲刷量相差很小，此时岸坡淘刷形态及上部临空土体体积和质量接近，导致土体力学性质指标一致时，河岸稳定性计算方程中的参数及变量值相似，造成临界崩塌宽度随平均流量的规律性变化。

所以，岸坡临界崩塌宽度同样受平均流量控制，流量过程变化对其影响不大。故作者认为可将平均流量定义为某一个水文过程的有效流量，以此评估在一定时间内水流对岸坡冲刷和岸滩崩塌的作用大小。

若尔盖黑河牧场段上部土体悬臂宽度的实测值表明，该河段悬臂宽度为 0.3～1m。对已有的 14 年日流量数据进行统计分析，结果显示水文过程线的最大平均流量约 150m^3/s。根据图 3.28 可知，当 Q_a<150m^3/s，下部土体的崩塌宽度为 0.4～0.9m，位于实测悬臂宽度范围内。因此，可认为本计算结果较符合该河段实际崩岸过程。

3.5　基于无人机航测的弯曲河道物质亏损量计算

黄河源区广泛发育草甸型和泥炭型弯曲河流，除了发生自然裁弯时的局部河段，其河床基本处于冲淤平衡状态。这些弯曲河流的流域源头和坡面均为草甸或泥炭覆盖，产沙量低。凹岸崩岸蚀退受滨河植被和崩塌块的短期护岸作用，使得弯道的凹岸侵蚀速率与凸岸缓慢淤积速率可以保持同步，河段尺度的弯道横向迁移速率基本保持不变。根据 2011～2019 年野外观测和高分辨率的遥感影像，在河段尺度(数公里)内，连续弯道的河道宽度基本保持不变，但是为什么弯道可以维持近似恒定河宽或者什么机制决定河宽近似不变性，仍是一个待解决的科学问题。

黄河源区弯曲河流的水文过程较平稳，输沙基本平衡，河道长期处于动态调整过程，其泥沙输移主要源自河岸崩岸侵蚀量，其中一部分淤积在凸岸的点滩，另一部分以悬移质形式被水流携带至下游或淤积在牛轭湖内。黄河源区弯曲河流的崩岸形式以悬臂式为主，其凹岸崩岸过程决定弯道横向迁移速率和泥沙输移。凸岸的点滩是弯曲河道同岸输沙形成的弧形淤积体(见 2.4 节)。在年内时间尺度弯曲河流凹岸侵蚀和凸岸点滩淤积同步进行，在此过程中粗泥沙在凸岸边滩处淤积，弯道点滩也由此产生与发育，其演变规律与来水来沙和滨河植被条件密切相关。弯曲河流横向迁移过程由凹岸崩岸的外延和凸岸淤积的推拉共同驱动，因此弯道凹岸侵蚀与凸岸淤积的泥沙亏损量对于弯曲河流横向迁移和泥沙输移具有重要的指示作用。

3.5.1　研究区域与观测方法

黄河源区的干支流分布有众多的弯曲河流，如兰木错曲、泽曲、哈曲、格曲和热曲等。2018 年黄河源区野外观测采用 UAV 航测 4 个河段，包括麦曲、兰木错曲、哈曲和格曲，并选取 1～3km 的弯曲河段作为研究对象(图 3.29)。

这 4 条河流均属于黄河源区代表性的草甸-泥炭型弯曲河流，它们的弯道河宽基本相似，横向迁移速率接近。基于 Google Earth 影像、处理后的 UAV 影像和 2011～2019 年野外实地测量数据，测量 4 个选取河段的河宽、断面间距、地面

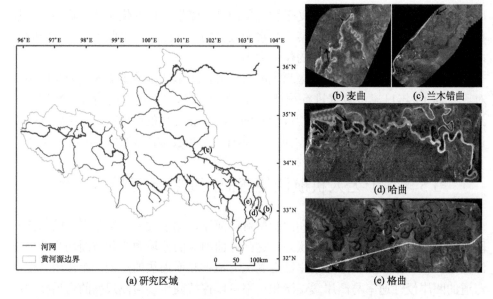

(a) 研究区域　(b) 麦曲　(c) 兰木错曲　(d) 哈曲　(e) 格曲

图 3.29　黄河源区主要水系与弯曲河段

坡度、两侧河岸高差，其特征值如表 3.15 所示。这 4 个河段的地面坡度大小顺序是哈曲＞兰木错曲＞麦曲＞格曲，两侧河岸高差以兰木错曲最大(0.30m)，而其余 3 个河段较接近，分别为 0.05m、0.03m 和 0.02m。

表 3.15　4 个弯曲河流的各河段测量参数

河段	河宽/m	断面间距/m	地面坡度	两侧河岸高差/m
麦曲	5(±2)	3	0.005	0.05
兰木错曲	10(±2)	3	0.008	0.30
哈曲	9(±4)	3	0.010	0.03
格曲	8(±3)	3	0.003	0.02

目前对于黄河源区弯曲河流的河床演变规律研究，缺少高精度的实测地形和水沙数据，采用传统地形测量方法(如经纬仪、全站仪、差分 GPS 等测绘仪器)获取实测资料受人为因素和自然条件约束较大，测量范围小，难以开展长期野外测量。近年来无人机(unmanned aerial vehicle，UAV)技术迅猛发展，无人机航测因其成本低、可操作性强、获取影像分辨率高、采集速度快以及能够生成高精度地形数据等优点，成为除了遥感卫星之外，另一种获取高分辨率影像数据的野外测量方法。2018 年 5～6 月，采用大疆(精灵 Advanced Pro 4)无人机航测获取黄河源区麦曲、兰木错曲、哈曲和格曲的航测原始数据，同时运用中海达 RTK(载波

相位差分技术)测绘系统对研究区域进行实地打点,进一步矫正误差。需要说明的是,UAV 航测格曲河段时突遇降雨,未采用 RTK 打点。4 个弯曲河段 UAV 航测基本参数见表 3.16,航测高度 80m 和 160m 对应的地面几何分辨率分别为 21.5mm 和 42.9mm。

表 3.16　4 个弯曲河段 UAV 航测基本参数

河段	经纬度	测量时间	飞行高度/m	影像/幅	旁向重叠度/%	航线重叠度/%	RTK
麦曲	32°56′54″N 103°03′16″E	2018/5/28	80	527	85	85	有
兰木错曲	34°24′23″N 101°25′53″E	2018/6/1	160	488	85	85	有
哈曲	33°04′58″N 102°53′40″E	2018/5/29	160	657	85	85	有
格曲	33°10′26″N 102°51′26″E	2018/5/30	160	737	85	85	无

由于 UAV 影像畸变大,误差匹配点较多,受影像纹理质量及点云匹配插值的影响,测量区域存在不同点云密度分布及地物边界点云插值不连续等误差问题,导致生成的 DEM 地形数据上存在噪点。噪点将会影响整个 DEM 数据的精度,导致局部地形数据无法运用,降低航测数据的可靠度和分辨率。因此,减小 UAV 航测的 DEM 数据噪点,对获取高精度、高分辨率的 DEM 航测地形数据及研究高原河流的河床演变问题非常重要。

作者总结大量野外航测实践和数据处理方法,利用 2017～2018 年野外 UAV 航测数据,经过多种方法分析比较,提出一种基于 UAV 航测地形数据的噪声处理技术。该方法简单易学,时间与人力成本低,降噪效果好,可显著提高航测 DEM 数据精度和可靠性,为进一步获取青藏高原河流形态与地形数据提供了科学且可靠的测量方法。基本操作步骤如下。

(1)运行 Pix4D mapper 第 1 步处理(初始化处理)。初始化处理选项中,选择特征点图像比例为“全面高精度处理”,处理完毕后生成质量报告。同时对实地 RTK 点进行“刺点”操作,刺点完成后运行“重新匹配与优化”,直至质量报告检查通过。此步骤的目的为矫正航拍影像的畸变,通过不断优化相机参数来减小影像畸变误差。

(2)运行 Pix4D mapper 第 2 步处理(点云及纹理处理)。选取最佳点云密度图像比例(1/2),匹配最低数值为 3,导出点云格式为 LAS 文件,处理原始图像得到点云数据。

(3)运行 Pix4D mapper 第 3 步处理(DSM,正射影像和指数)。设置 DSM 正射参数,分辨率为自动,生成正射影像,同时取消软件自带的 DSM 过滤噪点操作。

(4)Cloud Compare 点云处理。运用 Cloud Compare 软件对 Pix4D mapper 处理后得到的各部点云进行拼接合并。选取最优栅格尺寸 0.3m,命名为"Raster 0.3",输出的栅格文件包含高程(Elevation 0.3)和点密度(Density 0.3)两种波段数据。

(5)ArcMap 降噪处理。分析无人机正射影像 DSM 数据,裁剪研究区域,运用 ArcMap 对点云生成的 DEM 栅格文件进行栅格代数计算、插值计算、波段提取及噪声过滤等操作,最终得到降噪后的优化 DEM 数据。

3.5.2　泥沙亏损量计算方法

在优化的 DEM 影像上提取弯道断面(图 3.30),现以提取某断面为例,简要介绍本书建立的计算方法。由于 UAV 航测地形数据只能获取地面高程,水面部分及水下断面信息是无效的,故需要对提取出的断面数据进行预处理。河道断面提取后,确定两侧河岸坡顶最高点,记为 A、B,两侧河岸坡角最低点,记为 C、D,以下部分为水面以下。提取出的断面地形在接近水面时产生大量噪点,导致临近的高程点起伏变化明显,坡脚位置很难确定,故 C、D 点位置的选取与确定对于本书的准确性尤为重要。本书主要通过 3 个原则来确定 C、D 两点的位置:①选取位置在高程点变化明显(存在大量噪点)的区域附近;②同一断面河岸两侧的水平面高程是一致的;③同一弯道由入口断面到出口断面,水平面高程是递减的。

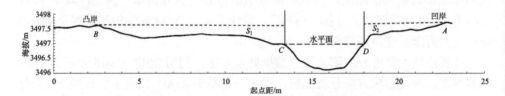

图 3.30　基于 UAV 航测地形数据的弯道断面地形示意图(以麦曲河段 A6 断面为例)

断面面积采用条分法,使用梯形公式计算,将总面积视为多个梯形的面积,凸、凹岸两侧断面面积分别记为 S_1、S_2。计算同一个弯道断面凸、凹岸部分面积及测量相邻两断面间距。

凸岸部分断面面积计算公式为

$$S_1 = \frac{1}{2}\sum_{i=1}(X_{i+1} - X_i)\left[(H_1 - H_{i+1}) + (H_1 - H_i)\right] \tag{3.33}$$

式中,S_1 为凸岸部分面积;X_i 为河道断面起点距(以凸岸侧起点为零);H_1 为凸岸侧河岸坡顶高程;H_i 为第 i 处高程。

凹岸部分断面面积计算公式为

$$S_2 = \frac{1}{2}\sum_{j=1}(X_{j+1} - X_j)\Big[(H_2 - H_{j+1}) + (H_2 - H_j)\Big] \qquad (3.34)$$

式中，S_2 为凹岸部分面积；X_j 为河道断面起点距(以凹岸侧起点为零)；H_2 为凹岸侧河岸坡顶高程；H_j 为第 j 处高程。

等间距提取断面，同一断面附近 1m 范围内凸、凹岸侧的体积为

$$V_i = S_1 \times L \qquad (3.35)$$

$$V_o = S_2 \times L \qquad (3.36)$$

式中，V_i、V_o 分别为同一断面附近 1m 范围内凸、凹岸侧的体积；S_1、S_2 分别为凸、凹岸部分断面面积，取 $L=1m$。

相邻断面凸、凹岸侧泥沙亏损量计算公式为

$$\Delta V_{i,m} = V_{i,m} - V_{i,m+1}, \qquad m=1,2,\cdots,19 \qquad (3.37)$$

$$\Delta V_{o,n} = V_{o,n} - V_{o,n+1}, \qquad n=1,2,\cdots,19 \qquad (3.38)$$

式中，$V_{i,m}$、$V_{o,n}$ 分别为 m、n 断面附近 1m 范围内凸、凹岸侧的体积，$\Delta V_{i,m}$、$\Delta V_{o,n}$ 分别代表 m 与 $m+1$ 断面之间的凸岸的泥沙亏损量、n 与 $n+1$ 断面之间凹岸的泥沙亏损量。

采用以上计算方法也存在一定误差，具体表现为由于 UAV 航测数据水面高程信息无效，同时缺少河道水下的地形数据，从而会忽略水面以下的断面面积，只得假定水面以下凸、凹岸两部分面积相等。实际上以河道中心线为界，水面下凸、凹岸部分面积具有一定差异，由于凹岸冲刷存在深槽、凸岸淤积发育点滩，水面以下凸岸部分面积应当略小于凹岸。因此，真实的凸岸侧面积与凹岸侧面积之差应当比计算值略大。

弯道前后断面间的泥沙亏损量计算，若将亏损部分体积视为三棱锥或圆锥体，则前后断面泥沙亏损量实际计算公式应为

$$\Delta V = \frac{1}{3}\Delta S \times L \qquad (3.39)$$

式中，ΔV 为前后断面间泥沙亏损量；ΔS 为前断面与后断面面积的差值(凸、凹岸部分分开计算)；L 为断面提取的间距，是前后断面线与河岸交点之间的曲线距离，不是断面间的垂直距离。通过计算与对比，发现该方法的测量距离具有一定的主观性，而且计算过程较复杂，故本书选择直接将两个断面附近 1m 范围内凸、凹岸侧的体积各自相减，以研究弯曲河流连续弯道的泥沙亏损量。

对于弯道的选择与提取，遵循河宽变化较小、尽量避开沙洲、两侧岸坡无植被或植被较少等的原则，在 4 个河段各选取 5 个典型弯道，每个研究弯道各等间距拉取 20 个断面(图 3.31)。同时对每个河段选取一个典型的连续弯道，每个研究弯道各等间距提取一系列断面(44～51 个)，如图 3.32 所示。断面提取过程采用

ArcMap 进行，使用 Interpolate line 工具。通过对比基于 UAV 航测地形数据和 RTK 打点，可知提取的高程点数据误差为±4cm。

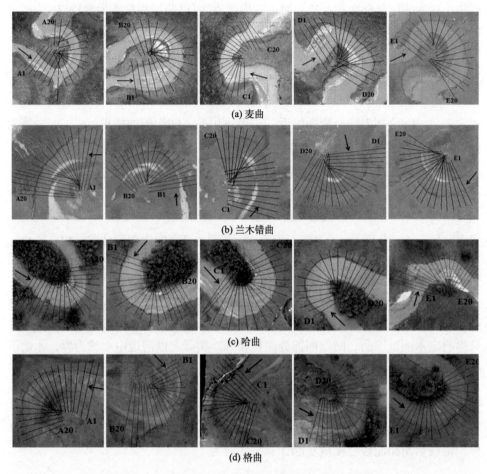

(a) 麦曲

(b) 兰木错曲

(c) 哈曲

(d) 格曲

图 3.31　4 条代表性弯曲河流的典型弯道与断面的选取

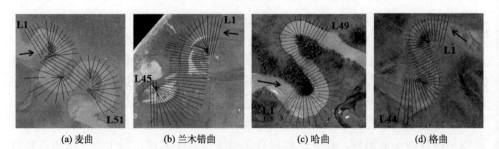

(a) 麦曲　　　　　　(b) 兰木错曲　　　　　　(c) 哈曲　　　　　　(d) 格曲

图 3.32　4 条代表性弯曲河流的连续弯道与断面的选取

3.5.3　单个弯道单侧断面面积变化

表 3.17 中，各相邻断面间凸、凹岸泥沙亏损量为 ΔV_{i}、ΔV_{o}，记其平均值分别为 $\Delta \bar{V}_{\mathrm{i}}$、$\Delta \bar{V}_{\mathrm{o}}$；记 ΔV 为单位河长泥沙亏损量。通过 3.5.2 节的计算方法进行计算(结果汇总如表 3.17 所示)，发现黄河源区弯曲河流在单个弯道处的单侧断面面积变化具有一定规律性，ΔS 基本都是正值，因为凸岸边滩范围大，且临近河道部分有明显弧度，而凹岸相比较平整，几乎垂直于河道，且在崩岸发生前崩塌块处于悬臂状态。

表 3.17　4 个弯曲河流选取河段的计算结果

河段	弯道编号	$\Delta S/\mathrm{m}^2$	$\Delta \bar{V}_{\mathrm{i}}/\mathrm{m}^3$	$\Delta \bar{V}_{\mathrm{o}}/\mathrm{m}^3$	$\Delta V=(\Delta \bar{V}_{\mathrm{i}}-\Delta \bar{V}_{\mathrm{o}})/\mathrm{m}^3$
麦曲	A	1.194	−0.029	0.104	−0.133
	B	1.402	−0.084	−0.005	−0.079
	C	−0.217	−0.098	0.060	−0.158
	D	0.732	−0.111	0.209	−0.320
	E	1.126	−0.173	0.067	−0.240
兰木错曲	A	0.565	−0.151	−0.016	−0.135
	B	−0.739	−0.181	0.022	−0.203
	C	1.727	−0.171	0.139	−0.309
	D	0.021	0.016	0.197	−0.181
	E	−1.145	0.032	0.182	−0.150
哈曲	A	0.361	−0.007	−0.017	−0.024
	B	−0.227	−0.007	−0.026	−0.033
	C	0.663	−0.044	0.056	−0.100
	D	0.025	−0.023	0.008	−0.031
	E	−0.086	−0.097	0.193	−0.291
格曲	A	−0.032	−0.005	0.001	−0.006
	B	0.046	−0.004	0.001	−0.005
	C	−0.213	−0.002	0.022	−0.024
	D	0.056	−0.006	0.004	−0.010
	E	0.015	−0.006	0.002	−0.008

$\Delta \bar{V}_{\mathrm{i}}$ 大多为负值，$\Delta \bar{V}_{\mathrm{o}}$ 大多为正值，ΔV 全部为负，说明在水流作用下凹岸冲刷和凸岸淤积过程中，凹岸崩塌产生的崩塌块分解后的泥沙，并非全部输移至凸岸形成凸岸边滩，而是有一定数量的泥沙亏损。由于凹岸侧高于凸岸侧，所以在河段尺度(数公里)内，连续弯道的河道宽度能基本保持不变。

选取河段的计算结果表明(表3.17)，不仅4个弯曲河流之间泥沙亏损和河湾演变的情况不同，而且对于同一河流在2～3km尺度河段内的不同弯道之间都有较大差别。麦曲河段单个弯道单位河长的泥沙亏损量为0.079～0.32m³，兰木错曲河段为0.135～0.309m³，哈曲河段为0.02～0.291m³(大多为0.002～0.033m³)，格曲为0.005～0.024m³。麦曲河段和兰木错曲属于较小尺度弯曲河流，弯道崩岸速率较大，故泥沙亏损量较大。哈曲和格曲的测量河段处河宽尺度大于前者，崩岸速率低，河岸物质组成二元结构，河岸更加稳定，故泥沙亏损量相对较小。

断面间隔3m，等间距提取一系列断面，记凸岸部分面积为S_1，凹岸部分面积为S_2。选取其中的4个有代表性的弯道进行分析，如图3.33和图3.34所示。

相比凹岸向外的张拉作用(短时间尺度的崩岸过程)，凸岸向内的推挤作用(中时间尺度的淤积过程)具有滞后性。在弯道入口段(如麦曲河段弯道E1～E7断面、兰木错曲河段弯道C1～C5断面、哈曲河段弯道C1～C6断面、格曲河段弯道B1～B9断面)，由于凸岸还未开始淤积，凹岸已经开始受水流冲刷，故测量出

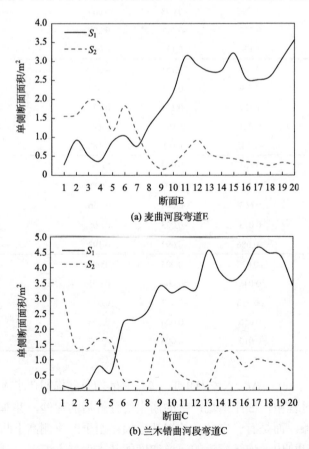

图3.33 麦曲河段弯道E和兰木错曲河段弯道C的单侧断面面积变化

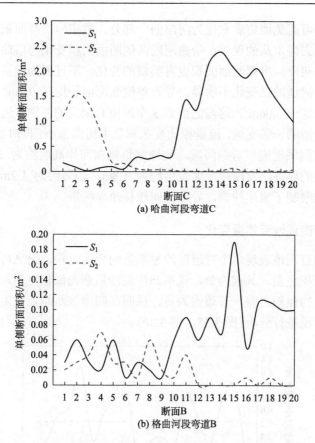

图 3.34　哈曲河段弯道 C 和格曲河段弯道 B 的单侧断面面积变化

凸岸部分面积小于凹岸部分(图 3.33,图 3.34)。在弯道段,河段弯道的凹岸处受水流冲刷侵蚀,崩塌块落入水中被水流带走,故凹岸面积有变小的趋势。随着凸岸淤积的加重,凸岸边滩增大,凸岸横向展宽,凸岸面积有增大的趋势。在弯道出口段,凸岸边滩逐渐变小直至消失,凸岸部分面积开始有减小的趋势,而凹岸部分面积没有大的变化。

　　麦曲河段、兰木错曲和哈曲的 5 个弯道的单侧断面面积变化的共同点是,从入口段到出口段,河段的凸岸部分先小于凹岸部分,通过弯顶后,凸岸部分面积超过凹岸部分(图 3.33,图 3.34)。对于单侧断面面积而言,麦曲与兰木错曲河段在经过弯顶前后都有较大波动。与之不同的是,哈曲河段的凸岸部分先小于凹岸部分,凸岸部分面积变化不大且断面面积小(小于 $0.2m^2$),相反凹岸部分面积波动较明显。通过弯顶后,凸岸部分面积大于凹岸部分,且凸岸部分面积开始出现大的波动,凹岸部分趋于平缓且断面面积变得很小(小于 $0.2m^2$)。需要说明的是,分析哈曲的 UAV 航测影像发现,哈曲河段的凸岸边滩部分生长有茂密的灌木丛,

计算面积时不可避免地将灌木视为河岸的一部分，故实际凸岸面积应该比图 3.34
所示偏小。除去灌木丛的误差，哈曲河段两侧断面面积变化与格曲接近。

　　对于格曲河段，单侧断面面积也有类似的变化，不过因为流量较小，河流冲
刷过程缓慢，河道冲淤变化不明显，导致单侧断面面积均在 0.2m² 以下，尤其是
凹岸断面面积低于 0.06m²，这与之前的 3 个河段有很大的差别。这是因为格曲为
若尔盖黑河上游的一条支流，流量相比麦曲和兰木错曲都小。同时野外考察发现，
此支流与哈曲同属泥炭型弯曲河流。实地测量格曲河岸高度约为 2m，沿程测量
了河岸泥炭层的厚度，发现最厚泥炭层约为 1.8m，最薄约为 1.2m。格曲的二元
河岸物质组成限制了河岸冲刷，导致横向迁移速率缓慢。

3.5.4　单个弯道泥沙亏损量变化

　　为了更加直观地表现单个弯道泥沙亏损量的变化过程，记 ΔV_i 为凸岸前断面
与后断面的面积之差，其值为负，说明凸岸泥沙后断面淤积更多，ΔV_o 为凹岸前
断面与后断面的面积之差，若该值为负，说明在凹岸该断面处发生了崩塌。选取
同样的代表弯道进行分析(图 3.35，图 3.36)。

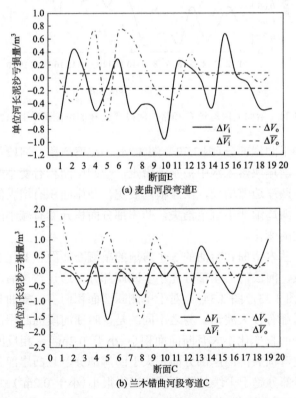

(a) 麦曲河段弯道E

(b) 兰木错曲河段弯道C

图 3.35　麦曲河段弯道 E 与兰木错曲河段弯道 C 的单位河长泥沙亏损量

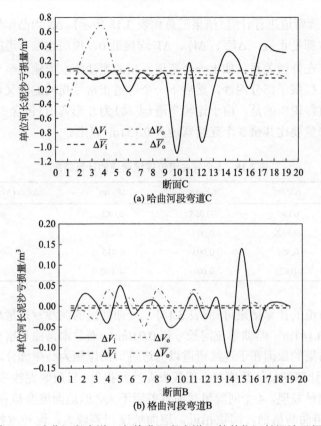

图 3.36　哈曲河段弯道 C 与格曲河段弯道 B 的单位河长泥沙亏损量

　　这里单位河长泥沙亏损量没有明显规律，基本都在零附近波动，且每个弯道 ΔV_i、ΔV_o 之间存在较明显的相同趋势(图 3.35，图 3.36)，其原因在于弯曲河流崩岸发生的随机性，崩岸发生与否与弯道位置无关，在弯道入口段、弯顶段、出口段都有可能发生崩岸。据此推断 ΔV_o 曲线的波谷处(如麦曲弯道 E 的断面 2、5、11)在 UAV 航测前已发生崩岸，且波谷处前后断面的泥沙亏损量均为正值且相差不大。从单位河长泥沙亏损量变化范围来看，麦曲和哈曲河段范围略小于兰木错曲，前两者为 $-1\sim1\text{m}^3$，后者为 $-1.5\sim1.5\text{m}^3$，且格曲的变化范围最小 ($-0.15\sim$ 0.15m^3)。这是因为 3 条河流的河宽与岸高不一样，兰木错曲的岸高在选取的 4 个河段中是最高的。

3.5.5　连续弯道单侧断面面积变化

　　以河道中心线为界，河道进口凸岸侧为凸岸部分，进口凹岸侧为凹岸部分(凸、凹岸侧是人为定义的两侧，与实际的凸、凹岸需区分开)。在 4 个代表河段各选一段连续弯道，断面间隔 3m，等间距提取一系列断面，同样利用式(3.33)～

式(3.39)对连续弯道进行计算(结果汇总如表 3.18 所示)。ΔS 为凸岸侧与凹岸侧面积之差,基本都是正值, $\Delta \overline{V}_o$、$\Delta \overline{V}_i$、ΔV 均接近 0,说明连续弯道的各个弯道之间的泥沙量存在补偿关系。如上一个弯道亏损的泥沙随水流输移至下一个弯道时产生了淤积,拦截了部分泥沙,然后下一个弯道正常亏损的泥沙又可以补偿到后面的弯道。值得说明的是,由于连续弯道(麦曲)为 S 形弯道(包含 3 个弯道),故单位河长亏损量要比其余 3 个连续弯道大 0.131m^3 以上。

表 3.18　4 个弯曲河流连续弯道的计算结果

弯道	ΔS /m²	$\Delta \overline{V}_i$ /m³	$\Delta \overline{V}_o$ /m³	$\Delta V = (\Delta \overline{V}_i - \Delta \overline{V}_o)$ /m³
麦曲	0.889	−0.058	0.083	−0.141
兰木错曲	0.512	0.009	−0.011	0.020
哈曲	0.361	0.003	0.013	−0.010
格曲	−0.021	0.001	−0.002	0.003

由连续弯道的计算结果可知(表 3.18),麦曲河段的泥沙亏损量最大,单位河长(3m)亏损 0.141m^3,哈曲单位河长亏损 0.010m^3,而兰木错曲和格曲几乎无泥沙亏损。这一结果的原因在于连续弯道以河道进口凸岸侧为凸岸部分,进口凹岸侧为凹岸部分,计算的最终数值并不能代表泥沙亏损量,只反映泥沙亏损量的变化。通过对河段测量发现,4 个河段虽然河宽差距不大,但地面坡度却有较大区别(表3.15)。兰木错曲与格曲,河宽相近,地面坡度相差较大,泥沙亏损量变化相差很大。

对 4 个代表弯曲河段各选连续弯道的一个河段,断面间隔 3m,等间距提取一系列断面,计算结果见图 3.37。

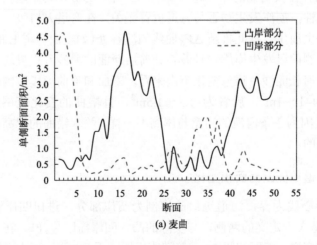

(a) 麦曲

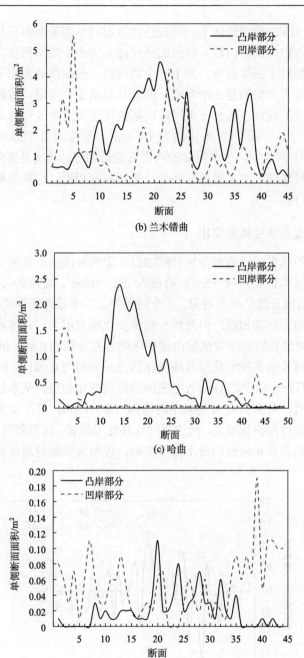

(b) 兰木错曲

(c) 哈曲

(d) 格曲

图 3.37　连续弯道单侧断面面积变化

由图 3.37 可知，黄河源区不同河段连续弯道的单侧断面面积都有着同样的变化规律，即从入口段到出口段，河段的凸岸部分先小于凹岸部分，通过弯顶后，凸岸部分面积超过了凹岸部分，到下一个弯顶后，凸岸部分面积又开始小于凹岸部分。麦曲连续弯道取的是 3 形弯道，即总共包括 3 个弯道，故断面面积的变化又多了一个阶段的规律。其余 3 个河段选取的连续弯道是 S 形弯道。麦曲河段的单侧断面面积为 $0\sim5m^2$，兰木错曲为 $0\sim6m^2$，哈曲为 $0\sim2.5m^2$，格曲为 $0\sim0.2m^2$。可见 4 个河段中，兰木错曲的河道演变最剧烈，其次是麦曲河段，断面面积量级最小的是格曲。兰木错曲与格曲，虽然河宽相近，但单侧断面面积变化范围却相差约 30 倍。

3.5.6　连续弯道泥沙亏损量变化

选取同样的代表弯道进行分析(图 3.38)。麦曲河段的单位河长泥沙亏损量为 $-1.5\sim1.5m^3$，兰木错曲为 $-4\sim5m^3$，哈曲为 $-1.2\sim0.8m^3$，格曲为 $-0.15\sim0.2m^3$。由 ΔV_o 曲线波动范围及波动频率可见，4 个河段中，兰木错曲的河道崩岸最为剧烈。兰木错曲与格曲，河宽相近，但泥沙亏损量变化相差很大，具体表现为兰木错曲的凸、凹岸单位河长的泥沙亏损量曲线变化的方差分别为 0.843 和 1.227，格曲的凸、凹岸单位河长的泥沙亏损量曲线变化的方差分别为 0.001 和 0.002。

图 3.38 可进一步证实 ΔV_i、ΔV_o 之间的相同变化趋势。从单位河长泥沙亏损量变化范围来看，兰木错曲两侧河岸高差为 $1.0\sim1.5m$，易产生大体积崩塌块，故崩岸产生的泥沙亏损量最大，河道横向迁移速率最快，这与野外观测结果一致。哈曲和格曲基本都在 0 附近的很小范围波动，说明大体积的崩岸很少发生，河岸较稳定。

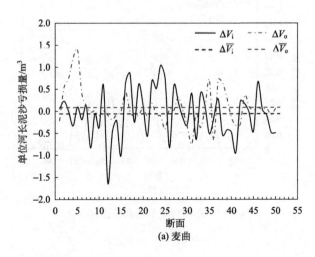

(a) 麦曲

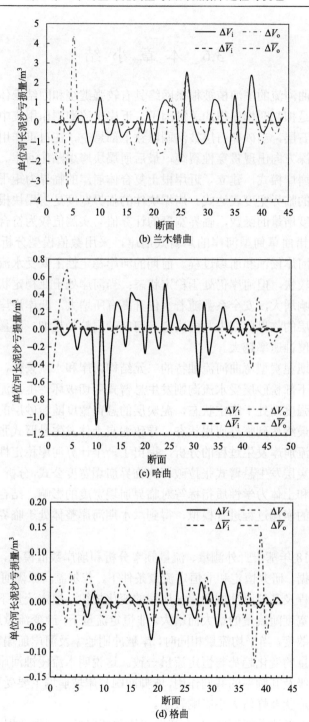

图 3.38　连续弯道单位河长泥沙亏损量变化

3.6　本 章 小 结

草甸型弯曲河流的滨河植被根系网络具有较强缠绕和固结土体作用，河岸根系的力学特性是抑制凹岸崩岸的关键因子。近岸水流淘刷作用集中于根系作用范围以下的砂卵石层，当砂卵石层被淘刷以致上部悬空，在自重作用下达到临界状况，河岸沿纵深方向出现贯穿性裂缝，最后崩塌块垮塌贴住河岸。通过分析草甸型弯曲河流的崩岸模式，建立了近岸根土复合体崩岸的临界力矩平衡方程，并简化得到崩塌块的临界宽度表达式。崩塌块体的临界宽度是崩塌块根系长度和根系产生的抗拉强度增量的函数，临界宽度的计算值与实测值较为符合。

针对兰木错曲草甸型河岸的悬臂式崩岸，采用数值模型分析了其岸坡稳定性，并模拟了河岸侵蚀和崩塌过程。前期的河岸稳定性主要受水流侵蚀力控制，安全系数下降较快，但河岸仍处于稳定状态；当河岸处于亚稳定状态时，孔隙水压力对河岸影响增大，安全系数随着水位升高有所增大。凹岸崩岸由水流近岸剪切力与河岸下层的临界剪切力共同决定，河岸砂层粒径越细、流量越大，河岸的横向侵蚀量和侵蚀速率越大。

若尔盖盆地泥炭型弯曲河流独特的二元结构河岸和水流条件，形成了其特殊的崩岸形式：下部粉砂层受水流淘刷发生悬臂式剪切破坏，上部泥炭土体由于具有很强的抗剪强度而处于临空状态，泥炭层的悬臂宽度随粉砂层的连续崩塌向河岸内侧延伸，最终达到临界崩塌状态，导致泥炭土体发生悬臂式张拉破坏。基于泥炭型弯曲河流崩岸发生过程的分析，提出了一个计算河岸稳定性的理论模型，进而推导了泥炭层发生悬臂式张拉破坏的临界崩塌宽度公式，分析了泥炭层厚度、张拉裂缝深度和土体力学性质指标等对临界崩塌宽度的影响。结合数值模型对实测断面粉砂层的崩塌过程进行模拟，得到洪水期河岸整体处于临界崩塌状态的稳定性系数。

2017~2018 年基于野外测量、流量频率分析和崩岸数值模拟，采用岸坡形态的原型观测数据，研究恒定和非恒定流量条件下，若尔盖高原黑河下游一个 Ω 形弯道的崩岸过程及其坡脚冲刷和岸坡崩塌的变化规律。恒定流量下，坡脚冲刷速率及河岸崩塌宽度随流量的增大而增大。非恒定流量下，改变流量过程线的形状、峰值流量和离散度，当平均流量相同时，岸坡冲刷速率及河岸崩塌宽度基本一致，二者随平均流量的变化趋势与恒定流量一致。这说明水流侵蚀河岸的作用效果受流量大小的量级及其频率的共同作用，坡脚冲刷与岸坡崩塌主要受平均流量控制，而流量过程线形状及峰值大小影响较小。

基于 UAV 航测黄河源区 4 个弯曲河流并获取低空影像数据，采用 Pix 4D mapper、Cloud Compare 和 ArcGIS 处理，得到降噪后的河道 DEM 数据，将 UAV

航测应用于河道冲淤变化分析，并提出了弯道单位河长泥沙亏损量的计算方法。对于同一个弯道，凸岸与凹岸的泥沙亏损量存在相同的变化趋势。弯曲河道始终存在横向冲淤不平衡的亏损量，对于单个弯道(河宽为 3~12m)，兰木错曲的单位河长泥沙亏损量约为 0.191m³，麦曲、哈曲和格曲的单位河长泥沙亏损量约为 0.045m³，且同一个河段沿程亏损量较不均匀，这间接表明在河段尺度弯道河宽只是近似不变，而且不同弯道横向迁移速率均表现出一定的差异性。

第4章 弯曲河流颈口裁弯过程与机理

黄河源区若尔盖盆地是弯曲河流的集中发育区，是研究颈口裁弯的发生过程与时间序列的理想区域。颈口裁弯是弯曲河流长期演变的拐点事件，是单个河湾达到临界形态条件后因洪水冲刷或颈口崩岸，上下游河道贯通形成新河道的突变过程。尽管颈口裁弯在弯曲河流形态动力学过程占据关键角色，但是因其发生的突然性、持续时间短和冲刷强度剧烈，目前缺少对颈口裁弯过程的野外原型观测。黄河源区若尔盖盆地发育大量的草甸-泥炭型弯曲河流，从遥感影像观察弯曲河带内大量的 Ω 形牛轭湖，说明曾经发生过的颈口裁弯比比皆是。因此，采用多源遥感影像，解译若尔盖盆地 4 条典型弯曲河流，分析近 100 年内发生颈口裁弯的相对时间，从而识别每条弯曲河流沿程的颈口裁弯发生频率和时间序列。通过在弯道颈口实施人工开挖浅槽，2013～2016 年连续观测黑河上游 2 个高弯曲度弯道的颈口裁弯过程，包括新河道发展和原河道响应。同时连续多年监测黑河下游 1 个逼近颈口裁弯的河湾，首次在黄河源区捕捉和观测裁弯前颈口变化和裁弯后新河道发展及水动力调整，这对于认识弯曲河流长期演变与突变过程具有重要的科学意义。

4.1 若尔盖颈口裁弯事件及相对时间序列

若尔盖盆地发育黄河源区的主要弯曲河群(详见 2.1 节)，该地区弯曲河流经历长期的周期性演变，形成许多自然裁弯后的废弃河道，分布着许多不同大小与形状的牛轭湖。本节选取若尔盖 4 条不同尺度的代表性弯曲河流，并对这 4 条河流近 100 年演变过程中颈口裁弯事件及其形成不同阶段的牛轭湖，进行沿河段的形态参数统计。

这 4 条典型河流分别是黑河、黑河支流(德讷河曲和哈曲)及白河支流瓦切河(图 4.1)。黑河全长 512km，河道比降为 0.04%。德讷河曲和哈曲分别是黑河中游和上游的 2 条支流。德讷河曲全长 114km，河道比降为 0.031%，哈曲全长 120km，河道比降为 0.192%。同时选取位于白河中游的一条典型弯曲支流——瓦切河作为研究对象，瓦切河全长 29km，河道比降为 0.034%。

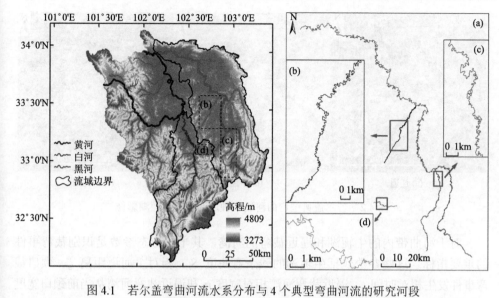

图 4.1 若尔盖弯曲河流水系分布与 4 个典型弯曲河流的研究河段
(a)黑河；(b)德讷河曲；(c)哈曲；(d)瓦切河

4.1.1 数据来源与研究方法

颈口裁弯发生后的遗迹与证据是河曲带内现存的牛轭湖。Ω 形牛轭湖具有完整的形状且发生颈口裁弯时间不长，因此可通过识别裁弯遗留的 Ω 形牛轭湖获得数据源与近期已发生的裁弯事件，辨识颈口裁弯事件的相对发生时间。颈口裁弯事件的选择需要满足 Ω 形牛轭湖且湖内有水，从而保证所选取事件是颈口裁弯且发生时间较短，较理想的状态是刚刚发生裁弯且牛轭湖形状清晰完整。根据以上选取标准，建立裁弯事件的时间序列并预测未来发生颈口裁弯的次数。

对 Google Earth（2000～2016 年，分辨率为 0.6m）和 SPOT（1990 年和 2000 年，分辨率为 10m）遥感影像进行数据提取，经过识别筛选，获得了黑河沿程（从河流下游至河流上游）颈口裁弯事件 47 个，德讷河曲沿程颈口裁弯事件 27 个，哈曲沿程颈口裁弯事件 17 个，瓦切河沿程颈口裁弯事件 14 个。这些裁弯事件遗留的牛轭湖形状完整且有水，对于有一部分已无法清晰辨认的牛轭湖不做统计。

根据牛轭湖与主河道连通性将筛选的牛轭湖特征划分为连通、半连通和不连通三种情形（图 4.2）。连通的 Ω 形牛轭湖与主河道保持水流通道相连，即主河道上游水流一部分流经牛轭湖，而后汇流入主河道。半连通牛轭湖与主河道有一部分联系，洪水期主河道会对牛轭湖进行一部分水量补给。不连通牛轭湖形成时间较久远，由于裁弯后新河道的迁移和牛轭湖进出口泥沙淤积，已成为封闭的湖泊，与主河道无直接水力联系。

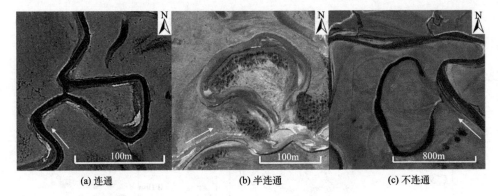

(a) 连通　　　　　　　　　　(b) 半连通　　　　　　　　　　(c) 不连通

图 4.2　若尔盖典型弯曲河流 3 种连通性的牛轭湖影像

对于河曲带内的牛轭湖和逼近裁弯的河湾，其平面形态参数是识别裁弯事件的重要指标。这些参数包括牛轭湖的残余弯曲度 S_r、相对主河道距离 ζ、颈口裁弯事件发生相对时间 t、逼近裁弯河湾相对宽度 η_t 和逼近裁弯河湾从当前颈口宽度直到发生裁弯时间 T_c。

牛轭湖的残余弯曲度 S_r 定义如下：

$$S_r = \frac{L_c}{b} \tag{4.1}$$

式中，b 为 Ω 形牛轭湖颈口宽度；L_c 为牛轭湖中心线长，牛轭湖中心线是指牛轭湖每一断面中心到两边距离相等的点连接成的曲线(图 4.3)。若 S_r 值越大，则牛轭湖形成的时间很可能越短，反之牛轭湖形成的时间较长。

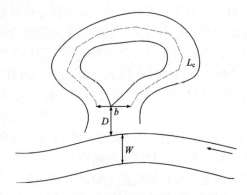

图 4.3　颈口裁弯事件形态参数示意图

牛轭湖的相对主河道距离 ζ 定义如下：

$$\zeta = \frac{D}{W} \tag{4.2}$$

式中，D 为牛轭湖出口顶端与河道中心线的距离；W 为对应主河道的河道宽度。

牛轭湖与主河道的相对距离,可反映颈口裁弯发生后至今的持续时间,ζ 越小,牛轭湖离主河道越近,裁弯事件发生时间越近,反之亦然。通过已知颈口裁弯的时间及相对距离,推算其余未知裁弯事件的相对时间,从而可建立弯曲河流颈口裁弯事件的时间序列。

颈口裁弯事件发生相对时间 t 定义如下:

$$t = a\frac{\zeta}{\zeta_k} \tag{4.3}$$

式中,a 为已知裁弯事件发生的相对时间;ζ_k 为已知裁弯事件的相对主河道距离。

逼近裁弯河湾相对宽度 η_t 定义如下:

$$\eta_t = \frac{b}{W} \tag{4.4}$$

式中,b 为河湾颈口宽度。

逼近裁弯河湾从当前颈口宽度直到发生颈口裁弯的时间 T_c 定义如下:

$$T_c = \frac{b}{M_r + M_l} \tag{4.5}$$

式中,M_r 为颈口右岸侵蚀速率,m/a;M_l 为颈口左岸侵蚀速率,m/a。

4.1.2 颈口裁弯事件统计分析

在黑河、德讷河曲、哈曲和瓦切河共识别到 105 个清晰可辨的颈口裁弯事件,其与主河道连通的牛轭湖共 15 个,与主河道半连通的牛轭湖共 46 个,与主河道不连通但仍有水的牛轭湖共 44 个(表 4.1)。由此可见,颈口裁弯之后,牛轭湖会经历一个长期缓慢的演变过程。大部分牛轭湖都较古老,说明裁弯发生的时间较久远但仍清晰可辨。其中黑河有 6 个与主河道连通的牛轭湖,德讷河曲有 2 个与主河道连通的牛轭湖,哈曲有 1 个与主河道连通的牛轭湖,而瓦切河有 6 个与主河道连通的牛轭湖。因此,黑河和瓦切河在近 100 年发生的颈口裁弯次数较多。

表 4.1 若尔盖盆地 4 条弯曲河流 Ω 形牛轭湖连通情况

河流名称	长度/km	起点与终点海拔/m	比降/%	平均河宽/m	裁弯事件次数	连通情况及个数		
						连通	半连通	不连通
黑河	512	3622~3417	0.040	65	47	6	31	10
德讷河曲	114	3475~3440	0.031	24	27	2	8	17
哈曲	120	3677~3447	0.192	19	17	1	2	14
瓦切河	29	3462~3452	0.034	14	14	6	5	3

弯曲河流在长期演变过程中经历由微弯、弯曲、急弯到裁弯的周期性发展模

式，弯曲度逐渐增大，在自然裁弯前逼近极限弯曲度，正在裁弯、已裁弯的弯道以及牛轭湖的残余弯曲度对河湾的极限弯曲度具有参考意义。通过残余弯曲度的统计分析，可识别接近极限弯曲度的颈口裁弯事件。

对 4 条典型弯曲河流沿程的 105 个 Ω 形牛轭湖的残余弯曲度 S_r 计算可知（图 4.4），黑河的 Ω 形牛轭湖 $S_r \subset [2.5, 35]$，其中超过一半 $S_r \subset [3, 12]$，$S_r > 20$ 的牛轭湖均为半连通型牛轭湖，黑河颈口裁弯事件集中于上中游。德讷河曲的 Ω 形牛轭湖 $S_r \subset [3, 47]$，其中大部分 $S_r < 10$ 且多为不连通型，德讷河曲的颈口裁弯事件集中于上游，下游较少，可推断德讷河曲近代发生颈口裁弯次数较少。哈曲的 Ω 形牛轭湖 $S_r \subset [2.3, 24]$，17 个牛轭湖中有 14 个与主河道不连通，哈曲的颈口裁弯事件主要分布在中下游且形成时间较久远。瓦切河的 Ω 形牛轭湖 $S_r \subset [4, 38]$ 且大部分 $S_r > 10$，5 个与主河道连通的牛轭湖 S_r 值较大，瓦切河近代发生颈口裁弯次数较其他 3 条河多且沿程均有分布，其中河流下游段的牛轭湖较年轻。

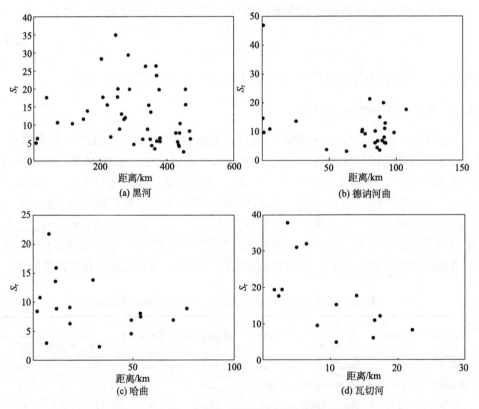

图 4.4　弯曲河流的裁弯事件残余弯曲度沿程分布

经筛选统计的 105 个 Ω 形牛轭湖超过 50% 的 $S_r < 10$，且 $S_r \subset [6, 9]$ 的牛轭湖最多（图 4.5），可以得出大部分裁弯事件发生时间较久远且遗留下的牛轭湖与主河道

连通性不强。黑河、德讷河曲、哈曲和瓦切河 S_r 的中位数分别为 10.369、9.782、8.455 和 16.418。这 4 条弯曲河流中，瓦切河的 S_r 中位数明显高于黑河、德讷河曲和哈曲，对比遥感影像可知瓦切河近年来发生裁弯事件较频繁。

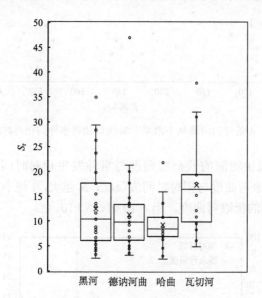

图 4.5　4 条典型弯曲河流的残余弯曲度统计分布

4.1.3　颈口裁弯事件的相对时间序列

识别出 2 处已知裁弯发生时间的颈口裁弯事件，分别是黑河上游 2010 年左右发生颈口裁弯形成的 Ω 形牛轭湖，和德讷河曲上游 2013 年左右发生颈口裁弯形成的 Ω 形牛轭湖。由于缺少连续时间序列的遥感影像，故较难识别捕捉裁弯发生的准确时间，通过已知时间裁弯事件与相对距离的关系，建立所有已识别的颈口裁弯事件的相对时间序列。裁弯事件全部相对时间为百年尺度内，其中最近相对时间 $t=5$，最远相对时间 $t=90$，105 个裁弯事件中相对时间 $t \subset [15, 40]$ 的事件有 65 个，可近似认为 100 年内大部分颈口裁弯事件发生在距今 40～15a（图 4.6）。

黑河和德讷河曲的颈口裁弯事件沿程（河流下游至河流上游）相对时间呈上升趋势，上游裁弯事件较密集且古老。黑河的河长和河宽远远大于其他 3 条支流，河宽最大可达 100m，因此黑河下游新发生的颈口裁弯事件更容易识别，但由于下游河道宽且稳定，裁弯频率较低。德讷河曲共识别 27 个颈口裁弯事件，其中 19 个分布在上游，$t \subset [10, 75]$。哈曲和瓦切河颈口裁弯事件沿程分布较均匀。哈曲上游和下游分布较古老的裁弯事件，中游分布较年轻的裁弯事件且相对时间均为约 20。瓦切河上游和下游有着年轻的裁弯事件且 $t<20$，中游的裁弯事件较古老。

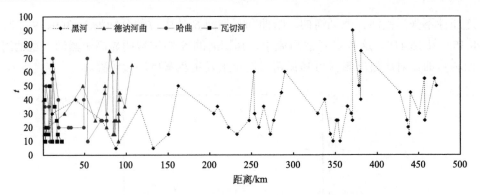

图 4.6　4 条弯曲河流从下游至上游颈口裁弯事件的相对时间序列

　　颈口裁弯形成牛轭湖的残余弯曲度与事件发生相对时间是一一对应的（图 4.7），绝大多数残余弯曲度与相对时间成反比，S_r 越大，t 越小，所统计的残余弯曲度越接近该河湾的极限弯曲度，当 $t<10$ 时，$S_r>10$。

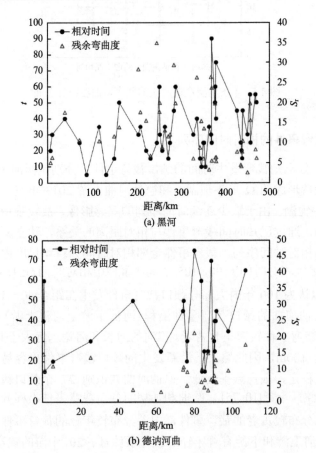

(a) 黑河

(b) 德讷河曲

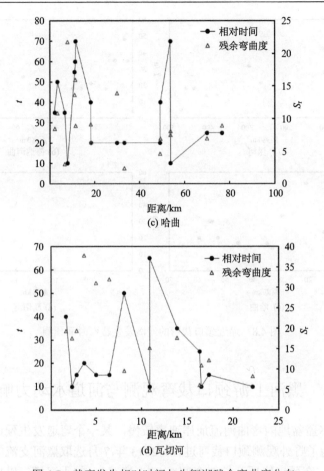

图 4.7 裁弯发生相对时间与牛轭湖残余弯曲度分布

黑河、德讷河曲、哈曲和瓦切河沿程(河流下游至河流上游)逼近颈口裁弯的河湾数量分别为 12 个、13 个、12 个和 2 个，共计 39 个 $\eta_t<1$ 的河湾(图 4.8)。根据资料统计和野外经验，可近似提取黑河的河岸侵蚀速率 $M_r=M_l=0.5m/a$，德讷河曲的河岸侵蚀速率 $M_r=M_l=0.2m/a$，哈曲和瓦切河的河岸侵蚀速率 $M_r=M_l=0.1m/a$，进而得到 39 个逼近裁弯的河湾未来发生裁弯时间 T_c。黑河、德讷河曲和哈曲沿程均有逼近裁弯河湾的相对宽度 $\eta_t<1$，瓦切河 $\eta_t<1$ 的河湾只在上游识别到 2 个。

黑河未来 70 年可能发生 12 次颈口裁弯，德讷河曲未来 50 年可能发生 13 次颈口裁弯，哈曲未来 80 年可能发生 12 次颈口裁弯，瓦切河未来 60 年可能发生 2 次颈口裁弯。39 个逼近裁弯事件 $T_c\subset[5,80]$，其中 60%以上 $T_c\subset[15,35]$，这对未来 35 年内的颈口裁弯原型观测和前期研究具有重要的指示意义。

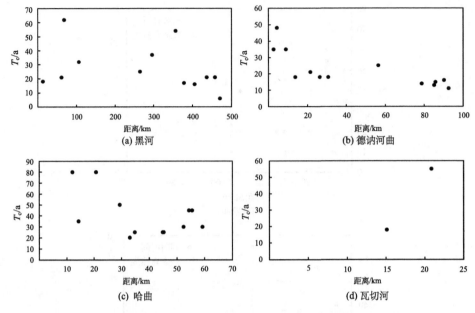

图 4.8　逼近颈口裁弯的河湾发生裁弯时间预测

4.2　黑河上游颈口裁弯观测与河道水动力响应

由于若尔盖盆地的弯曲河流崩岸速率较慢，某一个弯道发生颈口裁弯需要经历数十年，为了野外观测颈口裁弯过程，2013 年 7 月选取黑河支流的哈曲上游两个 Ω 形河湾，在颈口位置开挖 2 个宽 0.4m，深 0.5m 的小河槽，以加速颈口裁弯进程(图 4.9)。2013 年、2014 年和 2016 年夏季调查，测量断面地形和水流条件，2014 年 7 月观测时，两个裁弯颈口分别展宽至 3.4m 和 1.4m，颈口正在崩岸和展宽，此时原河道仍是主河道。2016 年 7 月再次观测时，2 个裁弯颈口已经展宽至 5.9m 和 6.3m，原河道的进口段已经泥沙淤塞形成牛轭湖。裁弯 NC-1 位于 32°56′55″N，103°03′14″E，研究河段长 300m。裁弯 NC-2 位于 32°56′47″N，103°03′07″E，研究河段长 405m。河岸物质组成具有明显的二元结构，上层为泥炭层，下层为湖相粉砂，夹杂河流相粗砂或卵石。

经过 2013 年、2014 年和 2016 年洪水期(6 月、7 月和 8 月)在人工开挖小河槽的加速作用下，2 个河湾均实现了颈口裁弯，说明颈口处水流贯通后比降增大，能够在短时间内发生强烈横向侵蚀并展宽新河槽，导致新河槽分流量不断加大，促使老河道进口段发生淤塞(厚度大于 0.3m)。通过 2 个人工加速裁弯的野外实验，我们发现在若尔盖这种小尺度弯曲河道发生的颈口裁弯，下游河床未出现明显的

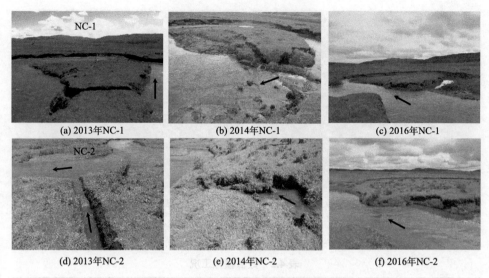

图 4.9　两个颈口裁弯的新河道发展过程

淤积，不会引起上游卵石河床的强烈冲刷，牛轭湖进口段快速淤积卵石与细砂，中部与出口段为细砂和淤泥沉积，也就是裁弯后河道随之恢复冲淤平衡状况。这表明黄河源区弯曲河流的颈口裁弯主要是降低局部河段的弯曲度和形态复杂度，同时增加与主河道连通或半连通的牛轭湖湿地。

4.2.1　模型建立与初始及边界条件

　　本节以上述两处裁弯的野外观测资料为基础，采用 MIKE 21 模拟裁弯前后整个河湾的三维水动力调整，分析了新老河道演变过程以及对颈口裁弯的水流条件和冲淤变化的响应特征。基于不可压缩雷诺平均 Navier-Stokes 方程、k-ε 紊流模型和有限体积法的 MIKE 21 Flow Model，建立连续弯道水动力模型，分析颈口裁弯形成过程中不同阶段的流场变化。MIKE 21 Flow Model 是通用三维数学模型，基于 Bousinesq 涡黏假定和静水压假设，可用于不同类型水体的三维非恒定流模拟，同时可充分考虑密度、地形以及气象等条件的变化。通过垂向 σ 坐标变换考虑自由面的变化。

　　基于 2013 年、2014 年和 2016 年 7 月(图 4.10)对黄河源区若尔盖的泥炭型弯曲河流(黑河支流的哈曲上游)的野外实际测量资料建立弯道水动力数值模型。数值模型共计 8 种工况(表 4.2)，包括 2013 年未裁弯、2013 年开始裁弯，2014 年和 2016 年裁弯情况。模型进、出口均设置流量恒定，依据实测资料，进、出口流量均取 $Q = 3.0 \mathrm{m^3/s}$。时间步长取 0.001s。河床粗糙高度为 0.005m，采用高阶计算模式，时间步长为 0.001s。关于各工况下的地形数据做以下处理。

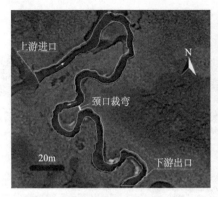

(a) 裁弯NC-1位置

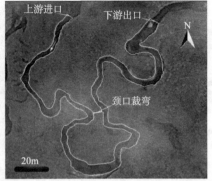

(b) 裁弯NC-2野外观测

图 4.10 黄河源若尔盖黑河上游的 2 个裁弯位置

表 4.2 数值模拟工况

工况	位置	年份	颈口宽度/m	颈口长度 L/m	颈口段平均水深 h/m	宽深比 b/h	分流角/(°)	进、出口流量/(m³/s)	平面网格数	垂向分层数	节点数
1		2013	0	0	0	—	—		9021	10	5125
2	NC-1	2013	0.4	2.99	0.14	2.9	65	3.0	18704	10	10498
3		2014	3.4	3	0.5	6.8	65		19612	10	10792
4		2016	5.9	3	0.39	15.1	65		19080	10	10540
5		2013	0	0	0	—	—		8954	10	5091
6	NC-2	2013	0.4	5.9	0.15	2.7	81	3.0	10831	10	7745
7		2014	1.4	5.5	0.5	2.8	81		22546	10	12690
8		2016	6.3	6	0.33	19.1	81		23668	10	13349

裁弯 NC-1：裁弯 NC-1 处 2013 年河道原始地形（RUN1）比降取 3.6‰（实测值），河宽 3.7~5.8m，横断面简化为矩形。2013 年开始裁弯时（RUN2），人工裁弯颈口段水深 0.16m，颈口宽度为 0.4m；颈口段比降为 0，原河道地形仍然为未裁弯时的地形。裁弯发展到 2014 年（RUN3），根据野外实测数据，颈口宽度已经展宽为 3.4m，颈口处被水流冲刷下切，水深已经达到 0.5m 以上。原河道进口左侧冲刷严重，出现崩塌现象；而右侧淤积严重，水深只有 0.20m。

由于 2014 年野外测量资料较详细，新、老河道的地形均采用野外实测资料。2016 年（RUN4），颈口宽度已经展宽为 5.9m；与 2014 年相比，颈口处有泥沙淤积，水深为 0.45m。老河道进口基本被淤死，高水位时有水流流过，低水位时无水流通过。颈口段地形采用实测数据，将老河道进口断面形态与 2014 年对比，认为 2016 年老河道的地形在其基础上淤高了 0.05m。

裁弯 NC-2：2013 年河道原始地形（RUN5）比降取 3.6‰（实测值），横断面简

化为矩形，河宽 2.7～7.0m。2013 年开始裁弯时（RUN6），人工裁弯颈口段水深为
0.15m，颈口宽度为 0.4m；颈口段比降为 0，老河道地形仍然为未裁弯时的地形。
2014 年（RUN7）人工裁弯颈口段宽度为 1.4m，水深为 0.5m，颈口段横断面简化为
矩形，老河道进口断面用实测资料，其他地方横断面仍然简化为矩形，参考裁弯
NC-1 中 2014 年地形的变化，认为 2014 年裁弯 NC-2 处老河道的地形在 2013 年
基础上淤高 0.30m。2016 年（RUN8）颈口段新河道宽度达到 6.3m，新河道地形采
用实测数据，比降为 0。2016 年老河道的地形在 2014 年的基础上整体淤高 0.15m。

4.2.2　颈口分流和平面流场

　　这两处裁弯的研究河段模拟断面见图 4.11。裁弯发生后，一部分水流通过新
河道。定义分流比为新河道的流量占干流总流量的百分比，可反映新、老河道流
量分配情况。为了探索分流比与新河道宽深比之间的关系，除了设置流量 $Q=$
3.0m³/s 以外，另增加计算了两处裁弯 2014 年和 2016 年 Q 为 2.0m³/s、2.5m³/s、
3.5m³/s、4.0m³/s、5.0m³/s 时的情况。

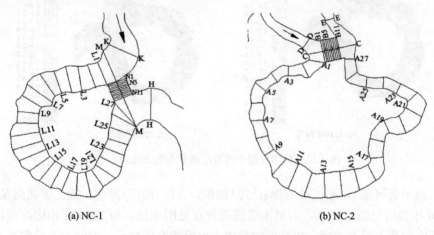

(a) NC-1　　　　　　　(b) NC-2

图 4.11　两个颈口裁弯的剖面划分位置

1. 平面流场变化

　　本节仅以裁弯 NC-1 为例分析流场变化过程。裁弯 NC-1 处各种工况的流速等
值线分布见图 4.12。2013 年开始裁弯时老河道的流场分布基本没有改变，颈口段
进口处水流顶冲右岸。2014 年人工裁弯有 1 年，河道主流改变方向，大部分水流
流经新河道，老河道只有少量水流通过且流速明显减小，颈口段新河道主流偏向
右岸。

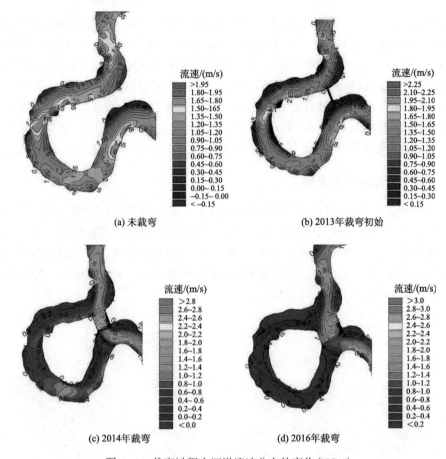

图 4.12　裁弯过程中河道流速分布的变化(NC-1)

　　由于老河道 L1 断面处右岸(凸岸)淤积，左岸(凹岸)冲刷，故主流偏向左岸。2016 年裁弯已历时 3 年，河道水流流速分布见图 4.13。与 2014 年相比，颈口段主流方向基本没有改变，仍然偏向右岸，但流速有所减小。原河道流量和流速进一步减小，L1 断面处主流仍然偏向左岸。

2. 平均流速和水深沿程变化

　　裁弯发生后，新、老河道平均流速和平均水深均发生改变。以裁弯 NC-1 为例，分析裁弯过程中新、老河道平均流速和平均水深的变化情况。不同工况下裁弯 NC-1 处老河道和新河道的沿程流速和水深分布见图 4.14 和图 4.15，图 4.14(a)、图 4.15(a)中横坐标 0 点表示 L1 断面，图 4.14(b)、图 4.15(b)中横坐标 0 点表示 N1 断面。

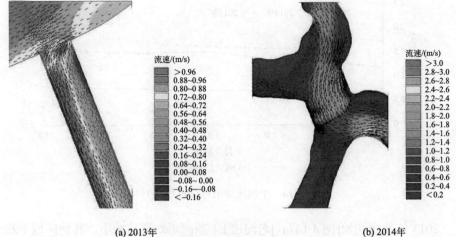

(a) 2013年

(b) 2014年

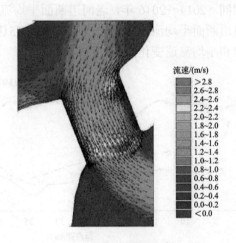

(c) 2016年

图 4.13　颈口段进口处流场(NC-1)

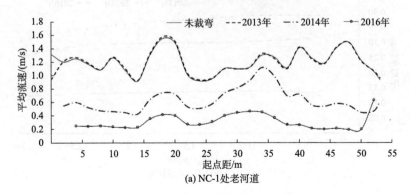

(a) NC-1处老河道

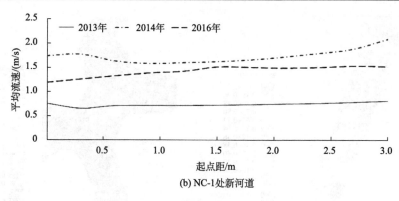

(b) NC-1 处新河道

图 4.14　平均流速沿程分布 (NC-1)

　　2013 年裁弯初始 [图 4.14(a)] 老河道 L1 断面平均流速减小，其他区域平均流速和未裁弯时相同。2014～2016 年，老河道断面平均流速逐渐减小。2013～2016 年，颈口段新河道断面平均流速则是先增后减 [图 4.15(b)]。裁弯 NC-1 处平均水深沿程变化规律和平均流速变化规律相同。

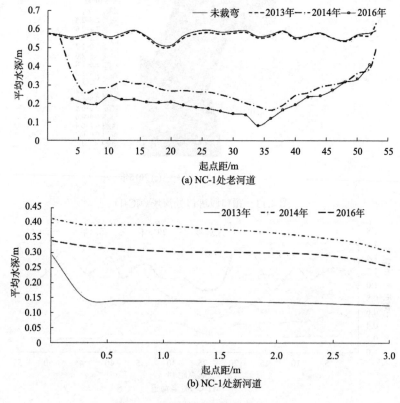

(a) NC-1 处老河道

(b) NC-1 处新河道

图 4.15　平均水深沿程分布 (NC-1)

4.2.3 垂向流速变化

　　裁弯颈口段进口处流场和分汊河道分汊口流速分布规律类似。由于底部水流流速小，水体动量小，水流较容易改变方向；而表层水体流速较大，动量较大，水流不易改变方向。因此，底层和表层流速方向不同，底层水流偏转角度大于表层。2016 年裁弯 NC-1 处底层流速和表层流速的对比见图 4.16，其他工况有相同规律。

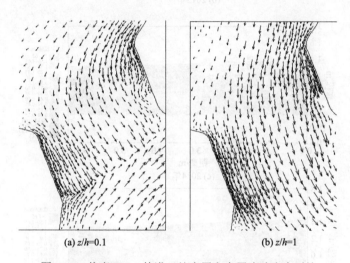

(a) $z/h=0.1$　　　　　　　　　　(b) $z/h=1$

图 4.16　裁弯 NC-1 的进口处底层和表层流速方向对比

　　K-K 断面位于裁弯 NC-1 处原河道上游弯道的弯顶处，距裁弯颈口 5.0m。裁弯过程中，K-K 断面垂向流场变化见图 4.17。各阶段，K-K 断面均形成横向环流，底层流速最小，表层流速最大。2013 年裁弯刚发生时，K-K 断面垂向流场未发生明显变化。裁弯发展到 2014 年，K-K 断面流速略微减小。而到了 2016 年流速升高，恢复到未裁弯时的流场状态。可见，裁弯对其上游弯顶处水流结构的影响不是很明显。

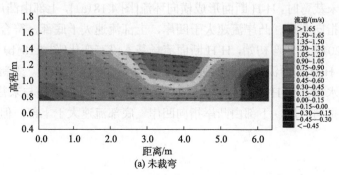

(a) 未裁弯

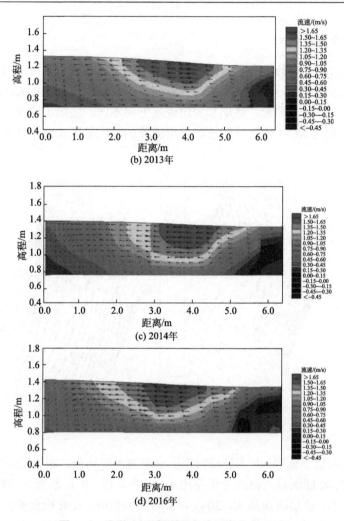

图 4.17　上游 K-K 断面垂向流场变化(NC-1)

　　裁弯 NC-1 处下游 H-H 断面位于新、老河道交汇下游弯道的弯顶处，距裁弯颈口 4.0m。未裁弯时，H-H 断面形成横向环流[图 4.18(a)]，上部由凸岸指向凹岸，下部由凹岸指向凸岸。凸岸流速大于凹岸，上部流速大于底部，符合弯道环流的一般特征。2013 年裁弯初始，H-H 断面流场基本没有变化[图 4.18(b)]。裁弯发展到 2014 年，H-H 断面流场与前两种 RUN 完全不同[图 4.18(c)]。受新、老河道汇流的影响，水流在 H-H 断面处形成剧烈的横向环流，环流方向与未裁弯时相反，上部由凹岸指向凸岸，下部由凸岸指向凹岸。底部流速大于上部，但凸岸流速仍然大于凹岸。

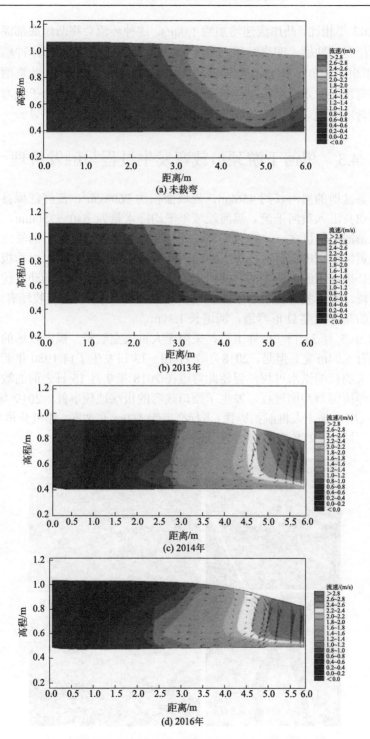

图 4.18　下游 H-H 断面垂向流速变化（NC-1）

与 2013 年相比，凸岸流速增加约 1.0m/s。这种环流会将凸岸底部泥沙带向凹岸，使凸岸受到冲刷，凹岸淤积，改变了一般弯道凸岸淤积和凹岸冲刷的特点。与 2014 年相比，2016 年 H-H 断面流场变化不明显[图 4.18(d)]。裁弯明显改变了邻近下游弯顶处的水流结构，包括横向环流方向和流速大小。由于裁弯 NC-2 处上、下游弯道距裁弯位置较远，裁弯对弯顶处水流结构影响不明显。

4.3　黑河下游颈口裁弯发生过程与触发机理

若尔盖盆地的黑河长约 456km，流域面积约 7608km²，流经红原县和若尔盖县，从玛曲县汇入黄河干流。黑河流域年平均降水量为 640～750mm，是黄河流域年降水量的高值区之一，7～9 月降水量约占全年的三分之二。因暴雨的量级和频次都是黄河流域的低值区，加上地面沼泽对径流的滞缓作用，雨季极少有洪峰过程出现。黑河下游为典型的弯曲河流，弯曲度大，属于人类活动干扰较少的理想观测河段。黑河牧场位于若尔盖县城以下约 63km，紧临黑河牧场有 1 个逼近颈口裁弯的高弯曲度 Ω 形弯道，河道长 1.3km。

2018 年 5 月 31 日～6 月 1 日，采用无人机低空航测，黑河牧场的弯道颈口最窄处仍有 5.94m 宽。但是，2018 年 7 月 10～13 日发生了自 1980 年若尔盖水文站建站以来的极端洪水过程，促使此弯道在 2018 年 7 月 16 日之前的数天或几周时间内，经历强烈冲刷过程，发生了颈口裁弯的极端地貌事件。2019 年 5 月 14 日，现场采用大疆无人机航拍影像（飞行高度为 160m 和 80m，相机分辨率为 1600 万像素），并使用 RTK-GPS 打点矫正误差（图 4.19）。

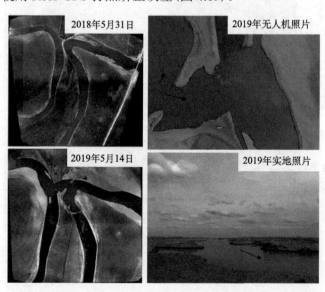

图 4.19　黑河下游研究河段和 2018～2019 年无人机航测影像及弯道实地照片

4.3.1 水文气象数据分析

选用黑河牧场上游约 63km 处若尔盖县水文站 1957～2018 年逐日降水数据系列，其中 1957～2017 年数据来源于中国地面气象资料日数据集，2018 年数据来源于中国气象数据网逐小时气象资料。该站 2018 年降水数据(图 4.20)表明，该区域降水主要集中在 7 月。

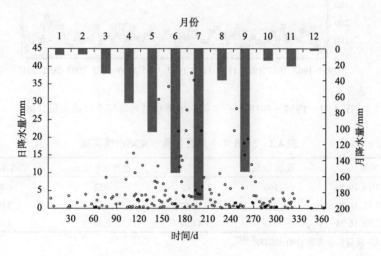

图 4.20 2018 年若尔盖站降水数据

该站 1957～2018 年年降水量及 7 月降水量表明(图 4.21)，2018 年年降水量为 797.3mm，1957～2017 年年降水量高于 797.3mm 的有 5 年，分别是 1961 年、1966 年、1984 年、1998 年、2010 年，即 2018 年年降水量高于之前 61 年中 91.8%的年份。2018 年 7 月降水量为 189.4mm，1957～2017 年中每年 7 月降水量高于 189.4mm 的仅有 4 年，分别为 1984 年、2011 年、2012 年、2013 年，即 2018 年 7 月年降水量高于之前 61 年中 93.4%的年份。降水数据表明，2018 年全年降水量和 7 月降水量属于比较大的情况(均超过往年 90%的年份)。

2018 年 6 月 30 日～7 月 10 日持续强降水，期间累计降水量达到 154.2mm，直接引发了 7 月 10～13 日的极端洪水过程。由表 4.3(数据来源于四川省水文水资源勘测局)可知，由于连续的强降雨，若尔盖站 7 月 10 日晚实测流量为 190m³/s，水位为 9.85m，超过警戒水位 0.52m，7 月 12 日 10:00 水位达到 10.87m，超历史最高水位(10.51m)0.36m，超警戒水位 1.54m，7 月 13 日 16:24 洪峰流量达到 376m³/s，水位达到 11.69m，超过警戒水位 2.36m(表 4.3)。

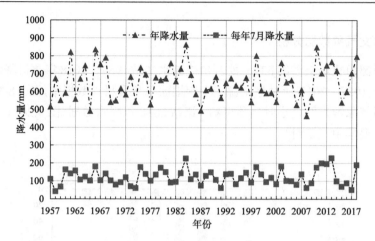

图 4.21 1957～2018 年若尔盖站年降水量与每年 7 月降水量数据

表 4.3   2018 年 7 月若尔盖水文站水情实况

时间	流量/(m³/s)	水位/m	超警戒水位/m	超保水位/m
2018/7/10, 19:50	190	9.85	0.52	0.00
2018/7/12, 10:00	282	10.87	1.54	1.02
2018/7/13, 16:24	376	11.69	2.36	1.84

注：水位-流量拟合关系 $Q=0.02089Z^{3.9855}$。

4.3.2   基于 ADCP 流速仪观测颈口上游流场

走航式声学多普勒流速剖面仪（ADCP）基于声学多普勒频移原理，其施测的流速是由多个分层单元格组成的流速剖面。ADCP 测流将仪器探头安装在测船上，伴随测船横渡断面进行流量测验。该仪器探头 M9 ACDP 配备了 9 个波束系统，测速的剖面范围为 0.2～30m。该仪器集成了罗盘二维倾斜传感器，温度传感器，8GB 内置存储器可用于走航或定点的测量方式，适用于浅水或深水河道的测流。M9 的外壳直径为 12.8cm，由聚甲醛树脂材料制成。仪器带有 2 套测速探头，包括 4 个 3.0MHz 和 4 个 1.0MHz 的对称结构的测速探头，和一个 0.5MHz 垂直波束探头（回声测深仪）用于测量水深。

采用单体船式 ADCP 测量 31 个断面的流场和水下地形（图 4.22），同时采用 RTK 定位并校正地形误差。其中裁弯颈口上游顺直河段 20 个，人工筑堤溃口处 1 个断面（2019 年 3 月当地政府试图修筑人工堤防，阻挡新河道的裁弯水流，迫使水流沿原河道流动，但是 2019 年夏季人工堤防发生溃决），人工筑堤溃口至颈口处 10 个，断面间隔 10m（下游 10 个断面仅保证右岸断面间隔 10m）。ADCP 实测 31 个断面位置如图 4.23 所示。

图 4.22　2019 年 5 月黑河牧场颈口处的实地 ADCP 船测照片

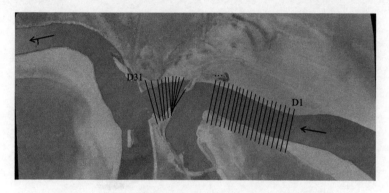

图 4.23　黑河下游黑河牧场弯道的 ADCP 数据采集断面
D1～D31 表示测量断面的位置，2019 年 5 月 14 日

　　基于 ADCP 采集到各点垂向平均流速，建立坐标系，换算人工筑堤溃口上游采集点的 x-y 坐标，根据各采集点的流向和平均流速可计算出水平、垂直方向的流速分量 u 和 v，由三角关系进一步推出沿 x、y 轴方向的流速分量 u 和 v。采用 SMS9.2 软件的反距离插值法插值生成三角形网格，网格数和节点数分别为 3818 和 2007。以 x、y、u(流速 x 轴分量)、v(流速 y 轴分量)、V(总流速)为原始输入数据，按单元顶点型格式输入点坐标和相应的物理量，加上单元链接关系(组成每个单元的三个顶点编号)，生成 dat 文件。以同样的方法在人工筑堤溃口下游生成网格(网格数和节点数分别为 2387 和 1261)，同样生成 dat 文件。将书写好的 dat 文件分别导入 Tecplot 软件中，得到人工筑堤溃口上游和下游处的流速分布图(图 4.24)。图 4.25 为加入速度矢量后的上游流场图。

　　由图 4.24、图 4.25 可知，河道流速中部高、两侧低，人工筑堤溃口上游流速区间 v 为 0.25～0.65m/s，整体上主流偏向河道右侧。颈口上游 200m 河段中的前半段流速明显高于后半段，其中 D1～D3 断面形成了 3 处小范围的高速水流区，D4～D8 断面右侧形成大片高速水流区，区域流速均在 0.6m/s 以上，部分点超过了 0.65m/s。筑堤溃口上游后半段流速开始减小，没有超过 0.65m/s 的采集点出现。人工筑堤溃口下游两处堤坝下游侧均为低速区($v=0.1$m/s)，溃口下游为高速区($v=0.5$～0.7m/s)。

图 4.24　基于 ADCP 实测流速流场示意图

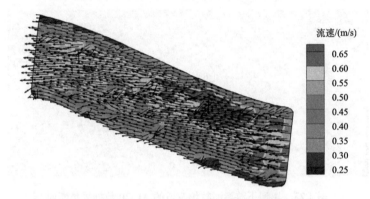

图 4.25　基于 ADCP 实测流速的颈口上游流场图（长度 200m）

　　根据 ADCP 采集到的各断面流量及流速数据，可统计测量河段的沿程流量和流速标准差变化（图 4.26，图 4.27），流速标准差可以反映同一断面流速数据的离散程度，从而比较各个断面之间的流速分布均匀性。结果表明：D20 之前，各断面流量 Q=42m³/s，较为平稳，此时各断面之间流速标准差变化也不大，v=0.1m/s。

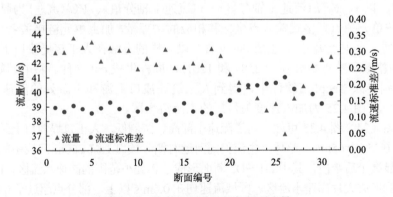

图 4.26　裁弯处河道沿程各断面流量

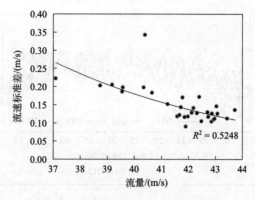

图 4.27　裁弯处河道各断面流速标准差

在 D21 断面附近及之后，由于旧河湾分流，断面流量开始突然持续减小，由 D19 的 Q=42.48m³/s 减小到 D26 的 Q=37.09m³/s，减小了约 13%。D26~D31，流量又逐步增加至 Q=42.40m³/s，同时这一段(D20~D31)内流速标准差显著增大，由约 0.1 增加至 0.2，最大值为 0.34(D28)。同时发现在研究河段内，流量与断面流速标准差有一定的相关关系(R^2=0.5248)，流量越大，流速标准差越小，即同一断面内流速分布越均匀。

根据 ADCP 采集到的各断面多点流速，可得到各断面(D1~D31)的纵向流速分布(图 4.28)。同断面上实测流速分布并不均匀，说明此时河道水流较湍急。在颈口上下游，水流的主流位置发生了明显变化。

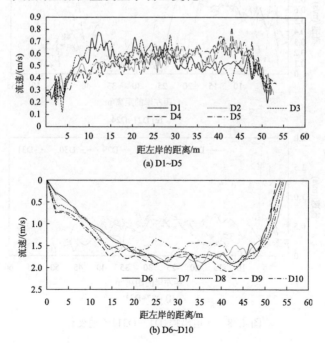

(a) D1~D5

(b) D6~D10

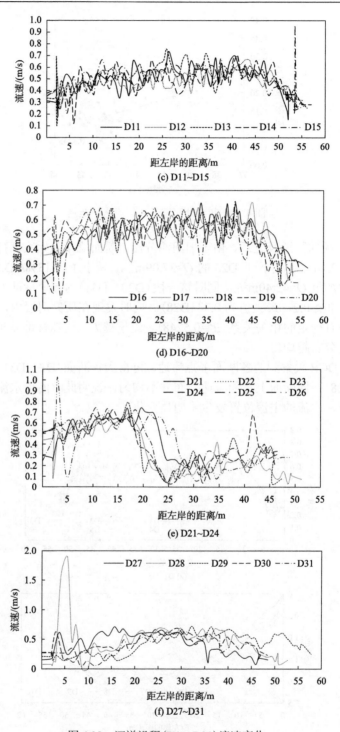

图 4.28　河道沿程(D1～D31)流速变化

(1) D1～D20，主流基本在河道中间范围，流速为 0.4～0.7m/s，左、右两岸近岸流速为 0.2～0.4m/s。

(2) D21～D26，通过人工堤防溃口后，主流在河道左侧，在靠近左岸 20m 的范围，流速达到 0.4～0.7m/s，而靠近右岸范围的流速基本都在 $v<0.4$m/s。

(3) D27～D31，主流恢复到河道中心位置，且右岸近岸流速略大于左岸，水流通过原颈口后，右岸近岸侧发生回流导致泥沙淤积，导致左岸近岸流速减小。

在 River Survey or Live 软件断面走航模块中，将各测量断面划分为多个网格，根据断面各处的流速大小生成流速分布图，提取能反映颈口上游典型断面的二维流速变化(图 4.29)。

D1～D20，流速分布比较均匀，基本与图 4.29 中 D20 断面类似。原颈口处 D21 整体流速有所下降，主流在河岸右侧，右岸冲刷剧烈，同时靠近左岸低流速范围明显增大。由于水流部分分流到老河道，原颈口处的左岸流速开始减小。D22 处靠近左岸侧低流速范围进一步扩大，约占整个河宽的 60%。一直到 D25～D27 左侧低流速范围有所减小，D27 以后的右岸流速也开始明显减小，原因在于颈口下游右岸存在回流区。

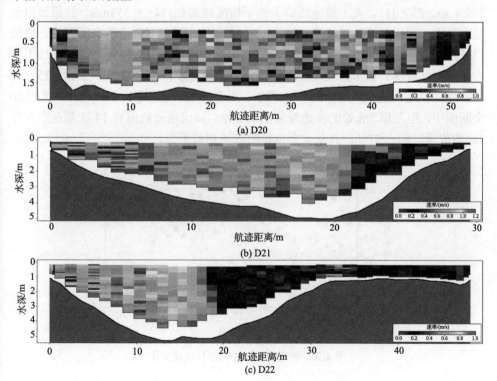

(a) D20

(b) D21

(c) D22

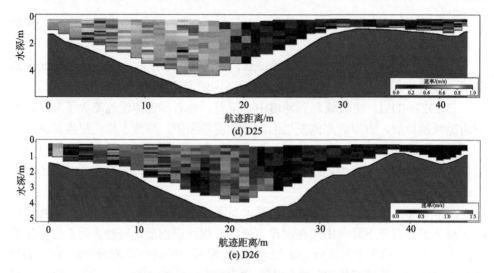

图 4.29　颈口上下游典型断面的二维流速剖面

　　为更直观地表现河道平均流速和两岸近岸流速变化，作流速沿程变化图（图 4.30，图 4.31）。人工筑堤溃口上游平均流速为 0.474～0.553m/s，到原颈口处发生分流，颈口处流速迅速变小，为 0.3～0.4m/s，颈口下游流速有所回升。原颈口处左岸近岸流速增大，左岸剧烈冲刷，加速了河道左侧的拓宽，同时颈口下游右岸存在回流区，故流速变小。分别测定各断面距左岸 5m、15m、25m、35m 和 45m 处的流速，统计结果如图 4.31 所示。距左岸 5m 处流速最小，上游河道的 20 个断面中，距左岸 5m 处的流速峰值出现 2 次，而流速最低值有 14 次都在距左岸 5m 的位置，约占 70%。其余 4 个位置的流速相差不大。

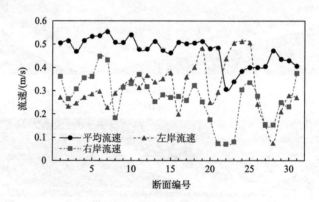

图 4.30　河道沿程（D1～D31）流速变化

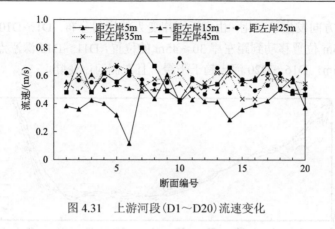

图 4.31　上游河段(D1～D20)流速变化

4.3.3　河道水下地形及沿程变化

根据 ADCP 采集到的河道水下地形数据,建立三维坐标系,换算颈口前各断面各仪器采集点的 X、Y、Z 坐标,采用 Surfer 11 软件进行克里金插值,得到人工筑堤溃口前顺直河段三维地形图(图 4.32)。

图 4.32　基于 ADCP 实测断面数据的河道数字高程模型(200m 长)

整理和处理 ADCP 采集到的河道断面数据,可得到沿程各断面形态。由于原颈口上游各断面河宽相近,故对原颈口上游 20 个断面形态进行比较分析(图 4.33)。右岸水深大于左岸,右岸较陡左岸较缓,主要是由于受水流的冲刷作用较强,此时主流位置偏向河道右侧。随着离颈口的位置越来越近,断面右侧趋于平缓,说明河道主流方向发生了变化，由靠近右岸变为较均匀分布。D1～D10 深泓点由距左岸 40～45m 位置移动到距左岸 30～45m 的位置，D11～D15 深泓点位置处在距左岸 25～35m，D16～D20 河床趋于平缓，且左侧河岸变陡。

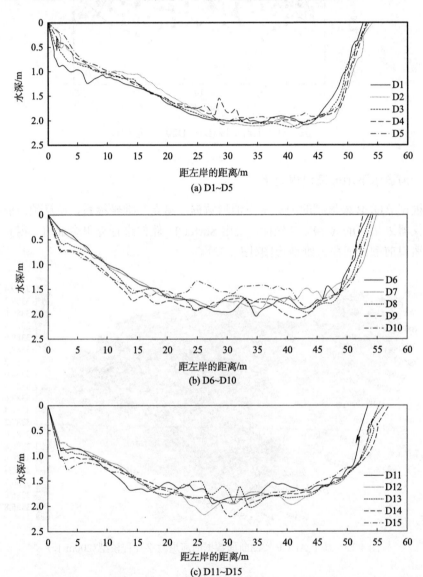

(a) D1~D5

(b) D6~D10

(c) D11~D15

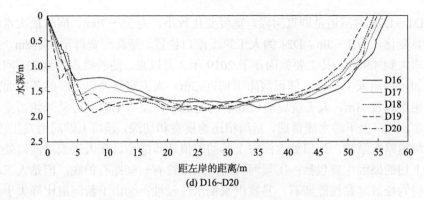

图 4.33　颈口上游 D1～D20 各断面水下地形图

使用 MIKE 21 划分网格并进行插值计算，模拟后可得到河道水下地形图（图 4.34）。根据 ADCP 采集到的河道水深数据，可得到原颈口上下游 31 个断面的河宽和最大水深，进而分析其沿程变化(图 4.35)。

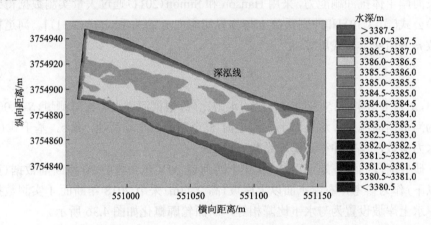

图 4.34　颈口上游 D1～D20 各断面水下地形图

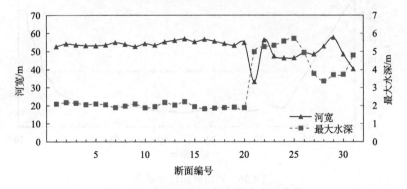

图 4.35　断面沿程河宽和最大水深变化

D1～D20 的河道是顺直河段，宽度变化较小，为 55～70m，同时最大水深也无明显变化，为 2～3m。D21 为人工筑堤溃口位置，至此河宽降至 33.18m，最大水深增大到 4.98m，其主要原因在于 2019 年 3 月以来，随着洪水期到来，河道流量增加，冲溃人工筑堤，使得河床下切近 3m。人工筑堤溃口下游的各断面最大水深也都超过 3m。人工筑堤溃口处新河道最窄，溃口下游河道又开始拓宽并趋于稳定。颈口上下游水流贯通，新河槽迅速展宽和切深，颈口上游河道发生侵蚀，下游河道略有淤积，颈口处水深与上游的差值逐步缩小。在人工筑堤溃口处发生河床下切的原因主要包括：①黑河牧场河床尽管有一些抛石护底，但是人工填筑的土料为松散非黏性砂卵石，易被洪水期水流侵蚀；②由于新河道比降大于原河道，一旦发生土堤溃决后，产生强烈的二次河床冲刷。

4.3.4 极端洪水过程下的崩岸模拟

本节采用 BSTEM 模拟黑河牧场弯道颈口崩岸过程。临界切应力被广泛用于代表河岸土体抗冲刷能力，采用 Hanson 和 Simon (2011) 通过大量实测数据得到的经验公式[式(3.30)]和冲刷系数 k 与临界切应力 τ_c 的关系式[式(3.31)]。河道糙率系数 n 采用曼宁公式反算：

$$V = \frac{1}{n} R^{2/3} S^{1/2} \tag{4.6}$$

式中，R 为水力半径；S 为局部河段的水力比降，根据河道水力比降测量，S=0.0004；V 为河道断面流速，这里取上游河道前 5 个断面的平均流速，m/s。基于式(4.6)和水力参数，反算并得到糙率系数 n=0.019。

研究河段的水下地形以 2019 年上游河道 ADCP 实测的 20 组断面数据(黄色线以下)作为参考，右岸水面以上岸坡(高 2.73m)采用 2018 年断面 4 实测数据，左岸水上岸坡设置为与水下比降相等，断面轮廓概化如图 4.36 所示。

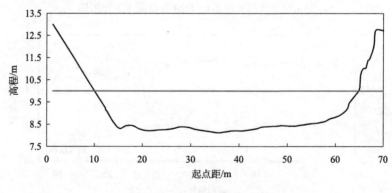

图 4.36　颈口断面轮廓示意

河岸土体设置及相关参数设置详见 3.4.1 节。根据研究区域土体的实际情况，设置各层土体力学计算参数见表 3.12。

黑河牧场弯道所在河段无水文站，但是其上游 63km 是若尔盖水文站。黑河牧场弯道和若尔盖水文站所控制的流域面积分别为 6966km² 和 4001km²，故黑河牧场弯道的月平均流量采用面积折减法，计算黑河牧场弯道的河道流量公式如下：

$$Q = Q_r \times 6966 \times 10^6 / 4001 \times 10^6 \tag{4.7}$$

基于实测的断面轮廓，采用 Mecklenburg（2006）开发的计算程序 Spreadsheet Tools for River Evaluation，Assessment and Monitoring 软件将换算后的黑河牧场流量数据换算为水位数据（2012～2014 年）（图 4.37），采用 BSTEM 软件进行断面崩岸的数值模拟。

通过数值模拟发现，2012 年 7 月、2013 年 7 月和 2014 年 9 月分别发生 3 次崩岸，崩塌宽度分别为 0.69m、0.62m 和 0.87m，3 年累计崩塌宽度为 2.18m。由 2012 年、2015 年两期高精度遥感影像可知，2012 年 12 月 31 日～2015 年 1 月 15 日颈口处变窄约为 2m，与 BSTEM 模拟的结果一致。

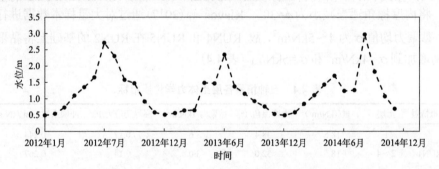

图 4.37　2012～2014 年黑河牧场水位变化

黑河牧场弯道的洪峰流量按面积折减后 Q=565.82m³/s。采用 ADCP 实测数据（断面 1～5）取均值得河道糙率系数 n=0.019，河道比降 S=0.04%。由式（4.7）换算流量数据，再采用 RASS 将流量数据换算成水位数据，落水期水位降低速率假定为每 5h 降低 0.1m，结果如图 4.38 所示（图中实线部分为水位上涨时的实际变化，虚线部分为模拟水位下降过程的变化）。

由于上部土体强度较大，对下部一定深度内岸坡崩塌具有限制作用，因此可将上、下部土体交界面以下 10%河岸高度内土体内摩擦角、黏聚力和临界切应力提高 20%。第 1 层取 0.46m，不同水流条件对应的平均水位以下，细砂由于渗透系数大，故其水下容重可采用浮容重计算，第 5 层设为 3.3m。其余土层由于土体力学性质指标一致，因此该 3 层土体厚度设定对计算结果并无影响，设为 2～4 层（共 0.81m）。根据研究河岸土体的实际情况，参照之前的参数率定，设计 5 组模拟情景，采用 BSTEM 模拟极端洪水条件下黑河牧场弯道颈口崩岸的贯穿过程。

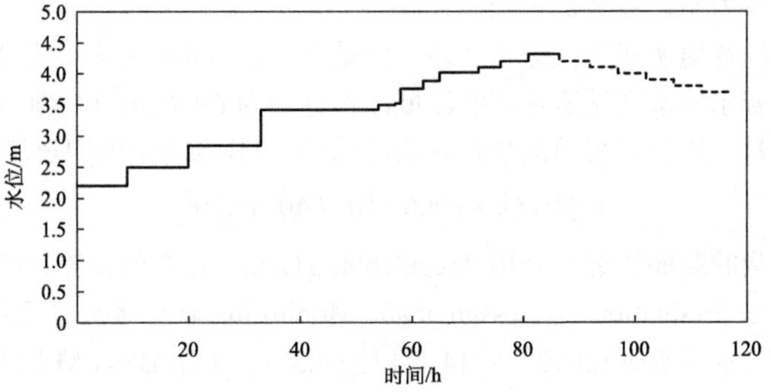

图 4.38　2019 年 7 月 10 日(0h 时刻)后黑河牧场河段水位变化

对这 5 组情景间的内摩擦角、临界切应力进行合理调整。RUN1 的参数设置与率定时使用的参数一致。RUN2 在 RUN1 的基础上，将临界切应力增加为 τ_c=0.19Pa，按式(4.7)计算得冲刷系数 k=0.232cm³/(N·s)。RUN3 在 RUN2 的基础上，将内摩擦角适当减小为 ϕ=30°。Klavon 等(2017)通过对大量样本数据进行统计，黏聚力均值 σ 为 4~5kN/m²，故 RUN4 和 RUN5 在 RUN2 的基础上将黏聚力分别增加到 σ=4kN/m² 和 σ=5kN/m²(表 4.4)。

表 4.4　五种情景各层土体力学性质指标

模拟情景	土层	容重/(kN/m³)	内摩擦角/(°)	黏聚力/(kN/m²)	临界切应力/Pa	冲刷系数/[cm³/(N·s)]
RUN1	1	18.5	38.4	3.6	0.17	0.244
	2~4	18.5	32.0	3.0	0.14	0.267
	5	8.7	32.0	3.0	0.14	0.267
RUN2	1	18.5	38.4	3.6	0.22	0.212
	2~4	18.5	32.0	3.0	0.19	0.232
	5	8.7	32.0	3.0	0.19	0.232
RUN3	1	18.5	36.0	3.6	0.22	0.212
	2~4	18.5	30.0	3.0	0.19	0.232
	5	8.7	30.0	3.0	0.19	0.232
RUN4	1	18.5	38.4	4.8	0.22	0.212
	2~4	18.5	32.0	4.0	0.19	0.232
	5	8.7	32.0	4.0	0.19	0.232
RUN5	1	18.5	38.4	6.0	0.22	0.212
	2~4	18.5	32.0	5.0	0.19	0.232
	5	8.7	32.0	5.0	0.19	0.232

2018年5月31日实地测量的颈口宽度最窄为5.94m，因此由BSTEM计算以$b=5.94m$作为计算终止条件。RUN1是黏聚力（$\sigma=3kN/m^2$）最小，冲刷系数$[k=0.267cm^3/(N\cdot s)]$最大的情景，在这种情景下土体的抗冲能力最差，河岸最容易发生崩岸，是最容易在最大水位前发生颈口裁弯的情景。RUN2～RUN5的冲刷系数均调整至$k=0.232cm^3/(N\cdot s)$，可有效增加河岸的稳定性，RUN2与RUN3形成对比，可比较内摩擦角ϕ的改变对河岸稳定性的影响。RUN2、RUN4和RUN5的黏聚力σ分别为$3kN/m^2$、$4kN/m^2$和$5kN/m^2$，可以预判RUN5的河岸稳定性是最强的，最有可能在最大水位到来时不发生贯穿。

5个颈口裁弯的模拟情景结果，如表4.5～表4.9所示。

表4.5　情景RUN1计算结果

累计时间/h	历经时间/h	水位/m	F_s	崩塌宽度/m	累计崩塌宽度/m
9	9	2.20	3.63		0.00
20	11	2.50	2.27		0.00
33	13	2.85	1.50		0.00
54	21	3.42	0.66	1.49	1.49
57	3	3.50	0.82	1.65	3.14
58	1	3.52	1.34		3.14
62	4	3.76	1.08		3.14
65	3	3.88	0.88	1.42	4.56
72	7	4.02	0.85	1.58	6.14

表4.6　情景RUN2计算结果

累计时间/h	历经时间/h	水位/m	F_s	崩塌宽度/m	累计崩塌宽度/m
9	9	2.20	3.85		0.00
20	11	2.50	2.43		0.00
33	13	2.85	1.62		0.00
54	21	3.42	0.83	1.55	1.55
57	3	3.50	1.06		1.55
58	1	3.52	1.01		1.55
62	4	3.76	0.85	1.38	2.93
65	3	3.88	1.25		2.93
72	7	4.02	0.78	1.22	4.15
76	4	4.10	0.97	1.57	5.72
81	5	4.20	1.19		5.72
86.5	5.5	4.34	0.86	1.49	7.21

表 4.7　情景 RUN3 计算结果

累计时间/h	历经时间/h	水位/m	F_s	崩塌宽度/m	累计崩塌宽度/m
9	9	2.20	3.31		0.00
20	11	2.50	2.31		0.00
33	13	2.85	1.50		0.00
54	21	3.42	0.78	1.60	1.60
57	3	3.50	1.15		1.60
58	1	3.52	1.09		1.60
62	4	3.76	0.90	1.59	3.19
65	3	3.88	1.31		3.19
72	7	4.02	0.76	1.31	4.50
76	4	4.10	1.03		4.50
81	5	4.20	0.85	1.46	5.96

表 4.8　情景 RUN4 计算结果

累计时间/h	历经时间/h	水位/m	F_s	崩塌宽度/m	累计崩塌宽度/m
9	9	2.20	4.23		0
20	11	2.50	2.20		0
33	13	2.85	1.53		0
54	21	3.42	0.70	1.65	1.65
57	3	3.50	1.12		1.65
58	1	3.52	1.07		1.65
62	4	3.76	0.88	1.68	3.33
65	3	3.88	1.38		3.33
72	7	4.02	0.82	1.59	4.92
76	4	4.10	1.21		4.92
81	5	4.20	0.85	0.76	5.68
86.5	5.5	4.34	1.27		5.68
92	5.5	4.20	1.03		5.68
97	5	4.10	0.87	1.10	6.78

表 4.9　情景 RUN5 计算结果

累计时间/h	历经时间/h	水位/m	F_s	崩塌宽/m	累计崩塌宽度/m
9	9	2.20	4.85		0.00
20	11	2.50	3.17		0.00
33	13	2.85	2.03		0.00
54	21	3.42	1.12		0.00

续表

累计时间/h	历经时间/h	水位/m	F_s	崩塌宽/m	累计崩塌宽度/m
57	3	3.50	1.04		0.00
58	1	3.52	1.00		0.00
62	4	3.76	0.95	1.85	1.85
65	3	3.88	1.33		1.85
72	7	4.02	0.66	1.19	3.04
76	4	4.10	1.28		3.04
81	5	4.20	1.12		3.04
86.5	5.5	4.32	1.06		3.04
92	5.5	4.20	0.84	1.63	4.67
97	5	4.10	1.91		4.67
102	5	4.00	1.46		4.67
107	5	3.90	1.09		4.67
112	5	3.80	0.87	1.34	6.01

采用 BSTEM 进行恒定流条件下崩岸过程模拟,计算时间步长参照实际水位上涨情况,河段长度取 100m,依次运行 TEM 和 BSM(河岸稳定性模块),当计算所得的 $1.0 \leqslant F_s \leqslant 1.3$ 时,说明岸坡处于条件稳定状态,在此时视为稳定,不发生崩塌。由 RUN1 和 RUN2 比较可知,在其他参数不变的情况下,临界切应力 τ_c 越大,冲刷系数 k 越小,崩塌发生的时间越长。由 RUN2 和 RUN3 比较可知,在其他参数不变的情况下,内摩擦角 ϕ 越小,河岸越容易发生崩塌。由 RUN2、RUN4 和 RUN5 比较可知,在其他参数不变的情况下,黏聚力 σ 越大,河岸稳定性越强。

由 BSTEM 计算结果可知,以 2018 年 7 月 10 日 0:00 为计算起点,RUN1、RUN2、RUN3、RUN4、RUN5 情景下分别累计 $t=72h$、$86.5h$、$81h$、$97h$、$112h$ 时发生颈口裁弯(图 4.39)。经历 $t=33h$ 的水位上涨至 2.85m 时,河岸较稳定,没有发生崩岸。在接下来 $t=33h+21h$ 的水位上涨过程中,RUN1、RUN2、RUN3、RUN4 情景下均发生崩岸,崩塌宽度分别为 1.49m、1.55m、1.60m、1.65m,RUN5 情景下河岸保持稳定。$t=33h+21h+3h$ 后水位达到 3.50m,RUN1 再次发生崩岸,崩塌宽度为 1.65m,其他情景河岸保持稳定。而到 $t=62h$ 时,RUN5 才发生第 1 次崩岸。

随着水位持续上涨,在 $t=86.5h$ 达到最大水位 4.32m 之前,RUN1 和 RUN3 分别在 $t=72h$ 和 $t=81h$ 时发生最后一次崩岸,实现颈口贯穿。RUN2 在最大水位(4.32m)到来时发生最后一次崩岸,在 $t=86.5h$ 时发生裁弯。与此同时,RUN4 和

RUN5 情景继续发生崩岸，颈口不断缩窄。最大洪峰过后，河道水位开始下降，最后 RUN4 情景在水位达到 4.10m 时发生贯穿，总历时 t=97h。RUN5 情景在水位达到 3.80m 时发生贯穿，总历时 t=112h。

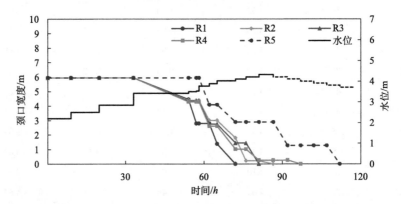

图 4.39　基于实测水文过程的 5 种情景下崩岸触发颈口裁弯过程模拟

以上 5 种情景下颈口河岸崩塌的速率较快(小于 0.0495m/h)，从涨水期开始，在不到 5 天的时间内 5 种情景均发生颈口贯穿。这说明在流量急剧增大、水位迅速升高的情况下，近岸冲刷使得颈口发生贯穿的概率极大且所需时间很短。

4.4　本章小结

黄河源区若尔盖盆地 4 条典型弯曲河流(黑河、德讷河曲、哈曲和瓦切河)，共计被识别 105 个颈口裁弯事件，其中超过 50%的牛轭湖残余弯曲度小于 10。这些裁弯事件发生相对时间范围为 5~90a，黑河和德讷河曲上游河段、哈曲和瓦切河下游河段的裁弯频率高。基于已发生颈口裁弯的统计经验关系，可推测黑河、德讷河曲、哈曲和瓦切河未来 80 年将发生约 39 次裁弯事件，这为原型观测特定弯道的颈口裁弯过程提供理论参考。

黑河上游两个人工加速的颈口裁弯过程、新老河道分流和流场变化表明随着颈口段宽深比的增加，分流比也呈增加趋势。裁弯初始时，老河道的流速分布基本不受影响；随裁弯的逐步发展，颈口段宽深比和分流比逐渐增加，老河道流场的变化也越来越明显。颈口段垂向流速分布服从指数分布，底层流速小，表层流速最大。颈口段进口处底层和表层流速方向不同，底层水流偏转角度大于表层。裁弯过程对上游弯顶处水流结构的影响不明显，但明显改变了下游弯顶处水流结构，包括横向环流方向和流速大小。

2018 年 7 月的极端暴雨天气，直接导致了黑河下游黑河牧场弯道颈口上下游水流贯通，产生较为罕见的颈口裁弯。这次颈口裁弯事件是由极端洪水过程产生的强烈颈口河岸侵蚀触发，裁弯处新河道及原颈口下游产生明显影响。新河槽迅速展宽和切深，原颈口上游发生侵蚀，下游河道发生淤积，至 2019 年汛期时新河槽成为主流路，基本达到稳定。

第5章　弯曲河流颈口裁弯概化水槽实验

颈口裁弯是弯曲河流的河曲颈口宽度小于平均河宽，在洪水漫滩或者近岸水流持续冲刷作用下，颈口段被冲开或贯通形成新河道的过程。本节基于野外观测的颈口裁弯现象，开展室内概化水槽实验，研究高弯曲度河道在恒定流量、阶梯流量和滨河植被条件下的颈口裁弯发生与发展，分析裁弯过程、河道短期调整，并探讨颈口裁弯的发生条件与触发机制。

5.1　实验条件与工况设计

5.1.1　实验水槽

本实验水槽及测控系统于 2016 年 3 月～2017 年 5 月，由作者自主设计与修建。宽体水槽长 25m、宽 6m、深 0.4m，水槽底部水平，实验段长 21.5m，水槽系统布置见图 5.1。水槽前端设有等腰梯形状的蓄水前池，上底长 2.2m，下底长 6.0m，高 2.2m，深 0.6m。水流通过抽水泵进入蓄水前池后，经过平水格栅进入一个长 1.8m、宽 6.0m、深 0.4m 的矩形平水水池。

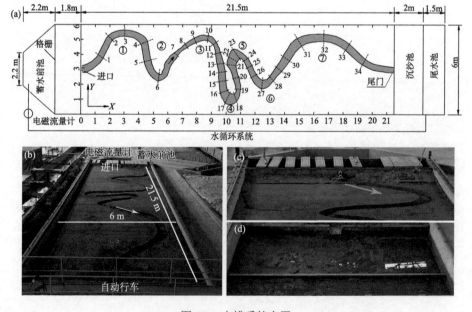

图 5.1　水槽系统布置

流量的大小通过电磁流量计来控制，其精度为 0.001m³/h。通过调节进水管道的阀门，可以改变电磁流量计的读数，从而实现对流量的控制。水槽末端设有沉沙池和尾水池，沉沙池长 2.0m、宽 6.0m，尾水池长 1.5m、宽 6.0m。尾门设置在水槽中央，宽 30cm，深 10cm。水流进口和尾门出口见图 5.1(c) 和(d)。水槽内铺设厚度为 20cm 的非黏性泥沙，泥沙采用非均匀石英砂(天然砂)，中值粒径 d_{50}=0.327mm，非均匀系数($\varphi = \sqrt{d_{75}/d_{25}}$)=1.413，使用 Mastersize2000 激光粒度仪测得泥沙粒径分布情况见图 5.2。

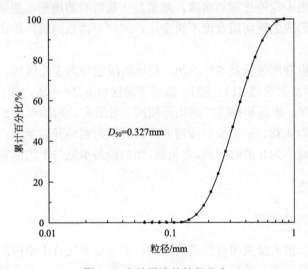

图 5.2　实验用沙的粒径分布

5.1.2　测量系统

在水槽中心线距床面 7m 高的正上方架设 6 台 HIKVISIONDS-2CD3T45D-I3 录像机(400 万像素)，录像机间距为 2.89m，每个摄像机的覆盖范围长 3.56m，除了水槽最前端 1.44m 的范围没有覆盖到，其余区域直到尾门均有录像机覆盖，总覆盖长度为 20.06m。水槽上方架设可以前后移动的自动行车，自动行车前方设置可升降的金属刮片来整平床沙，后面装有可以左右移动的测针来测量水位水深和断面地形。为了使河床具有初始比降，整平床沙时按照预设的比降从尾门处向上游每隔 2m 将金属刮片上升一定高度。沿水槽纵向每隔 0.5m 设置两个河道形态控制点，在河道形态变化大的地方增加控制点，共设置 110 个控制点。

为保证出水口能平顺水流并减弱出水口附近的冲刷，在出水口下方设置消能格栅。实验时，水流通过抽水泵进入蓄水前池，经水槽前端的固定进水口进入河道，经尾门流出后进入尾水池。冲刷出的泥沙落入沉沙池，下次实验回收利用。

本书未设重复组次，因为一方面实验难度和耗时大，另一方面研究重点是不同水流条件下的裁弯，其他初始条件设置保持一致性。地形的变化由上方的录像机实时拍摄，变形误差为 0.12m，采用 Photoshop 软件对照片进行镜头校正。

采用自动行车后置测针来测量水位、水深和断面地形，其测量精度为 0.1mm。用手持式电波流速仪测量表面流速，精度为±0.03m/s。实验过程中观察水动力条件和河流形态的变化，裁弯前每隔 6～12h 测量每个断面的水位、水深和流速，即将发生裁弯时测量 3 号弯道沿程水位。实验前测量初始地形，实验过程中若有裁弯现象发生，则中途停止施放水流，测量发生裁弯时的地形，测量完成后继续实验。当裁弯后形成的新河道宽度不再变化，河岸不再后退时，停止实验并测量最终地形。

本书的重点观测区域是 S7～S26，将该河段划分为 3 个区域，裁弯上游区域 S7～S13，裁弯发生弯道 S13～S21，裁弯下游区域 S21～S26。由于各组实验条件不同，平均水深、流速和持续时间均不相同。各组实验初始河道 S7～S26 范围内的平均宽深比为 4.38。定义颈口裁弯的持续时间为实验开始至颈口上下游刚刚连通且颈口宽度减小为 0 的时间段。实验前，颈口段最窄处与平均河宽的比值为 0.4。

5.1.3　实验方法

1. 实验前准备工作

基于室内水槽实验采用自然模型方法，实验前首先将水槽内泥沙整平成具有一定比降的平整床面，然后在水槽内设置河道形态控制点，在此基础上开挖初始河道。河道平面形态为天然连续弯道平面比尺缩小后的平面形态。河道横断面为矩形，河槽深 10cm。水槽内共 7 个弯道，从上游往下游依次编号为 b1～b7，受上游来流和下游尾门出流的影响，重点研究区域为中间 4 个弯道，编号为 b3～b6。沿河道自上游向下游共布设 34 个测量断面，间隔距离为 0.42～2.0m，断面采用大写字母 S 加数字表示，如断面 7 表示为 S7。待开挖好初始河道形态之后，沿程布置测量断面见图 5.1(a)。

开展植被作用下颈口裁弯实验还要在开挖好初始河道以后在河道两岸种植植被。实验前需要首先进行草本植被选种，选出长势良好、生长速度快、根系强度大和生长周期长的植被。通过对照不同植物在实验条件下的生长特性和适宜性，选择最符合实验要求的草本植物。

选取 4 种备选植物观测其生长情况，备选植物分别是狗牙根(GYG)、高羊茅(GYM)、剪股颖(JGY)和苜蓿(MX)。狗牙根(GYG)是低矮草本，具根茎，秆细而坚韧。下部匍匐地面蔓延甚长，节上常生不定根，直立部分高 10～30cm，直径 1～1.5mm，秆壁厚，光滑无毛，有时两侧略压扁。狗牙根营养繁殖能力强大，生命力强。在旺长季节里，茎的日生长速度平均达 0.91cm，最高达 1.4cm。高羊茅(GYM)的秆呈疏丛或单生，高 90～120cm，径 2～2.5mm，上部伸出鞘外的部分长达 30cm。叶鞘光滑，具纵条纹，上部者远短于节间，顶生者长 15～23cm。叶片线状披针形，上面及边缘粗糙，长 10～20cm，宽 3～7mm。剪股颖(JGY)为多年生草本植物，具有长的匍匐枝，节着土后生有不定根，节上生根。叶片呈线形，长 5～9cm，宽 3～4mm。苜蓿(MX)植株高 30～90cm，从部分埋于土壤表层的根茎处生出。苜蓿的初生根能深入地下，对干旱的耐受能力极强。

植被选种的实验分组情况如下，将实验分为 3 组(土壤、半沙土壤、全沙)，每组 8 个花盆，4 种植物各种 2 个花盆，其中一个花盆为水量较多的对照组。贴上标签，拍照存底。将 4 种植物各 1.5g 浸入温水，加入营养液，只浸泡一天，等待直至出芽，拍照记录。将出芽后的种子分成 0.25g 一份，分别种入已标记的花盆中，加入营养液，放在自然光下。在每天 18:00 对植物生长情况做详细记录，并拍摄照片。记录内容有每日温度、每日加水量、最大高度、生长量、花盆面积占有率、死亡率。每 2 周拔一次苗，测量各个花盆中植物的根系生长情况(深度、密度、重量)。然后重新开始新一轮实验，重复上述步骤。

3 组实验均显示高羊茅的生长情况最好，第 2 组实验下几种植物的长度随时间变化见图 5.3，其中高羊茅的生长速度最快。三种植物的生长状况见图 5.3，其中高羊茅的长势最好。高羊茅的生长具有以下特点：①根系发达。能很好地对抗砂质、水量大的河岸条件，可以对河道两岸起到加固作用。②生长速度快。5 天后高度可达到 1cm，根系深度可达到 6cm 以上。③发芽率高。在 $100cm^2$ 中发芽率可以达到 70%。根据选种实验结果，确定高羊茅为本次裁弯实验的植被。

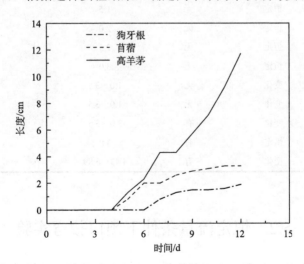

图 5.3　选取三种植物长度对比

2. 施放水流及流量调节

为了避免出水口水流流速过大，使得河道出水口附近出现冲刷坑，打开水泵后缓慢地调节流量计开关，使出水口缓慢出流。待出水口有水流流出后，再逐渐调节流量计开关至设计流量，开始长时间的河道演变过程模拟。实验结束时，先缓慢关闭流量计开关，然后关闭水泵。

5.1.4 实验设计

实验由三大部分组成，即恒定流量、阶梯流量和植被作用下裁弯实验，所有实验工况设计见表 5.1。恒定流量下颈口裁弯实验共设计 5 组，初始河道比降和流量是影响实验成败的两个关键因素。RUN1～RUN3 实验初始河道比降为 1‰，流量按从小到大的顺序增加，分别为 0.5L/s、1.5L/s 和 2.0L/s。RUN4 和 RUN5 改变初始河道比降和流量，RUN4 初始河道比降为 0.8‰，流量为 2.5L/s，RUN5 初始河道比降为 1.7‰，流量为 3.0L/s。RUN6 和 RUN7 是阶梯流量下颈口裁弯实验，2 组实验初始河道比降相同，均为 1‰，流量过程均呈阶梯状变化。RUN8、RUN9 和 RUN10 是植被作用下颈口裁弯实验。RUN8 实验过程中流量先维持恒定后呈阶梯上升；RUN9 实验过程中流量维持恒定；RUN10 实验过程中流量维持在平滩流量。

表 5.1 全部实验设计的初始条件

组次	流量是否恒定	有无植被	流量 $Q/(L/s)$	河道初始比降 $S_r/‰$
RUN1	恒定	无	0.5	1.0
RUN2	恒定	无	1.5	1.0
RUN3	恒定	无	2.0	1.0
RUN4	恒定	无	2.5	0.8
RUN5	恒定	无	3.0	1.7
RUN6	变化	无	1.0～3.5	1.0
RUN7	变化	无	1.0～3.5	1.0
RUN8	变化	有	3.0～5.5	1.7
RUN9	恒定	有	3.0	1.7
RUN10	变化	有	4.43～6.89	1.7

5.2 恒定流量条件下颈口裁弯实验

恒定流量下颈口裁弯实验按照流量由小到大的原则，共设计 5 组实验，各组次初始条件和边界条件的主要参数见表 5.2。本节初始河槽比降选取 S_r=1‰、0.8‰ 和 1.7‰。RUN1～RUN3 实验的初始河道比降 S_r 相同，RUN1 实验流量最小，为 Q=0.5L/s，RUN3 实验流量最大，为 Q=2.0L/s。RUN4 和 RUN5 实验改变初始河槽比降，研究不同条件下裁弯发生的位置和发生裁弯所需时间。

3～6 号初始弯道的宽度、深度、弯曲系数和宽深比见表 5.3，其中 4 号弯道的弯曲系数最大，5 号弯道宽深比最大。上、下游弯道最窄处在 4 号弯道，在水槽内狭颈段长度 L_n 为 0.22m。

表 5.2 恒定流量条件下实验初始和边界条件

组次	流量/(L/s)	初始比降/‰	平均水深/m	平均流速/(m/s)	平均宽深比	历时/h
RUN1	0.5	1.0	0.029	0.04	4.42	13.00
RUN2	1.5	1.0	0.038	0.09	4.44	78.00
RUN3	2.0	1.0	0.041	0.11	4.51	85.45
RUN4	2.5	0.8	0.046	0.12	4.47	108.25
RUN5	3.0	1.7	0.054	0.12	4.65	41.00

表 5.3 恒定流量条件下初始河道参数

弯道编号	宽度/m	深度/m	弯曲系数	宽深比
3	0.21～0.45	0.1	1.46	2.1～4.5
4	0.28～0.74	0.1	7.02	2.8～7.4
5	0.31～0.80	0.1	2.79	3.1～8.0
6	0.38～0.60	0.1	1.55	3.8～6.0

5.2.1 颈口裁弯过程与新河道发展

1. 裁弯前颈口变化过程和临界条件

RUN1～RUN5 实验发生裁弯的颈口宽度 B_n 随时间 t 的变化过程见图 5.4。由于 RUN1 和 RUN2 未发生裁弯，所以颈口段宽度 B_n 没有减小为 0。RUN1 实验流量最小，颈口上、下游两侧河岸没有被侵蚀，颈口宽度 B_n 在整个过程中没有变化。RUN2 实验中流量有所增加，发生了河岸侵蚀但是程度非常弱，颈口宽度有所减小。实验历时 t=78h 后颈口宽度减小为 B_n=0.182m，相当于原始宽度(0.22m)的 17.3%。

裁弯现象发生在实验组次 RUN3～RUN5 中，每组实验裁弯发生的时间和位置均不同。在 RUN3 中，裁弯位置在 S13 下游 0.32m 处，发生裁弯的颈口宽度 B_n=0.290m。在实验开始前 12h 内，颈口宽度减小非常快，减小速率 M_D 可达到

0.008m/h。在之后的 16h 中，颈口宽度减小速率下降到 M_D=0.00092m/h。之后直到第 50h 时，颈口宽度减小速率增加到 M_D=0.0055m/h。此时，颈口宽度为 B_n=0.0325m。在之后 27min 内，颈口很快地被贯穿，发生颈口裁弯[图 5.4，图 5.5（c）]。

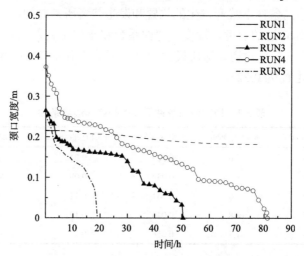

图 5.4　颈口宽度随时间变化过程

在 RUN4 中，裁弯位置在 S13 上游 0.307m 处，发生裁弯的颈口宽度 B_n=0.372m。在实验开始前 8h 内，颈口宽度减小速率可达 M_D=0.0158m/h。随后，在相当长的一段时间内直到 t=76h，颈口宽度以一个相对稳定的低于 M_D=0.0026m/h 的速率减小。在随后的 5h 中，颈口宽度以 0.011m/h 的较大速率减小到 0.013m，此时，实验历时 t=81h。再历时 15h 以后，颈口段被水流侵蚀贯穿，裁弯现象发生[图 5.4，图 5.5（d）]。

在 RUN5 中，裁弯位置在 S13 上游 0.07m 处，发生裁弯的颈口宽度为 B_n=0.339m。与 RUN3 和 RUN4 实验相比，RUN5 颈口宽度减小的速率较大，实验开始后的 5h 内，减小速率最高达到 M_D=0.0338m/h。在之后 7h 内，颈口宽度减小速率下降到 M_D=0.0067m/h，之后又增加到 M_D=0.0138m/h。实验历时 t=18h 后，颈口宽度减小到 B_n=0.068m。之后历时 1h 后，颈口段被冲刷侵蚀而宽度减小为 0，发生裁弯[图 5.4，图 5.5（e）]。这 3 组实验条件下，发生裁弯所需时间分别为 t=50.45h、81.25h 和 19h。

裁弯发生前，颈口两侧河岸的侵蚀速率变化具有相同趋势，都经历了 3 个阶段：第 1 阶段，在实验前 30%的时间段内，侵蚀速率较高；第 2 阶段，在随后 40%的时间段内，侵蚀速率较低；第 3 阶段，在第 2 阶段之后至裁弯发生之前，侵蚀速率又有所增加。尽管发生裁弯所需时间不同，但是颈口裁弯的过程显示颈口上、下游两侧河岸的侵蚀是裁弯发生的原因。

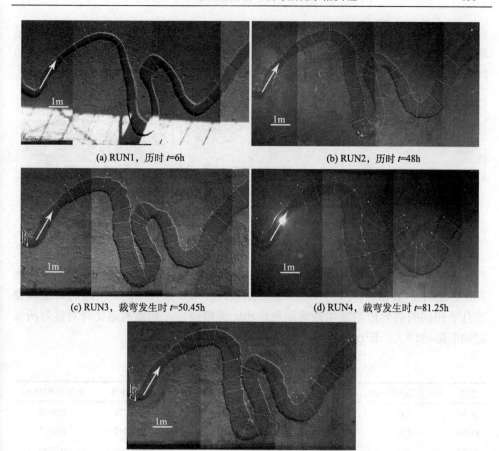

(a) RUN1，历时 t=6h
(b) RUN2，历时 t=48h

(c) RUN3，裁弯发生时 t=50.45h
(d) RUN4，裁弯发生时 t=81.25h

(e) RUN5，裁弯发生时 t=19h

图 5.5　不同时刻河道形态

　　本书实验观察到颈口裁弯过程经历了 3 个阶段(图 5.6)。第 1 阶段：河岸崩塌阶段。在实验初始的几个小时内，在水流作用下狭颈段上、下游河岸侵蚀和崩塌。第 2 阶段：冲刷侵蚀阶段。时间最长，可达几十小时甚至上百小时。河道变宽浅，河底高程和上游水位均升高。狭颈段上、下游水流持续冲刷坡脚，坡脚泥沙被水流带走，上部土体失稳滑落，河岸某一部位高程降低，颈口段长度变窄。第 3 阶段：水流连通阶段。这一阶段仅仅持续数分钟，随着上部土体滑落，上游水位越过颈口段高程降低的某一部位，上、下游水流连通，发生裁弯。颈口段长度的缩短是上、下游水流共同作用的结果。

　　统计 RUN3～RUN5 裁弯发生时 4 号弯道的弯曲系数发现，3 组实验的弯曲系数由初始 7.02 分别增加到 7.22、7.22 和 7.18。RUN3 和 RUN4 实验裁弯发生时，4 号弯道的弯曲系数相同，而在 RUN5 中，4 号弯道的弯曲系数略小。裁弯时河道的临界弯曲系数与流量和初始河道比降有关。与 RUN3 相比，RUN4 虽然流量增大，但是比降减小，裁弯时河道的临界弯曲系数相同。由于 RUN5 流量和初始河道比降均增大，河道冲刷能力强，裁弯时河道临界弯曲系数小。

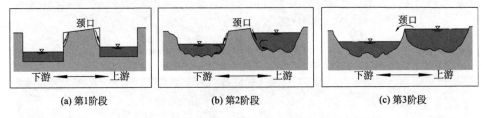

(a) 第1阶段　　　　　　　(b) 第2阶段　　　　　　　(c) 第3阶段

图 5.6　裁弯前颈口段变化的 3 个阶段

RUN3、RUN4 和 RUN5 裁弯发生时，4 号弯道单位长度的水流功率见表 5.4。3 组实验发生裁弯时单位长度上的水流功率 P 值都很接近 0.053N/s，3 组实验裁弯发生的临界 P 值相等。虽然 3 组实验初始条件和边界条件不同，河流的 P 值调整到几乎相同的临界值后发生裁弯现象。相比流量而言，初始河道比降对裁弯所需时间的影响较大，即比降越小，发生裁弯所需时间越长。

表 5.4　三组恒定流量实验的裁弯临界条件

组次	初始河道比降 S_r/‰	历时 t/h	流量 Q/(m³/s)	水头损失/cm	水力梯度	水流功率/(N/s)
RUN3	1.0	50.45	0.0020	2.07	0.00270	0.0530
RUN4	0.8	81.25	0.0025	1.68	0.00219	0.0537
RUN5	1.7	19.00	0.0030	1.38	0.00180	0.0530

2. 颈口裁弯后新河道发展过程

裁弯后新河道的演变经历 3 个阶段：新河形成阶段、新河展宽阶段和新河稳定阶段。裁弯刚发生时，裁弯历时 1h 和实验结束时的河道形态对比见图 5.7 和图 5.8。裁弯后，新河道宽度 W_n 和展宽速率 M_n 随时间的变化见图 5.7。

在第 1 阶段，颈口裁弯发生后，颈口段新河道冲刷非常快，颈口段贯穿往往在几分钟内结束。RUN3 实验中刚裁弯时，新河道展宽速率达到 M_n=6.04m/h，新河道在 1min 内展宽 0.101m。与 RUN3 类似，RUN4 实验刚裁弯时，新河道展宽速率达到 M_n=8.15m/h，新河道在 1min 内展宽 0.136m。RUN5 刚裁弯时，新河道展宽速率达到 M_n=9.11m/h，新河道在 1min 之内展宽 0.152m。之后 5～10min 内，展宽速率减小到 M_n=0.5m/h 以下，但是新河道宽度 W_n 仍然在迅速增加。裁弯发生 10min 后，新河道宽度 W_n 分别为 0.329m、0.292m 和 0.343m。此时，第 1 阶段结束。

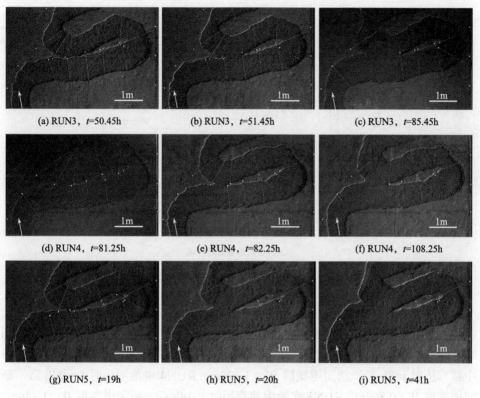

(a) RUN3，*t*=50.45h　　　(b) RUN3，*t*=51.45h　　　(c) RUN3，*t*=85.45h

(d) RUN4，*t*=81.25h　　　(e) RUN4，*t*=82.25h　　　(f) RUN4，*t*=108.25h

(g) RUN5，*t*=19h　　　(h) RUN5，*t*=20h　　　(i) RUN5，*t*=41h

图 5.7　颈口裁弯发展过程

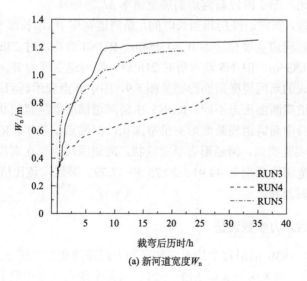

(a) 新河道宽度W_n

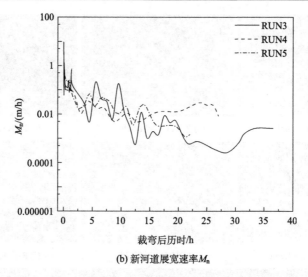

(b) 新河道展宽速率M_n

图 5.8　裁弯后新河道宽度和侧向展宽变化

　　在第 2 阶段，3 组实验分别历时 t=5.5h、t=2h 和 t=1.5h 后，河道展宽速率 M_n 减小到 0.05m/h 以下。实验历时 t=5.5h 后，新河道宽度 W_n 分别为 0.962m、0.603m 和 0.902m。实验历时 10～11h 后，河道展宽速率 M_n 减小到 0.01m/h 以下。RUN3 中裁弯历时 t=8h 后，新河道宽度 W_n = 1.128m。RUN4 中裁弯历时 t = 24h 后，新河道宽度 W_n=0.806m。RUN5 实验中裁弯历时 t=14h 后，新河道宽度 W_n=1.146m。与第 1 阶段相比，第 2 阶段新河道的展宽速率 M_n 急剧减小。

　　在第 3 阶段，新河道经历相当长时间，新河道宽度 W_n 增长缓慢。RUN3 裁弯历时 35h 后，新河道宽度稳定为 W_n=1.254m。RUN4 裁弯历时 27h 后，新河道宽度稳定为 W_n=0.836m。RUN5 裁弯历时 21h 后，新河道宽度为 W_n=1.175m。

　　裁弯后形成的新河道横断面形态见图 5.9，图中 0 点表示新河道左岸。3 组实验形成的新河道横断面形态不同。RUN3 中新河道横断面呈宽浅状，深泓点在右岸。RUN4 实验中新河道横断面形态呈窄深状，深泓点在左岸。RUN5 中新河道形态与 RUN3 实验类似，河道形态呈宽浅状，河道深泓点也在右岸。统计 3 组新河道横断面的宽深比分别为 44.91、20.75 和 37.79。显然，该比值可表明 3 个横断面之间的形态差异。

5.2.2　裁弯前后水力参数调整

　　各组次 S7～S30 的沿程平均水深和平均表面流速变化见图 5.10（a），图中 0 点表示 S7 位置，灰色区域表示 S13～S21。沿程平均水深变化呈上下波动形态，由于上游来流量不同，平均水深的变化幅度从 RUN1 的 1.0cm 到 RUN5 的 3.0cm。在上游弯道 S7～S13 范围内，发生裁弯的 RUN3～RUN5 的平均水深要明显高于

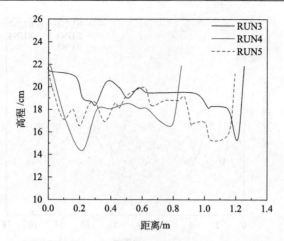

图 5.9　恒定流量条件下三组实验结束后形成的新河道横断面形态

没有发生裁弯现象的 RUN1 和 RUN2 的平均水深。RUN3～RUN5 的水深随时间增加，而 RUN1 和 RUN2 的水深则减小。在下游弯道 S21～S26 范围内，RUN3～RUN5 的平均水深的波动趋势与 RUN1 和 RUN2 无明显差异。在发生裁弯 S13～S21 区域内，RUN1 和 RUN2 的平均水深呈波动趋势，并且在大部分区域内平均水深随时间增加。

在整个研究区域内，水深变化范围为 0～2.73cm，而实验过程中产生的沙波高度变化范围为 1.0～3.5cm，水深变化范围与实验过程中产生的沙波高度相当。因此，水位波动引起的下游沙波移动，与裁弯过程并无直接关联。表面流速的变化趋势与平均水深不同[图 5.10(b)]，主要体现在两个方面。RUN2 未发生裁弯现象，在整个研究范围内表面流速变化在-0.029m/s 左右。RUN3～RUN5 发生裁弯后，表面流速在老弯道(S13～S21)内小于下游弯道 S21～S26，说明裁弯对于原弯道的流速影响较大。

典型断面 S10、S18、S23 的表面流速变化趋势不同。在 RUN2 条件下，裁弯前后 S10 和 S23 处的表面流速分别减小 18%和 2.3%。然而，在 RUN3～RUN5 中表面流速变化趋势有所不同。S10 和 S23 处的表面流速在 RUN3 中分别减小 60%和 17%，在 RUN4 中则分别增加 23%和 38%，在 RUN5 中分别减小 48%和增加 32%。RUN3～RUN5 中 S18 的表面流速变化趋势相同，裁弯后分别减小 65%、75%和 86%。RUN2 未发生裁弯，与实验历时 24h 时 S18 相比，实验历时 48h 时 S18 的表面流速仅仅减小 20%。可知，表面流速对裁弯的响应更加敏感。

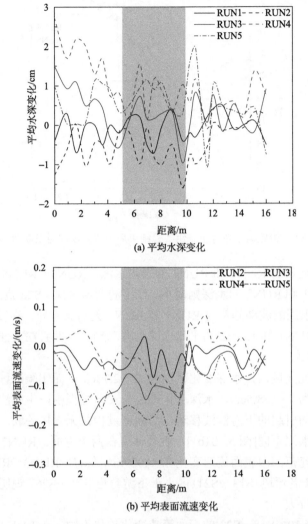

(a) 平均水深变化

(b) 平均表面流速变化

图 5.10　各工况下向下游沿程平均水深和表面流速变化

5.2.3　河道形态对颈口裁弯的响应

1. 河道横向迁移

不同组次不同时刻河道横向迁移速率的变化见图 5.11。由于 RUN2 没有发生裁弯，在裁弯上游区域(S7~S13)、弯道区域(S13~S21)和下游区域(S21~S26)侧向移动速率的变化趋势相同。在实验开始后的 24h 内，3 个区域的河道横向移动速率 M_c 较高，分别可以达到 1.28mm/h、0.62mm/h 和 0.72mm/h。

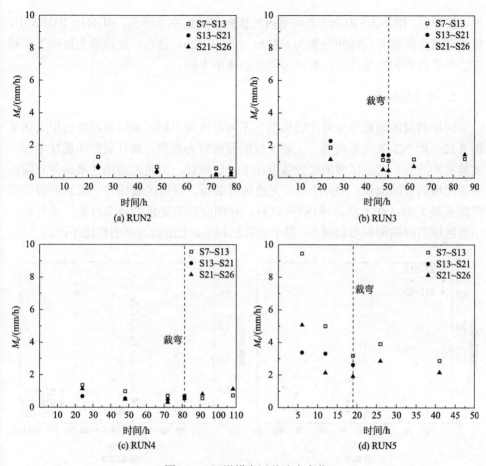

图 5.11　河道横向迁移速率变化

实验历时 t=24h 以后，M_c 值减小较多，3 个区域的 M_c 值分别减小到 0.66mm/h、0.35mm/h 和 0.42mm/h。这个下降趋势一直持续到 t=72h，上游区域(S7～S13)的 M_c 达到 0.59mm/h，而在弯道区域和下游区域河道横向移动速率 M_c 值则较小，分别为 0.22mm/h 和 0.16mm/h。

实验结束时，上游区域(S7～S13)的 M_c 下降至 0.57mm/h，而弯道区域和下游区域 M_c 分别达到 0.30mm/h 和 0.18mm/h。在整个研究区域范围内，上游区域的河道横向移动速率较高。在发生裁弯的 RUN3～RUN5 中，裁弯发生前，河道横向移动速率下降，与 RUN2 类似。裁弯后，RUN3 和 RUN4 上游区域的横向移动速率 M_c 增加。RUN5 中 M_c 值先增加后又略微减小。裁弯后，下游区域 M_c 值的变化趋势不同。RUN3 中，M_c 先减小后增加，直到实验结束。RUN4 中，M_c 持续增加。RUN5 中，M_c 先略微增加后减小。

与 RUN2 相比，裁弯后 RUN3～RUN5 上、下游区域的河道横向移动速率增加。裁弯后，RUN3～RUN5 老河道内的横向移动速率未改变。RUN3～RUN5 中，新河道演变所需要的时间分别为 t=35h、27h 和 22h。这在一定程度上反映了不同的边界条件和初始条件下，新河道调整的速率不同。

2. 河道侵蚀量

河岸的侵蚀崩塌导致河岸线后退，不同组次的不同时刻河道冲刷面积变化见图 5.12。RUN2 未发生裁弯，上游区域的侵蚀较为强烈，并且随时间线性增长。实验初始阶段，弯道区域的侵蚀强度比下游区域低，但是之后迅速增加并且超过下游区域的侵蚀面积。RUN3 中，无论裁弯前后，弯道区域(S13～S21)的侵蚀强度都是最大的。在上游区域(S7～S13)，冲刷面积的变化趋势未改变。裁弯后，下游区域的冲刷面积增加很多。整个实验过程中，上游的冲刷面积比下游高 5 倍。

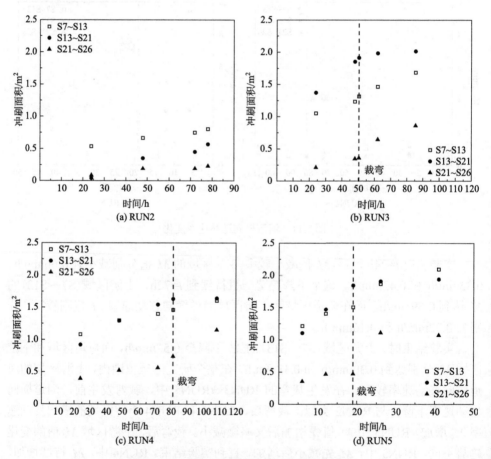

图 5.12　不同区域河道冲刷面积随时间变化

　　在 RUN4 和 RUN5 中，裁弯减小上游区域和弯道区域的冲刷面积，增加下游区域的冲刷面积，河道左岸受水流侵蚀严重。裁弯前，RUN4 和 RUN5 冲刷面积的变化趋势相同，但 RUN5 的变化速率高于 RUN4。裁弯后，弯道区域(S13~S21)的侵蚀强度减小很多。然而，受裁弯的影响，下游区域(S21~S26)的冲刷强度大大增加。

　　3. 河道断面地形变化

　　选取 S11、S18 和 S24 断面作为典型断面来分析不同时刻断面宽深比的变化。RUN2~RUN5 实验中不同时刻断面的宽深比随时间变化见图 5.13。裁弯上、下游典型断面的形态变化见图 5.14。RUN2 中 3 个区域的断面宽深比几乎未变化。在RUN3~RUN5 中，裁弯对河道横断面的宽深比影响很大。

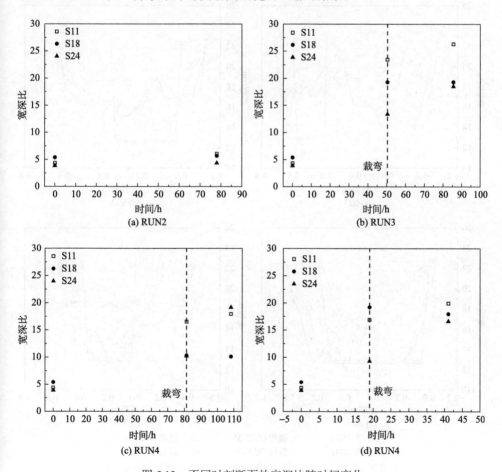

图 5.13　不同时刻断面的宽深比随时间变化

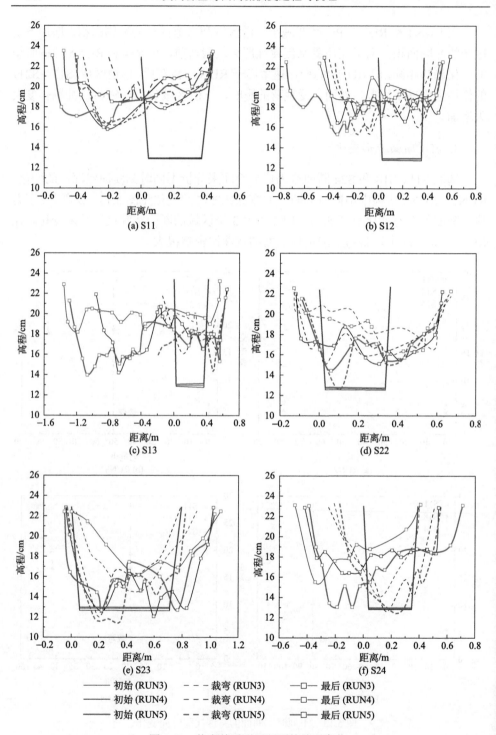

图 5.14　裁弯前后不同断面的地形变化

　　裁弯发生明显增加了裁弯上游和下游断面的宽深比。在老弯道内，裁弯的出现使断面宽深比减小。在 RUN3 中，裁弯后上游 S11 的宽深比相比裁弯前增加 5.7 倍，下游 S24 的宽深比相比裁弯前增加 3.6 倍。S18 的宽深比相比裁弯前减小 0.005%，可忽略不计。RUN4 和 RUN5 宽深比的变化趋势与 RUN3 类似，裁弯后上游断面和下游断面的宽深比分别增加约 1.1 倍和 1.3 倍。RUN4 裁弯前后宽深比增加的幅度小于 RUN3，但是上游区域的宽深比增加最多。

　　在 RUN4 中，裁弯前后断面宽深比的增加小于 RUN3，而且上游区域断面的宽深比增加更多。裁弯前后，上游和下游断面宽深比分别增加 1.06 倍和 1.73 倍，说明下游区域对裁弯的响应更加敏感。与 RUN3 类似，在 RUN4 和 RUN5 中，裁弯前后下游区域断面宽深比对裁弯的响应更敏感。

5.3　非恒定流量条件下颈口裁弯实验

　　非恒定流量条件的实验共进行 2 组，初始河道地形相同，水流条件不同。初始河道比降均为 S_r=1.0‰，基本符合自然弯曲河流情况。参考天然河流流量变化特点，结合泥沙起动所需流量设计流量循环过程。RUN3 流量恒定为 2.0L/s，作为参考组，RUN6 和 RUN7 流量变化见图 5.15。RUN2 先施放低流量循环过程（1.0～1.5L/s，每个流量历时 12h），再施放中流量循环过程（1.0～2.5L/s，每个流量历时 8h），最后施放高流量循环过程（1.0～3.5L/s，每个流量历时 6h）。若整个高流量循环过程结束后仍然未发生裁弯现象，则继续施放高流量循环过程。高流量过程循环 2 次，整个实验过程共历时 160h。RUN7 只施放高流量过程，共循环 2 次，整个实验过程共历时 84h。

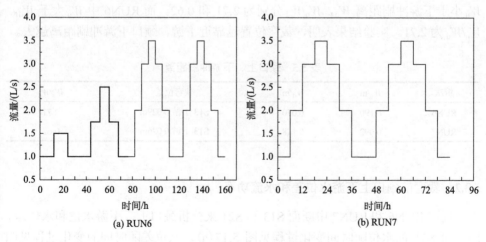

图 5.15　RUN6 和 RUN7 变流量变化过程

5.3.1 裁弯前颈口宽度变化

这两组实验均发生裁弯，但裁弯位置、时间和颈口宽度均不同。RUN7 中裁弯位置偏向下游，在 S13 下游 0.32m 处，颈口宽度 W_{nc} 为 0.29m。RUN6 和 RUN7 中裁弯位置相近，仅相距 0.055m。RUN6 中裁弯位置在 S13 上游 0.029m 处，颈口宽度 W_{nc} 为 0.26m。RUN7 中裁弯位置在 S13 下游 0.026m，颈口宽度 W_{nc} 为 0.24m。RUN6 和 RUN7 中裁弯时间较长，分别为 131.5h 和 63h。裁弯前，颈口宽度随时间变化见图 5.16。

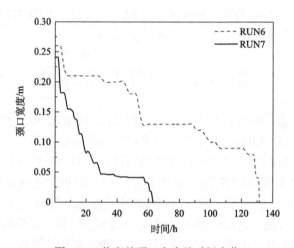

图 5.16　裁弯前颈口宽度随时间变化

裁弯发生时，颈口上、下游冲刷距离见表 5.5。RUN6 和 RUN7 上游冲刷距离 W_u 小于下游冲刷距离 W_d，W_u/W_d 分别为 2.71 和 0.62。而 RUN6 中 W_u 大于 W_d，W_u/W_d 为 2.71。实验结果表明，裁弯位置越靠近下游，颈口下游冲刷距离越大。

表 5.5　颈口上、下游冲刷距离

组次	W_u/m	W_d/m	裁弯位置	W_u/W_d
RUN6	0.190	0.070	S13 上游 0.029m	2.71
RUN7	0.092	0.148	S13 下游 0.026m	0.62

5.3.2 裁弯前颈口上下游水位差和水流功率

选取 RUN6 和 RUN7 中断面 S13 和 S21 来分析颈口上、下游水位和水位差。S13 和 S21 的水位随时间变化过程见图 5.17(a)，水位差随时间的变化过程见图 5.17(b)。这两组实验的颈口上、下游水位和水位差的变化趋势相同。裁弯前，颈口上游和下游的水位和水位差随时间上、下波动。裁弯时,水位差达到最大值,之后急剧下降,甚至出现负值,下游水位高于上游,这是因为裁弯发生时流量较大,在下游处形成壅水,上游水位降低。裁弯后,水位差仍然上、下波动。实验结束时,水位差恢复到正值,下游水位低于上游水位。

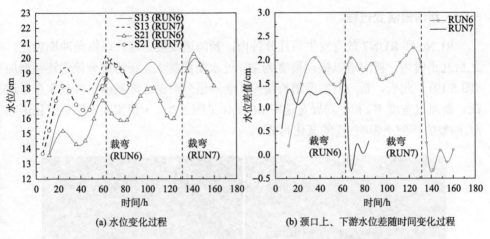

(a) 水位变化过程　　　　　　(b) 颈口上、下游水位差随时间变化过程

图 5.17　颈口上游 S13 和下游 S21 的水位和水位差变化

实验开始至裁弯的时段内,B4 号弯道单位长度上水流功率随时间的变化过程见图 5.18。单位长度上水流功率随流量变化而相应地上下波动,但整体呈增加趋势。裁弯时,RUN6 和 RUN7 中单位长度上水流功率 P 分别增加至最大值 $P=0.1097\mathrm{N/s}$ 和 $P=0.1012\mathrm{N/s}$,两组 P 几乎相等。RUN6 和 RUN7 中裁弯时 B4 号弯道临界弯曲系数分别增加至 7.09 和 7.11,比初始状态分别增加 5.89% 和 1.16%。

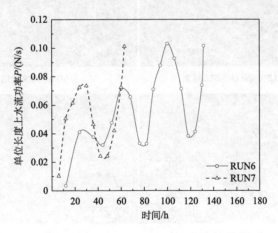

图 5.18　单位长度上水流功率 P 随时间变化

实验结果表明，引起裁弯的主要因素是颈口上下游两侧河岸受水流冲刷，颈口宽度不断减小。中、高流量对裁弯有明显的贡献，裁弯发生在高流量时期。这两组变流量实验初始地形相同，裁弯时有效流量持续时间和裁弯位置均相近，持续时间仅仅相差 0.5h，裁弯位置仅相距 0.055m，证明本实验具有可重复性。

5.3.3 新河道演变过程

RUN6 和 RUN7 裁弯发生后几分钟内，新河道发展迅速，以纵向冲刷为主。之后几小时内，新河道以横向展宽为主，过水断面扩大，新河道分流量逐渐增加（图 5.19）。此后，新河道宽度增长缓慢，老河道分流量逐渐减少，直到完全不过流。新河道宽度 W_n 和平均展宽速率 M_n 变化见图 5.20。3 组实验中流量变化影响 M_n 的数值，但不影响 W_n 的变化趋势。

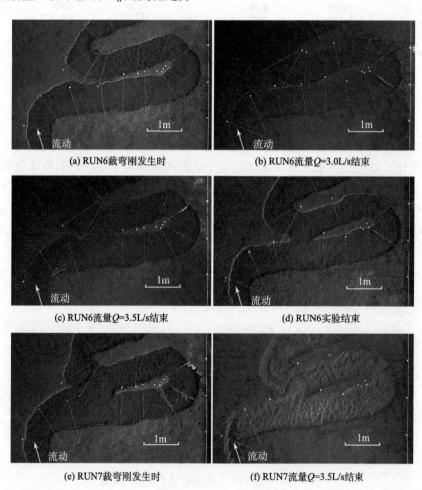

(a) RUN6裁弯刚发生时　　　　　　(b) RUN6流量Q=3.0L/s结束

(c) RUN6流量Q=3.5L/s结束　　　　　　(d) RUN6实验结束

(e) RUN7裁弯刚发生时　　　　　　(f) RUN7流量Q=3.5L/s结束

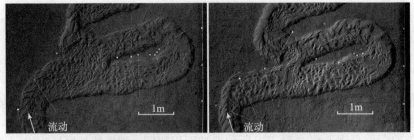

(g) RUN7流量Q=3.0L/s结束　　　　　　　(h) RUN7实验结束

图 5.19　两种工况下裁弯发展过程

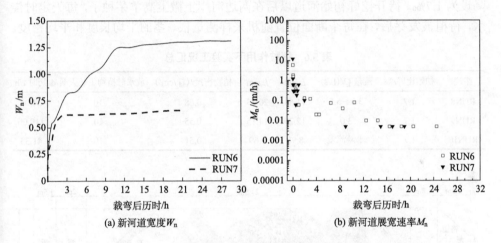

(a) 新河道宽度W_n　　　　　　　(b) 新河道展宽速率M_n

图 5.20　新河道发展过程

　　RUN6 中，裁弯后 2min 内，W_n 达到 0.20m。20min 后，W_n 已达到 0.43m。由于裁弯后有流量增加的过程，M_n 有所增加。裁弯 4.5h 后，第 3 级流量 Q=3.0L/s 结束时展宽速率减小到 0.02m/h，新河道共展宽 0.84m。在整个流量增加过程中，M_n 增加到 0.08m/h，W_n 增加至 0.39m。流量减小的过程中，W_n 仅增加 0.08m，M_n 约为 0.005m/h。

　　RUN7 中，裁弯发生后流量减小，M_n 一直减小，W_n 的变化趋势与恒定流量相似。裁弯刚发生时，M_n 可达到 12m/h，W_n 在 4min 内即达到 0.24m。裁弯历时 3h 后最高流量结束，新河道共展宽 0.62m。在之后流量减小过程中，M_n 约为 0.002m/h，W_n 仅增加 0.04m。

5.4　植被作用下颈口裁弯实验

5.4.1　植被作用下颈口裁弯实验准备

根据 5.1 节准备阶段的植被选种实验结果，选择高羊茅为实验所种植被。植被作用下弯曲河流颈口裁弯实验共 3 种工况，即 RUN8、RUN9 和 RUN10，3 种实验工况条件见表 5.6。3 种工况所种植被面积相同，种植植被区域为沿河道的左右两岸各 1m 的范围，植被覆盖范围见图 5.21 中灰色区域部分，总面积为 38.46m²。为了与无植被和恒定流量条件下 RUN5 实验形成对比，将初始河道比降设为 1.7‰。待开挖好初始河道以后在两边河岸上撒上高羊茅种子，每天定时浇水，待植被发芽后，在每个断面位置随机采样测量根、茎的平均长度和平均密度。

表 5.6　植被作用下实验工况汇总

组次	初始比降/‰	流量 Q/(L/s)	L_r/cm	L_s/cm	植物密度/(株/cm²)	放水时植物生长天数/d	历时 t/h
RUN8	1.7	3.0～5.5	11.53	20.23	0.68	10	84.08
RUN9	1.7	3.0	12.29	14.15	0.55	10	119.06
RUN10	1.7	平滩流量	8.98	9.69	0.51	10	41.33

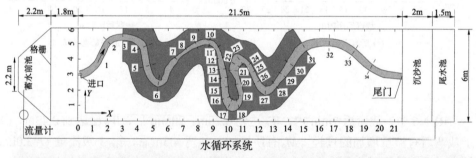

图 5.21　植被条件下实验弯道布置与种草情况

RUN8～RUN10 中测量得到茎平均长度 L_s 和根平均长度 L_r 随时间的变化,见图 5.22。第 4d 时草种开始生根发芽,生长速度很快。第 5d 时,根平均长度 L_r=3cm,茎平均长度 L_s=5cm。第 10d 时,根平均长度 L_r=11.44cm,茎平均长度 L_s=18.02cm。第 12d 时,根平均长度和茎平均长度已经不再变化,分别为 L_r=11.53cm 和 L_s=20.23cm。随机对 31 处测量草的密度进行取样,第 10d 时草密度平均为 ρ=0.68 株/cm²。

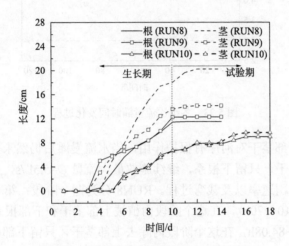

图 5.22　植物的根和茎的长度随时间变化

RUN9 实验中植被的生长趋势与 RUN8 相同,第 4d 时,植被开始发芽。第 10d 时,根平均长度 L_r=12.27cm,茎平均长度 L_s=13.58cm。第 12d 时,根平均长度和茎平均长度已经增长缓慢,分别为 L_r=12.29cm 和 L_s=14.15cm。种子发芽后,植被密度变化是逐渐增长过程。第 4d 时,植被平均密度 ρ=0.04 株/cm²。第 8d 时,平均密度达到 ρ=0.55 株/cm²。之后植被平均密度不再变化。RUN10 中植被生长稍微缓慢(图 5.22),第 5d 时,植被开始发芽,生长 15d 后根的平均长度 L_r 稳定在 8.98cm,茎平均长度 L_s 稳定在 9.69cm,平均密度 ρ=0.51 株/cm²。

这 3 组实验流量随时间变化过程见图 5.23。RUN8 中植被生长 10d 后,开始启动水流实验。实验开始时流量恒定为 3.0L/s。实验前持续 30h 河岸冲刷速率非常缓慢,未发生裁弯。测量过水典型断面的地形后,为增大河岸冲刷速率,逐级增加流量。将流量增加至 Q=3.5L/s 并持续 5h,后继续增加流量至 Q=4.0L/s,同样持续 5h。此时,观察到河岸冲刷速率仍然很低,河床受水流冲刷较严重。继续增加流量至 Q 为 4.5L/s、5.0L/s 和 5.5L/s,每个流量持续时间为 10h。此时实验已进行 70h,仍然未发生裁弯。

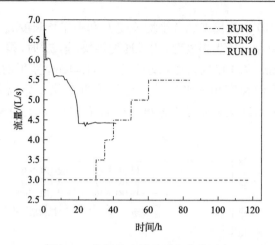

图 5.23　各组次流量随时间变化过程

由于植被上部茎干对河岸有保护作用，当水流漫滩后仍然未发生颈口裁弯。除去植物上部茎干，只留下根系，继续施放最大流量 Q=5.5L/s，对比研究只有根系作用下河道冲刷速率以及裁弯过程。RUN8 分为两个阶段：第 1 阶段是实验开始前至历时 70h(0～70h)，在这个阶段内植被上部茎干和下部根系并存；第 2 阶段是实验第 70～84.08h，在这个阶段内除去上部茎干，只留下部根系。除去植被上部后，仅仅 2.08h 后，即发生了裁弯。裁弯发生后又继续施放流量 5.5L/s，历时 12h 后整场实验结束，实验总历时 t=84.08h。实验过程中每隔 6h 测量沿程水位，在典型时刻 t=30h、60h、70h、72.08h 和 84h 时测量典型断面 S11、S12、S13、S19、S21、S22、S24、S28 的断面形态。

RUN9 中的流量设定为恒定流量 Q=3.0L/s，见图 5.23。同样是植被生长 10d 后开始进行流量过程，流量持续 70h 后观察有无裁弯发生，若仍然没有发生裁弯，则除去植物上部茎干，仍然施放恒定流量 Q=3.0L/s，直至裁弯发生。同样以 70h 为分界，将实验分为两个阶段，第 1 阶段 0～70h，第 2 阶段 70～119.06h。

RUN10 中保持平滩流量不变，流量变化过程见图 5.23。实验刚开始流量最大为 Q=6.86L/s，之后逐渐减小，最后稳定的流量为 Q=4.43L/s。在整个实验中，未除去植物上部茎干，研究植被存在和平滩流量下能否实现颈口裁弯。实验过程中每隔 6h 测量 S3～S31 沿程水位和水深，每隔 12h 测量弯道典型断面 S11、S12、S13、S19、S21、S22、S24 和 S28 的横断面地形。

5.4.2　植被作用下颈口裁弯过程

1. 裁弯前颈口宽度变化

RUN8～RUN10 裁弯前颈口宽度随时间变化见图 5.24。实验观察到植被作用下裁弯发生的位置偏向上游。RUN8 中裁弯的位置在 S13 上游 0.505m 处，颈口宽度为 B_n=0.461m，历时 t=72.08h。RUN9 中裁弯的位置在 S13 上游 0.124m 处，颈口宽度为 B_n=0.277m，历时 t=101.06h。RUN10 中裁弯的位置在 S13 上游 0.134m处，颈口宽度为 B_n=0.312m，历时 t=24h。

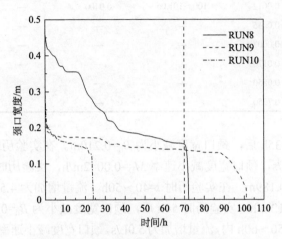

图 5.24　各组次裁弯前颈口宽度随时间变化

　　RUN8 和 RUN9 中裁弯前颈口宽度变化趋势与恒定流量 RUN5 的变化趋势相似，不同之处是颈口宽度减小速率低于相同流量无植被条件下 RUN5 中的减小速率。RUN10 实验中裁弯前颈口宽度的变化趋势与前两组不同，颈口有漫顶水流时颈口宽度并未减小至 0，当漫顶水流冲刷 40min 后颈口宽度才减小至 0。

　　RUN8 中在实验初始 10h 内，颈口宽度减小速率 M_D 较大，M_D=0.0110m/h，历时 10h 后，颈口宽度减小为 B_n=0.355m。在之后 7h 内，颈口宽度没有变化。实验历时 t=30h 后，颈口宽度减小为 B_n=0.241m，在实验历时 t=17～30h 内，颈口宽度减小速率 M_D=0.0090m/h。之后，在实验历时 t=30～35h 内，流量增加为 3.5L/s，然而颈口宽度减小速率却并没有增加，在这期间颈口宽度减小速率 M_D=0.0062m/h（表 5.7）。

表 5.7　裁弯前不同时间段内颈口宽度减小速率 M_D

RUN8		RUN9		RUN10	
时间段 t/h	M_D/(m/h)	时间段 t/h	M_D/(m/h)	时间段 t/h	M_D/(m/h)
0～10	0.0110	0～1	0.0870	0～1	0.1020
10～17	0.0000	1～30	0.0010	1～21	0.0030
17～30	0.0090	30～70	0.0006	21～23.33	0.0099
30～35	0.0062	70～88	0.0004	23.33～24	0.179

RUN8		RUN9		RUN10	
时间段 t/h	M_D/(m/h)	时间段 t/h	M_D/(m/h)	时间段 t/h	M_D/(m/h)
35~40	0.0042	88~100	0.0070	—	—
40~50	0.0012	100~101.06	0.0400	—	—
50~60	0.0015	—	—	—	—
60~70	0.0007	—	—	—	—
70~71	0.0120	—	—	—	—
71~72	0.0850	—	—	—	—
72~72.08	0.7250	—	—	—	—

实验历时 t=35h 后，颈口宽度减小为 B_n=0.210m。在实验历时 t=35~40h 内，流量增加为 4.0L/s，颈口宽度减小速率 M_D=0.0042m/h，实验历时 t=40h 后，颈口宽度减小至 B_n=0.189m。在实验历时 t=40~50h，流量增加为 4.5L/s，颈口宽度减小速率 M_D=0.0012m/h，实验历时 50h 后，颈口宽度减小为 B_n=0.177m（表 5.7）。

实验历时 t=50~60h 内，流量增加为 5.0L/s，颈口宽度减小速率 M_D= 0.0015m/h。实验历时 t=60~70h 内，流量增加到最大值 5.5L/s，颈口宽度减小速率 M_D= 0.0007m/h。实验历时 t=70h 后，颈口宽度减小为 B_n=0.155m（表 5.7）。在第 1 阶段，颈口宽度共减小 0.306m。由于植被的存在，虽然流量有所增加，但颈口宽度减小速率 M_D 并没有增加。

在第 2 阶段，继续施放最大流量 5.5L/s。实验历时 1h 后（t=70~71h），颈口宽度减小为 B_n=0.143m，颈口宽度减小速率 M_D 增加为 0.0120m/h。在之后 1h 内，颈口宽度减小速率 M_D 为 0.0850m/h，实验历时 t=72h 后，颈口宽度为 B_n=0.058m。之后，仅仅历时 0.08h 后颈口宽度即减小为 0，颈口宽度减小速率 M_D 增加到 0.7250m/h（表 5.7）。

RUN9 实验颈口宽度的变化趋势与 RUN8 类似，由于整个实验过程中流量恒定为 3.0L/s，颈口宽度减小速率较小。在实验开始 1h 后，颈口宽度减小为 B_n=0.190m，颈口宽度减小速率 M_D 为 0.0870m/h。实验历时 t=1~30h 后，B_n=0.162m，减小速率 M_D 为 0.0010m/h（表 5.7）。

之后直到第 1 阶段结束 t=30~70h，颈口宽度减小速率基本恒定为 0.0006m/h，颈口宽度 B_n=0.138m。第 1 阶段结束颈口宽度共计减小 0.139m。第 2 阶段开始后 18h（实验历时 t=70~88h），颈口宽度仅仅减小 0.008m，颈口宽度减小速率 M_D=0.0004m/h。在接下来 12h（实验历时 t=88~100h）内，颈口宽度减小速率 M_D=0.0070m/h，实验历时 100h 后，颈口宽度 B_n=0.042m。之后仅仅经过 1.06h 后（实验历时 t=100~101.06h），裁弯发生，在这一阶段颈口宽度减小速率 M_D=0.0400m/h。

RUN10 裁弯发生的位置与 RUN9 接近，仅相距 0.01m，裁弯时的流量为 4.44L/s。在实验开始 1h 后，颈口段上、下游发生崩岸，颈口宽度减小为 0.21m，颈口宽度减小速率 M_D=0.1020m/h。之后直到 t=21h，颈口宽度以基本恒定的速率减小，减小速率为 0.0030m/h，实验历时 t=21h 后，颈口宽度减小到 B_n=0.143m。在之后 2.33h 内，颈口宽度减小速率大大增加。实验历时 t=23.33h 后，颈口宽度减小到 B_n=0.120m，减小速率 M_D=0.0099m/h，此时，颈口段已经有漫顶水流通过。实验历时 t=24h 后，颈口宽度减小为 0。

裁弯发生时，RUN8～RUN10 单位长度上的水流功率见表 5.8。与恒定流量和阶梯流量下的情况类似，植被作用下 3 组实验裁弯时的临界 P 变化范围为 0.0404～0.0410，相差较小。植被作用可归纳为以下两个方面：一是植被根系对河岸有加筋作用，增加河岸的抗剪强度，减弱河道横向摆动；二是倒伏的植被茎干附着在河岸边缘，对河岸有保护作用，减小颈口段侵蚀速率。

表 5.8　RUN8～RUN10 实验裁弯时临界条件

组次	颈口上下游水位差/cm	比降	Q/(L/s)	P/(N/s)
RUN8	0.49	0.00076	5.50	0.0410
RUN9	0.81	0.00137	3.00	0.0404
RUN10	0.55	0.00094	4.44	0.0408

植被作用下裁弯前颈口过程可分为如下 4 个阶段描述。

第 1 阶段：实验刚开始几个小时，河道过水后，颈口宽度减小主要是由河岸崩塌引起，如图 5.25(a)所示。同前，这个阶段可以称为河岸崩塌阶段。

第 2 阶段：长达几十个小时甚至上百个小时，这一时期是漫长的河岸冲刷侵蚀阶段，颈口宽度的减小主要由河岸侵蚀引起。在这个阶段内，颈口上、下游河道断面变宽浅，河底高程和水位逐渐升高。岸坡坡脚泥沙被水流冲走后，颈口段植被逐渐被水流带走。河岸上部土体失稳滑落，颈口段某一部位高程降低，如图 5.25(b)所示。同前，这一阶段可以称为冲刷侵蚀阶段。

第 3 阶段：持续几十分钟，当水位高于颈口段某一部位后，水流越过颈口，出现漫顶水流，如图 5.25(c)所示。如果没有植被，这时上、下游水流已经连通，已然发生裁弯。但是，由于植被阻水和固岸作用，漫顶水流不能立即把颈口冲开，而是须持续一段时间，这一阶段可以称为漫顶冲刷阶段。

第 4 阶段：颈口宽度减小为 0，上下游水流连通，裁弯发生，如图 5.25(d)所示。这一阶段可以称为水流连通阶段。与恒定流量和阶梯流量下颈口段的演变过程相比较，植被作用下颈口演变过程增加了一个漫顶冲刷阶段。

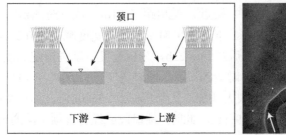

(a) 阶段1

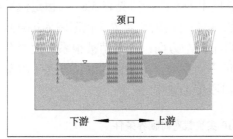

(b) 阶段2

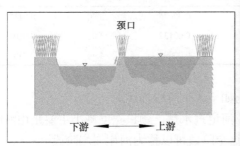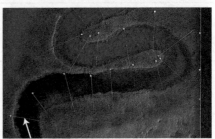

(c) 阶段3

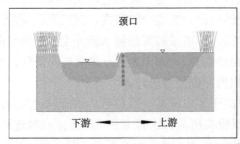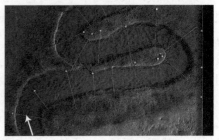

(d) 阶段4

图 5.25　植被作用下颈口裁弯的 4 个不同阶段

2. 颈口裁弯后新河道发展

RUN8～RUN10 新河道宽度随时间的变化过程见图 5.26。植被作用下颈口裁弯后新河道的演变也类似地经历了 3 个阶段：颈口段连通、新河道展宽和新河道稳定。RUN8 实验中在裁弯发生后，新河道发展迅速，在 1min 内展宽 0.17m，展宽速率可达到 10.2m/h。之后，新河道宽度急剧增加，增加速率为 0.413m/h，裁弯发生 1.6h 后，新河道宽度变为 W_n=0.41m。在之后 6.9h 内，新河道宽度缓慢增加，增加速率为 0.009m/h，裁弯历时 8.5h 后新河道宽度变为 W_n=0.72m。之后，新河道宽度不再变化。

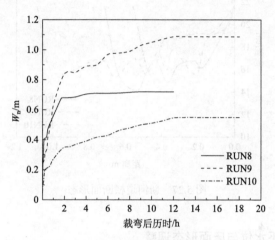

图 5.26　新河道宽度随时间变化

RUN9 裁弯后新河道的发展过程与 RUN8 类似。裁弯后，新河道在 1min 内即展宽 0.182m，展宽速率可达到 10.92m/h。之后新河道宽度急剧增加，增加速率为 0.419m/h，裁弯历时 2h 后新河道宽度变为 0.838m。在之后 10h 内，新河道宽度缓慢增加，增加速率为 0.0216m/h，裁弯历时 12h 后新河道宽度变为 1.088m，不再变化。

RUN10 裁弯后新河道的发展过程与前两组稍有不同。由于植被的影响，颈口有水流通过 40min 后新河道宽度才急剧增加。之后在 1min 内，新河道宽度增加了 0.063m，增加速率为 3.78m/h，远小于 RUN8 和 RUN9 实验中新河道宽度在 1min 内的增加值。在之后 1h 内，新河道宽度迅速增加到 W_n=0.27m，增加速率为 0.270m/h。在之后的 14h 内，新河道宽度缓慢增加，增加速率为 0.022m/h，裁弯 14.67h 后，新河道宽度增加为 W_n=0.550m，不再增加。

实验结束时形成的新河道断面形态见图 5.27，图中 0 点表示左岸。RUN8 实验中新河道宽度达到 W_n=0.72m，断面宽深比为 13.07。河道形态呈宽浅状，深泓点在右岸。由于 RUN9 实验中植被密度小于 RUN8，因此植被根系对于河岸的加固作用比较弱，新河道形态更加宽浅，河道深泓点在河道中间。RUN9 的实验流量最小，但是新河道宽度却最大，为 1.088m，断面宽深比也最大，为 22.59。RUN10

中由于植被的固岸作用，裁弯后的流量大于 RUN9，但是新河道宽度却最小，仅有 0.55m。RUN10 中新河道断面宽深比为 16.57，新河道的形态与前两组不同，呈窄深状，河道主槽和深泓点在右岸，左岸形成边滩。

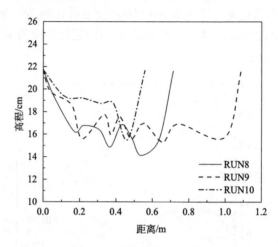

图 5.27　新河道横断面形态

5.4.3　植被作用下水位与床面形态调整

1. 不同时刻沿程水位和比降

RUN8～RUN10 不同时刻沿程水位变化见图 5.28，图中 0 点表示 S3 位置，主要研究区域 S7～S26 的位置在图中已标示。裁弯前，不同时刻沿程水位变化趋势相同。床面产生沙波以后，沙波和水面波互相影响，水位沿程上、下波动，整体呈递减趋势。床面沙波平均波长为 8.56cm，平均波高为 1.44cm。裁弯后，弯道和下游区域水位升高，上游区域水位降低。

RUN8 中在实验历时 $t=0$～84.08h 内，在 $t=6$h 时水位最低，之后逐渐升高。实验历时 $t=18$h 时，沿程水位平均升高 0.49cm。实验历时 $t=24$h 时的水位与 $t=18$h 时的水位接近，沿程水位平均升高 0.07cm。在之后流量增加的过程中，沿程水位也逐渐上升。实验历时分别为 $t=35$、45h、55h 和 70h 时的沿程水位分别比 $t=24$h 时的沿程水位分别升高 0.58cm、1.33cm、1.75cm 和 1.96cm。

植物上部随河岸崩塌块滑落在坡脚以后不能立即被水流冲走，倒在水中的植物上部壅高水位。在实验历时 $t=70$～84.08h 内，除去植物的上部茎干后，同流量下水位下降。裁弯发生 1h 后(实验历时 $t=73.08$h)的水位与实验历时 $t=70$h 的水位相比，沿程水位平均下降 0.93cm。裁弯发生后，被遗弃的 4 号弯道(S13～S21)水位壅高。裁弯历时 6h 和 12h 后，沿程水位平均升高 0.47cm 和 0.56cm。

RUN9 实验中在实验历时 $t=0\sim119.06h$ 内沿程水位逐渐升高。实验历时 $t=12h$、$18h$ 和 $24h$ 时沿程水位平均升高 0.41cm、0.64cm 和 0.80cm。实验历时 $t=30h$ 后水位基本稳定之后不再变化。在裁弯发生前的时间段内（实验历时 $t=70\sim101.06h$），沿程水位变化趋势相同。裁弯发生后（实验历时 $t=101.06\sim119.06h$），裁弯紧邻上游弯道（S7～S13）水位降低，被遗弃的老河道和紧邻裁弯下游弯道（S13～S26）水位壅高。这种变化趋势与 RUN8 类似。

RUN10 实验过程中一直维持在平滩流量，沿程水位比前两组高，整体变化趋势与前两组类似，不同之处是裁弯后弯道区域内水位的变化不明显。

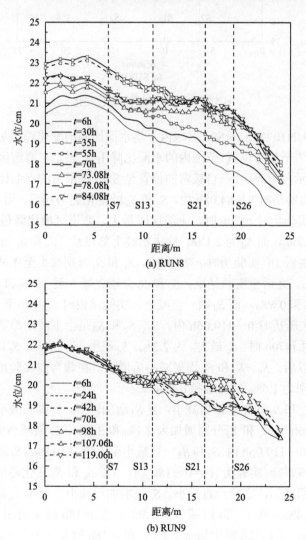

(a) RUN8

(b) RUN9

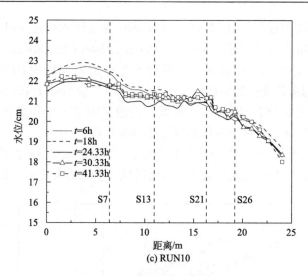

图 5.28　不同时刻沿程水位变化

RUN8～RUN10 中 S7～S26 区域内平均水面比降的变化趋势见图 5.29。裁弯上游区域（自 S7 至裁弯位置）范围内的水面比降用 S_u 表示，弯道区域范围内的水面比降用 S_c 表示，下游区域（自裁弯的位置至 S26）范围内的水面比降用 S_d 表示。

RUN8 在实验历时 0～84.08h 内，S_u 和 S_d 的变化趋势相反，而 S_u 和 S_c 的变化趋势相似。在实验历时 t=70h 时，上游比降最大，弯道区域比降最小，S_u 和 S_c 分别为 2.4‰和 1.7‰，而 S_d 为 2.1‰。除去植被上部以后，S_u 和 S_c 均减小，而 S_d 增加。在裁弯发生后 1h（实验历时 t=73.08h），S_u 和 S_c 分别减小至 1.6‰和 0.5‰，而 S_d 增加至 2.9‰。之后至实验结束，S_u 和 S_c 分别先减小至 1.4‰和 0.3‰，后又分别增加至 1.7‰和 0.6‰。而 S_d 则一直减小，实验结束时 S_d 减小至 1.4‰。

RUN9 在实验历时 0～119.06h 内，S_u、S_c 和 S_d 呈上下波动趋势，变化趋势不同。在实验历时 t=70h 时，S_u 最大，为 2.2‰，S_d 最小，为 0.6‰，S_c 居中，为 1.9‰。除去植被上部以后，S_u、S_c 和 S_d 均先减小后增加。在裁弯前实验历时 t=98h 时，S_u、S_c 和 S_d 分别为 1.6‰、1.8‰和 0.5‰。

裁弯后，S_u 和 S_d 均先增加后减小，且 S_d 增加较多，S_c 则先减小后增加。在实验历时 t=107.06h 时 S_u 和 S_d 分别增加为 2.1‰和 3.2‰，S_c 则减小至 0。裁弯后实验历时 t=107.06～119.06h 内，S_u 和 S_d 一直减小至 1.3‰和 0.9‰，S_c 则增加至 0.1‰。

RUN10 中裁弯前实验历时 t=0～18h 内，S_u、S_c 和 S_d 变化趋势各不相同。S_u 先略减小，后稍增加，之后一直减小。S_c 先增加后减小，而 S_d 先减小后增加。S_u 在 t=6h 时为 2.4‰，在 t=12h 时减小至 1.9‰，在 t=18h 时又增加至 2.1‰。S_c 在 t=6h 时为 0.8‰，在 t=12h 时增加至 1.2‰，在 t=18h 时又减小至 1.0‰。S_d 在 t=6h 时为 2.6‰，之后一直减小，在 t=18h 时减小至 1.8‰。

　　裁弯后，t=24.33h 时 S_u 和 S_c 分别减小至 1.8‰和 0，S_d 增加至 2.8‰。之后在 t=24.33～41.33h 内，S_u 一直减小，S_c 逐渐增加，S_d 先增加后减小。实验结束时，S_u、S_c 和 S_d 分别为 1.1‰、0.4‰和 2.7‰。

　　裁弯前后 RUN9 中 S_u、S_c 和 S_d 的变化与阶梯流量下 RUN6 和 RUN7 中水面比降的变化趋势相同。这是因为 RUN9 中裁弯发生时距离除去植被上部已经 31.06h，并且流量较小，植被根系对裁弯后上游区域的水位比降无影响。RUN8 和 RUN10 中，流量较大，接近达到平滩流量，裁弯后 S_u 减小。

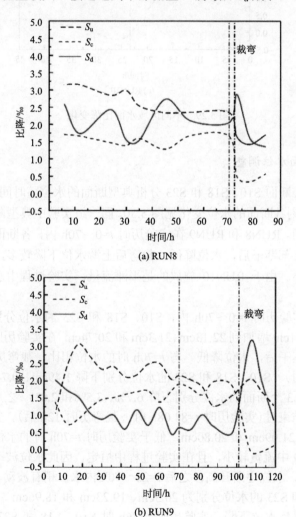

(a) RUN8

(b) RUN9

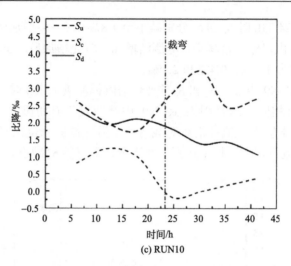

(c) RUN10

图 5.29　不同区域水面比降变化

2. 典型断面水位调整

选取弯顶处断面 S10、S18 和 S23 分析典型断面的水位随时间变化。RUN8～RUN10 不同时刻各断面的水位变化见图 5.30。同一组实验中典型断面的水位随时间变化趋势相同。RUN8 和 RUN9 在实验历时 t=0～70h 内，各断面的水位随时间增加。在除去上部茎干后，水位降低。裁弯后上游水位下降较多，弯道和下游区域水位变化较小。由于 RUN10 施放的是平滩流量，实验过程中水位稳定后变化很小。

RUN8 在实验历时 t=0～70h 内，S10、S18 和 S23 的水位分别由 19.70cm、18.92cm 和 18.01cm 增加到 22.13cm、21.3cm 和 20.74cm。在实验历时 t=70～84.08h 内，除去上部茎干后，水位降低。与 t=70h 时的水位相比，裁弯历时 1h 后(实验历时 t=73.08h 时)，S10、S18 和 S23 的水位分别下降 1.49cm、0.74cm 和 0.59cm。与裁弯前相比，3 个断面的水位分别下降 6.7%、3.5%和 2.8%。之后，水位又呈上升趋势。实验结束时(实验历时 t=84.08h 时，裁弯历时 12h 后)，3 个断面水位分别为 21.10cm、21.09cm 和 20.80cm，低于实验历时 t=70h 时的水位。

由于 RUN9 中流量较小，且在实验过程中恒定，因此水位波动很小。实验开始 t=0～24h 内，水位逐渐升高，之后 t=24～70h 内水位稍有波动，实验历时 70h 后，S10、S18 和 S23 的水位分别为 20.3cm、19.23cm 和 18.96cm。与 RUN8 类似，除去植物上部以后水位下降，实验历时 t=76h 时 S10、S18 和 S23 的水位分别下降 0.09cm、0.15cm 和 0.25cm。裁弯后，上游 S10 的水位稍微下降，S18 和 S23 的水位升高。实验结束时，S10、S18 和 S23 的水位分别为 20.43cm、20.54cm 和 20.26cm。

RUN10 实验中在实验历时 t=12h 时水位达到最大值，S10、S18 和 S23 的最高水位分别为 22.09cm、21.56cm 和 20.72cm。在之后 12h 内（实验历时 t=12～24h）水位逐渐下降。裁弯后水位下降到最低值，3 个断面水位分别下降 3.4%、1.3% 和 0.6%，其中上游 S10 的水位下降最多。之后直至实验结束，水位稍有升高。实验结束时，S10、S18 和 S23 的水位分别为 21.35cm、21.19cm 和 20.71cm。

这 3 组实验颈口上、下游水位差 h_{ud} 随时间变化见图 5.31。整个实验过程中，3 组实验颈口上、下游水位差随时间的变化趋势相同。裁弯前，h_{ud} 值呈波动趋势，裁弯后 h_{ud} 值的变化是先骤然降低，甚至出现负值，后随裁弯历时增加，h_{ud} 值又增加。

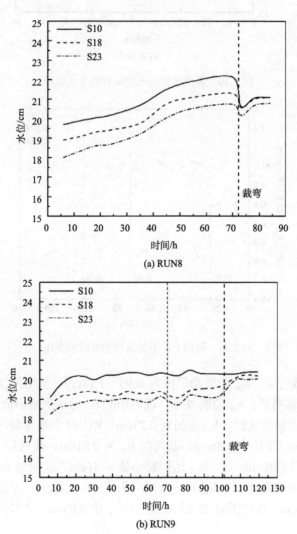

(a) RUN8

(b) RUN9

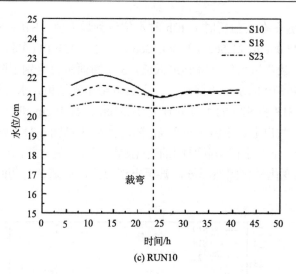

(c) RUN10

图 5.30　典型断面的水位随时间变化过程

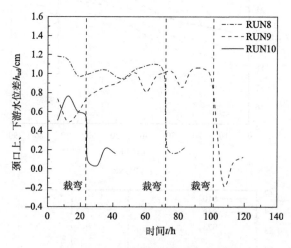

图 5.31　颈口上、下游水位差随时间变化

RUN8 中裁弯前，h_{ud} 的波动范围为 0.95～1.18cm，平均为 1.05cm。裁弯时 h_{ud} 为 0.49cm。裁弯后，h_{ud} 急剧减小，裁弯历时 6h 后达到最小值 0.16cm。之后，h_{ud} 逐渐增加，实验结束时，h_{ud} 增加到 0.23cm。RUN9 中裁弯前，h_{ud} 的波动范围为 0.50～1.05cm，平均为 0.86cm。裁弯时 h_{ud} 为 0.81cm。裁弯后，h_{ud} 急剧减小，出现负值。裁弯历时 6h 后，h_{ud} 达到最小值-0.16cm。实验结束时，h_{ud} 增加到 0.12cm。RUN10 中裁弯前，h_{ud} 的波动范围为 0.51～0.76cm，平均为 0.63cm。裁弯时 h_{ud} 为 0.55cm。裁弯历时 7h 后 h_{ud} 达到最小值 0.03cm。实验结束时，h_{ud} 增加到 0.16cm。

5.4.4　植被作用下河道对裁弯的响应

1. 河道形态变化

RUN8 在实验开始后的几个小时内，河道两岸会出现崩岸现象。由于河岸植被的护岸作用，崩岸强度比无植被条件下要弱。实验历时 $t=0\sim70h$ 内不同时刻河道形态见图 5.32。初始河道形态见图 5.32(a)，在流量 $Q=3.0L/s$ 的条件下，实验历时 $t=30h$ 后的河道形态见图 5.32(b)。实验持续 $t=30h$ 后，河床形成典型的沙波，3 号弯道下游处受水流冲刷严重。

实验历时 $t=50h$ 后河道形态见图 5.32(c)。流量增加后，河道形态没有明显变化，河床床面是典型的沙波。由于倒伏植被对河岸有保护作用，河岸不易发生崩岸，然而河床受水流冲刷下切较为严重，冲刷深度增加。实验历时 $t=50h$ 后，3 号弯道凹岸下游 S11～S12 的凹岸受水流的冲刷明显。

继续增加流量至 5.0L/s 和 5.5L/s，持续时间均为 10h，实验历时 $t=70h$ 后的河道形态见图 5.32(d)。3 号、5 号和 6 号弯道凹岸下游受水流冲刷而明显展宽。S13 处左岸淤积，而右岸受水流冲刷严重。水流主流沿 3 号弯道凹岸，在 S12 处向右岸转折，在 S13 处主流顶冲右岸，不利于颈口裁弯的形成。

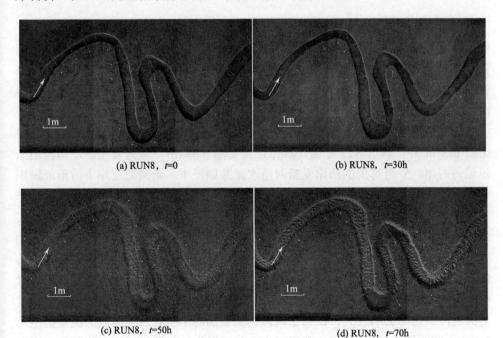

(a) RUN8，$t=0$　　　　　　　　　　(b) RUN8，$t=30h$

(c) RUN8，$t=50h$　　　　　　　　　(d) RUN8，$t=70h$

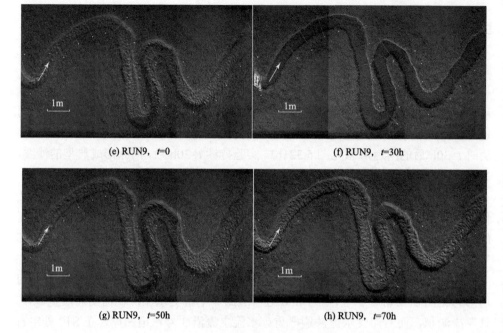

(e) RUN9, *t*=0　　　　　　　　　　　　　(f) RUN9, *t*=30h

(g) RUN9, *t*=50h　　　　　　　　　　　(h) RUN9, *t*=70h

图 5.32　不同时刻河道形态(第 1 阶段)

　　在第 2 阶段，河道初始形态见图 5.33(a)。除去上部茎干后，近岸流速增大，河岸冲刷速率增大。根系能增加河岸抗冲和抗剪切能力，使河道演变具有典型弯曲河流的特点，即凸岸淤积凹岸冲刷。3 号弯道凸岸淤积，凹岸下游处仍然受水流的强烈冲刷，而在 S13 和 S21 之间的区域，水流冲刷不是很强烈。实验仅仅历时 2.08h 后，裁弯发生。

　　由于 3 号弯道凹岸下游受到水流的强烈冲刷，裁弯的位置偏向上游，在 S13 上游 0.51m 处，靠近 S22 断面，具体位置见图 5.33(b)。裁弯发生后，新河道主流偏向右岸，5 号弯道的凸岸受新河道水流冲刷严重。新河道左岸下游形成淤积体，在 5 号弯道弯顶凹岸形成深潭。5 号和 6 号弯道凹岸下游处均受到水流的严重冲刷。在 3 号、5 号和 6 号弯道凸岸下游形成边滩。实验共历时 *t*=84.08h，实验结束时，新河道宽度为 0.72m。

　　RUN9 中第 1 阶段内初始地形和各个典型时刻的河道形态见图 5.32(e)～(h)。RUN9 的实验现象与 RUN8 类似，由于流量和植被密度均小于 RUN8，实验历时 *t*=70h 后，颈口宽度减小为 0.12m，颈口共缩短 0.10m。这种现象说明，植被密度对河道冲刷速率影响较大。在第 2 阶段内实验历时 *t*=70h 后，施放的流量仍然是 3.0L/s，实验历时 31.06h 后，裁弯发生。裁弯发生的位置仍然不在狭颈段，而在 S13 上游 0.14m 处，具体位置见图 5.33(e)。该实验共历时 *t*=119.06h，实验结束时新河道宽 1.088m。

RUN10 中河道形态变化与 RUN8 和 RUN9 类似，在此不再赘述。

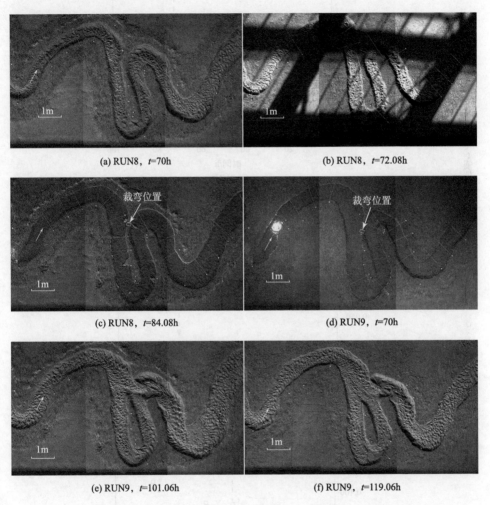

(a) RUN8，t=70h　　　　　　　(b) RUN8，t=72.08h

(c) RUN8，t=84.08h　　　　　　(d) RUN9，t=70h

(e) RUN9，t=101.06h　　　　　　(f) RUN9，t=119.06h

图 5.33　除去上部茎干后河道形态变化过程(第 2 阶段)

2. 河道中心线

实验过程中不同时刻河道中心线平均迁移距离见图 5.34。RUN8 在实验历时 t=0～30h 内，裁弯上游区域、弯道区域和裁弯下游区域的河道中心线平均迁移距离分别为 0.0237m、0.0190m 和 0.0230m，平均迁移速率 M_c 分别为 0.8mm/h、0.6mm/h 和 0.8mm/h。之后在实验历时 t=30～50h 内，平均迁移速率有所减小，3 个区域的平均迁移速率分别为 0.3mm/h、0.1mm/h 和 0mm/h，上游区域的平均迁

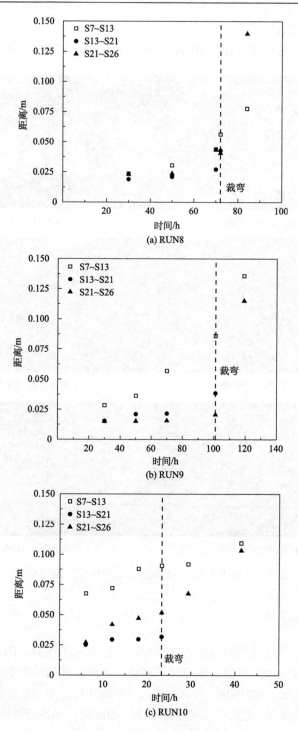

图 5.34　河道中心线偏移距离

移速率最大。实验历时 $t=50h$ 后，平均迁移距离分别为 0.0306m、0.0210m 和 0.0237m。在实验历时 $t=50\sim70h$ 内，由于流量增加，平均迁移速率有所增加，分别为 0.7mm/h、0.3mm/h 和 1.0mm/h。

实验历时 $t=70h$ 后，平均迁移距离分别为 0.0439m、0.0272m 和 0.0433m。第 2 阶段除去植物上部后，平均迁移速率增加。在裁弯发生前的时间段内（实验历时 $t=70\sim72.08h$），3 个区域的平均迁移速率分别为 6.0mm/h、7.5mm/h 和 2.0mm/h。

裁弯发生时 $t=72.08h$，河道中心线平均迁移距离分别为 0.0564m、0.0428m 和 0.0475m。在裁弯发生至实验结束的时段内，上游区域和下游区域的平均迁移距离分别增加至 0.0777m 和 0.1398m，分别是裁弯时的 1.38 倍和 2.94 倍。裁弯上游区域的平均迁移速率减小为 1.8mm/h，而裁弯下游区域的平均迁移速率增加为 8.0mm/h。

RUN9 实验中流量恒定，在实验历时 $t=0\sim30h$ 内，裁弯上游区域、弯道区域和裁弯下游区域的河道中心线平均迁移距离分别为 0.0284m、0.0153m 和 0.0150m，平均迁移速率分别为 0.9mm/h、0.5mm/h 和 0.5mm/h。在实验历时 $t=30\sim50h$ 内，3 个区域的平均迁移速率分别为 0.4mm/h、0.3mm/h 和 0mm/h，实验历时 50h 后，河道中心线平均迁移距离分别为 0.0364m、0.0211m 和 0.0152m。

在实验历时 $t=50\sim70h$ 内，只有裁弯上游区域河道中心线发生迁移，平均迁移速率为 1.0mm/h，弯道区域和裁弯下游区域平均迁移速率均为 0。第 2 阶段除去植物上部以后，在实验历时 $t=70\sim101.06h$ 内，裁弯上游区域平均迁移速率略有减小，为 0.9mm/h，弯道区域和裁弯下游区域平均迁移速率均增加，分别增加为 0.5mm/h 和 0.2mm/h。

裁弯发生时 $t=101.06h$，河道中心线平均迁移距离分别为 0.086m、0.039m 和 0.021m。自裁弯至实验结束（实验历时 $t=101.06\sim119.06h$ 内），上游区域和下游区域的平均迁移距离分别增加至 0.136m 和 0.115m，分别是裁弯时的 1.58 倍和 5.52 倍。裁弯上、下游区域的平均迁移速率均有所增加，分别为 2.8mm/h 和 5.2mm/h。

RUN10 的最初 $t=0\sim6h$ 内，裁弯上游、弯道和下游的河道中心线平均迁移速率大于前两组实验，分别为 11.3mm/h、4.2mm/h 和 4.5mm/h，而前两组实验初始河道中心线平均迁移速率均小于 1.0mm/h。在实验历时 $t=6\sim12h$ 内，3 个区域的平均迁移速率分别为 0.7mm/h、0.7mm/h 和 2.5mm/h，实验历时 12h 后，河道中心线平均迁移距离分别为 0.072m、0.029m 和 0.042m。

在实验历时 $t=12\sim18h$ 内，裁弯上游区域河道中心线迁移速率增加为 2.7mm/h，弯道区域和裁弯下游区域的河道中心线平均迁移速率分别减小为 0 和 0.9mm/h。之后又经 5.33h（实验历时 $t=18\sim23.33h$ 内）裁弯发生，3 个区域的平均迁移速率分别为 0.5mm/h、0.4mm/h 和 0.9mm/h。

　　裁弯发生时(t=23.33h)，河道中心线平均迁移距离分别为0.091m、0.032m和0.052m。自裁弯发生至实验结束(实验历时 t=23.33～41.33h内)，上游和下游区域的平均迁移距离分别增加到0.109m和0.103m，分别是裁弯时的1.21倍和2.0倍。与RUN9类似，裁弯上、下游区域的平均迁移速率均有所增加，分别为1.0mm/h和2.9mm/h。

　　3. 河道冲刷

　　RUN8～RUN10由不同时刻河岸线的变化得到河道的冲刷面积变化见图5.35。裁弯前，裁弯上游冲刷最严重，弯道其次，裁弯下游冲刷最弱。裁弯后，弯道区域冲刷面积不变，裁弯下游冲刷面积增加最多，上游居中，植被的存在减弱了河道的冲刷。

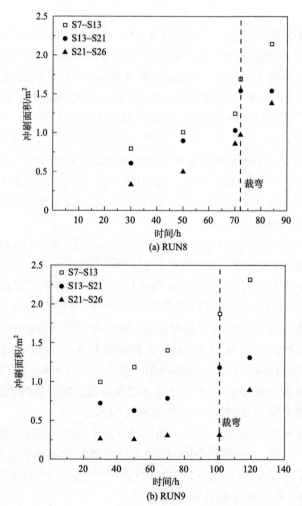
(a) RUN8

(b) RUN9

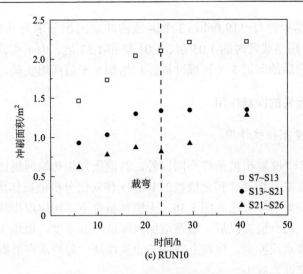

图 5.35 不同区域不同时刻的冲刷面积

RUN8 实验历时 t=30h 后，裁弯上游、弯道和裁弯下游河道区域的冲刷面积分别为 0.796m^2、0.609m^2 和 0.331m^2。之后，3 个区域的冲刷面积呈增加趋势，裁弯上游区域的冲刷面积最大。实验历时 t=70h 后，3 个区域的冲刷面积分别为 1.247m^2、1.032m^2 和 0.859m^2。在之后的 2.08h 内，3 个区域的冲刷面积分别增加了 0.445m^2、0.512m^2 和 0.115m^2。裁弯发生时（t=72.08h），3 个区域的冲刷面积分别为 1.692m^2、1.544m^2 和 0.974m^2。裁弯发生历时 12h 后，3 个区域的冲刷面积分别增加了 0.452m^2、0m^2 和 0.409m^2。实验结束时（t=84.08h），3 个区域的冲刷面积分别为 2.144m^2、1.544m^2 和 1.383m^2，分别是裁弯时的 1.27 倍、1.00 倍和 1.42 倍。

RUN9 实验中冲刷面积的变化与 RUN8 类似。实验历时 t=30h 后，裁弯上游、弯道和裁弯下游的冲刷面积分别为 0.996m^2、0.722m^2 和 0.267m^2。实验历时 t=70h 后，3 个区域的冲刷面积分别增加为 1.406m^2、0.785m^2 和 0.309m^2。在随后 t=31.06h 内，3 个区域的冲刷面积分别增加了 0.471m^2、0.400m^2 和 0.008m^2，裁弯发生时（t=101.06h），3 个区域的冲刷面积分别为 1.877m^2、1.185m^2 和 0.317m^2。裁弯历时 18h 内，3 个区域的冲刷面积分别增加了 0.438m^2、0.031m^2 和 0.577m^2。实验结束时（t=119.06h），3 个区域的冲刷面积分别为 2.314m^2、1.216m^2 和 0.893m^2，分别是裁弯时的 1.23 倍、1.03 倍和 2.82 倍。

RUN10 流量最大，实验初始时的冲刷面积大于前两组实验。实验历时 t=6h 后，裁弯上游区域、弯道区域和裁弯下游区域的冲刷面积分别为 1.467m^2、0.929m^2 和 0.618m^2。实验历时 t=12h 后，3 个区域的冲刷面积分别增加 0.264m^2、0.104m^2 和 0.159m^2。裁弯发生时，3 个区域的冲刷面积分别增加为 2.104m^2、1.338m^2 和 0.815m^2。裁弯历时 18h 内，3 个区域的冲刷面积分别增加 0.438m^2、0.031m^2 和

0.577m²。实验结束时（t=119.06h），3 个区域的冲刷面积分别为 0.114m²、0.011m² 和 0.465m²，分别是裁弯时的 1.05 倍、1.01 倍和 1.57 倍。由于实验过程中未除去植物上部，裁弯后的河道 3 个区域冲刷面积增幅小于前两组实验。

5.4.5　植被对裁弯的抑制作用

1. 恒定流量下植被作用

RUN5 和 RUN9 除植被条件不同以外，其他条件如初始河道比降和流量均相同，因此将有植被的 RUN9 和无植被的 RUN5 作对比分析植被作用。有植被和无植被条件下的初始崩岸对比见图 5.36。无植被条件下，河岸崩塌块迅速地落入水中被水流冲走。而有植被以后，根系增加河岸抗冲刷强度，崩塌块倒塌在坡脚以后，并未立即被水流冲走。植被上部茎干随崩塌块一起滑落在坡脚，减弱河岸冲刷，使河岸冲刷速率减小。

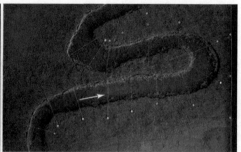

(a) RUN5, t=0.5h　　　　　　　　　　　　(b) RUN9, t=0.5h

图 5.36　实验开始阶段有植被和无植被条件下崩岸现象对比

RUN5 和 RUN9 实验初始地形、裁弯时和实验结束时的地形见图 5.37，其他参数对比情况见表 5.9。有无植被条件下裁弯发生的位置不同，RUN5 中裁弯位置在 S13 上游 0.07m，颈口宽度为 0.257m，而 RUN9 裁弯位置在 S13 上游 0.14m 处，颈口宽度为 0.277m。有植被条件下裁弯位置更偏向上游，颈口宽度有所增加。由无植被条件下裁弯前颈口宽度变化及裁弯后新河道发展的对比可见，RUN5 颈口宽度减小速率很快，实验历时 19h 后，颈口宽度减小为 0，裁弯所需时间占整个实验时间的 46.3%。RUN9 颈口宽度减小速率较小，实验历时 70h 后颈口宽度仍为 0.138m。实验历时 70h 后除去植物上部后，又经历 31.06h 才发生裁弯，裁弯所需时间占整个实验时间的 84.9%。可见，植被对颈口有保护作用，减小了冲刷速率和延缓了裁弯发生时间。

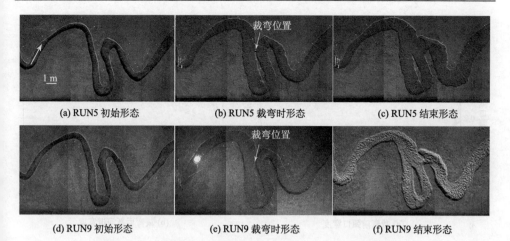

| (a) RUN5 初始形态 | (b) RUN5 裁弯时形态 | (c) RUN5 结束形态 |
| (d) RUN9 初始形态 | (e) RUN9 裁弯时形态 | (f) RUN9 结束形态 |

图 5.37　RUN5 和 RUN9 初始、裁弯时和实验结束形态对比

表 5.9　RUN5 和 RUN9 裁弯情况对比

参数	RUN5	RUN9
初始河道比降/‰	1.7	1.7
流量/(L/s)	3.0	3.0
是否有植被	否	是
裁弯位置	S13 上游 0.07m	S13 上游 0.14m
颈口宽度/m	0.257	0.277
裁弯所需时间/h	19	101.06
实验总历时/h	41	119.06
新河道宽/m	1.175	1.088
新河道宽深比	37.79	22.59

　　RUN5 和 RUN9 裁弯后新河道的发展过程见图 5.38。根据裁弯前颈口宽度随时间的变化趋势,将 M_D 分为 3 个阶段来分析,这里的 3 个阶段并不同于前面提到的颈口演变的 3 个阶段。两组实验裁弯前 3 个阶段颈口宽度减小速率 M_D 的对比见表 5.9。

　　在裁弯前 3 个阶段,M_D 在无植被条件的 RUN5 中均大于有植被条件下的 RUN9。在第 1 阶段,无植被的平均展宽速率 M_n=0.037m/h,有植被的平均展宽速率 M_n=0.031m/h,降低 16.2%。同理,第 2 阶段和第 3 阶段有植被的 M_D 值分别降低 85% 和 60%。RUN9 中有根系加固河岸,最后形成新河道的宽度为 1.088m,宽深比为 22.59,均小于 RUN5 中新河道宽度(1.175m)和宽深比(37.79)。

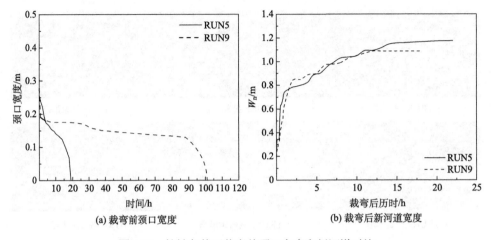

图 5.38　植被条件下裁弯前颈口宽度和新河道对比

裁弯发生后，在新河道发展的 3 个阶段内，RUN5 中新河道展宽速率 M_n 大于RUN9。第 1 阶段，无植被条件下平均展宽速率 M_n=2.06m/h，有植被的平均展宽速率 M_n=1.62m/h，减小 21.4%。同理，第 2 阶段和第 3 阶段内有植被的平均展宽速率分别减小 34.9% 和 23.8%。

在河道初始比降和流量均相同的条件下，有无植被条件下不同时刻河道冲刷面积对比见表 5.10。裁弯发生时，无植被条件下整个研究区域(S7~S26)的冲刷面积为 3.823m²，而有植被条件下的冲刷面积为 3.378m²，有植被条件下，河道冲刷面积减小 11.6%。实验结束时，无植被和有植被条件下整个研究区域的冲刷面积分别为 5.106m² 和 4.423m²，有植被条件下河道冲刷面积减小 13.4%。

表 5.10　有无植被条件下河道冲刷面积对比

时间/h	冲刷面积(无植被)/m²			时间/h	冲刷面积(有植被)/m²		
	上游	弯道	下游		上游	弯道	下游
6	1.213	1.105	0.354	30	0.996	0.722	0.267
12	1.406	1.471	0.469	50	1.189	0.627	0.259
19(裁弯)	1.506	1.844	0.473	70	1.406	0.785	0.309
26	1.870	1.909	1.110	101.06(裁弯)	1.877	1.185	0.317
41	2.094	1.941	1.071	119.06	2.314	1.216	0.893

2. 恒定与阶梯流量下植被作用

RUN8 和 RUN9 初始河道比降相同，两种工况的植物密度相差不大，而且放水时植被生长状况基本相同，因此将这两组实验结果对比，分析不同流量条件下，植物对颈口裁弯的作用(表 5.11)。这两种工况河道形态对比见图 5.39,这两种工况均是在实验历时 t=70h 后除去植被上部,只留下根系。裁弯情况对比见图 5.40,RUN8 裁弯时流量是 5.5L/s,裁弯位置偏向上游,在 S13 上游 0.51m 处,颈口宽度为 0.461m,裁弯所需时间为 72.08h,占整个实验历时的 85.7%。RUN9 裁弯时流量为 3.0L/s,裁弯位置在 S13 上游 0.14m 处,颈口宽度为 0.277m,裁弯用时 101.06h,占整个实验历时的 84.9%。由此可见流量增加使裁弯位置偏向上游,颈口宽度增加。

表 5.11　RUN8 和 RUN9 裁弯情况对比

参数	RUN8	RUN9
是否有植被	是	是
流量是否恒定	否	是
裁弯时流量/(L/s)	5.5	3.0
裁弯位置	S13 上游0.51m	S13 上游0.124m
裁弯所需时间/h	72.08	101.06
实验总历时/h	84.08	119.06
新河道宽/m	0.72	1.088
新河道宽深比	13.07	22.59

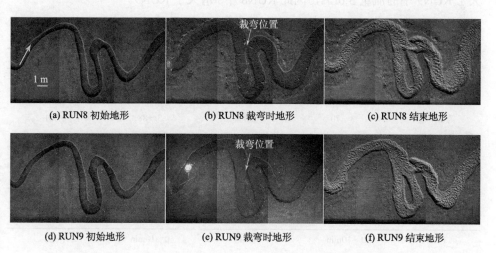

(a) RUN8 初始地形　　　(b) RUN8 裁弯时地形　　　(c) RUN8 结束地形

(d) RUN9 初始地形　　　(e) RUN9 裁弯时地形　　　(f) RUN9 结束地形

图 5.39　RUN8 和 RUN9 初始、裁弯时和实验结束地形对比

RUN8 中裁弯后新河道宽度 W_n 为 0.72m,宽深比为 13.07,均小于 RUN9 中的新河道宽度 1.088m 和宽深比 22.59。由于 RUN8 裁弯的位置偏向上游较多并且流量大,水流对河床冲刷严重,新河道冲刷深度大于 RUN9,因此宽深比小于RUN9。

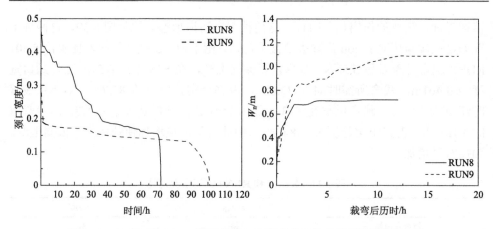

图 5.40　RUN8 和 RUN9 裁弯前颈口宽度变化及裁弯后新河道发展对比

　　裁弯前 3 个阶段，颈口宽度减小速率 M_D 和裁弯后新河道发展过程中 3 个阶段新河道展宽速率 M_n 的对比如表 5.12 和表 5.13 所示。第 1 阶段 0～3h 内，两组实验流量相等，均为 3.0L/s，RUN8 中 M_D 值小于 RUN9，这是因为 RUN9 中植物密度和茎的长度均小于 RUN8，植物对于河岸的保护作用弱。第 2 阶段，由于 RUN8 流量逐渐增加，这个阶段内 M_D 值大于 RUN9。第 3 阶段，RUN8 的流量为 5.5L/s，大于 RUN9 中的流量 3.0L/s，因此 RUN8 中 M_D 大于 RUN9。

表 5.12　裁弯前 3 个阶段颈口宽度减小速率 M_D 对比

阶段	阶梯流量 RUN8		恒定流量 RUN9	
	时间/h	M_D/(m/h)	时间/h	M_D/(m/h)
第 1 阶段	0～3	0.018	0～3	0.031
第 2 阶段	3～70	0.004	3～88	0.001
第 3 阶段	70～72.08	0.075	88～101.06	0.010

表 5.13　裁弯后 3 个阶段新河道展宽速率 M_n 对比

阶段	阶梯流量 RUN8		恒定流量 RUN9	
	时间	M_n/(m/h)	时间	M_n/(m/h)
第 1 阶段	0～10min	2.733	0～10min	1.620
第 2 阶段	10min～1.6h	0.172	10min～2h	0.310
第 3 阶段	1.6～12h	0.006	2～18h	0.016

　　RUN8 的流量是 RUN9 的 1.83 倍，但是裁弯后新河道发展的 3 个阶段中，除了第 1 阶段的 M_n 大于 RUN9 外，其他两个阶段的 M_n 均小于 RUN9。RUN8 中第 1～3 阶段的 M_n 分别为 2.733m/h、0.172m/h 和 0.006m/h，RUN9 中 M_n 分别为

1.620m/h、0.310m/h 和 0.016m/h。这说明裁弯刚发生后几分钟内，流量产生冲刷占据主导作用，在之后新河道演变过程中植物根系密度对新河道展宽的影响要大于流量的影响。

RUN8 和 RUN9 不同时刻河道冲刷面积对比见表 5.14。裁弯发生时，RUN8整个研究区域(S7~S26)的冲刷面积为 4.209m²，而 RUN9 为 3.379m²，河道冲刷面积减小 19.7%。实验结束时，RUN8 和 RUN9 整个研究区域的冲刷面积分别为5.071m² 和 4.423m²。

表 5.14　不同时刻河道冲刷面积对比

时间/h	冲刷面积(RUN8)/m²			时间/h	冲刷面积(RUN9)/m²		
	上游	弯道	下游		上游	弯道	下游
30	0.796	0.609	0.331	30	0.996	0.722	0.267
50	1.007	0.898	0.501	50	1.189	0.627	0.259
70	1.247	1.032	0.859	70	1.406	0.785	0.309
72.08(裁弯)	1.692	1.544	0.974	101.06(裁弯)	1.877	1.185	0.317
84.08	2.144	1.544	1.383	119.06	2.314	1.216	0.893

3. 平滩流量下植被作用

平滩流量下 RUN10 中河道地形变化见图 5.41。裁弯发生的位置在 S13 上游0.134m，与 RUN9 中裁弯位置非常接近，颈口宽度为 0.312m。与之前的实验结果不同，由于植物影响，颈口有水流通过后，新河道宽度没有急剧增加，而是在裁弯发生 40min 后颈口才贯通，新河道宽度才增加。由于植被的保护，新河道宽度只有 0.550m，新河道的横断面形态也与前两组不同，河道主槽和深泓线在右岸，左岸形成边滩。这组实验说明植被作用下虽然可以发生颈口裁弯，但是所需的裁弯阈值流量增大。

裁弯前颈口段经历的 3 个阶段的颈口宽度减小速率 M_D 见表 5.15。在第 1 阶段内，M_D 为 0.102m/h，在第 2 阶段的 M_D 最小，只有 0.004m/h。在第 3 阶段，M_D 又增加到 0.180m/h。裁弯后，新河道所经历的 3 个阶段内的新河道展宽速率M_n 见表 5.15。3 个阶段的 M_n 逐渐减小，第 1 阶段 M_n 为 1.044m/h，第 2 阶段为0.095m/h，第 3 阶段减小为 0.013m/h。

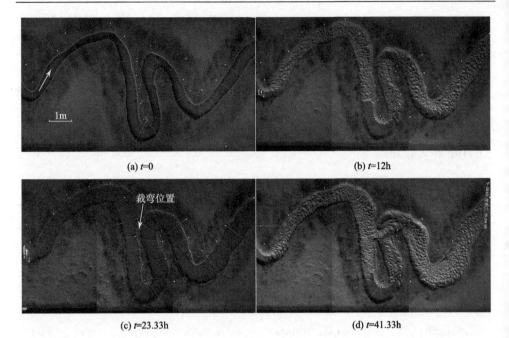

(a) t=0　　　　　　　　　　　　　　　　(b) t=12h

(c) t=23.33h　　　　　　　　　　　　　(d) t=41.33h

图 5.41　平滩流量下 RUN10 河道形态变化

表 5.15　裁弯前颈口段 3 个阶段的 M_D 值

裁弯前颈口段阶段	时间 t/h	M_D/(m/h)	裁弯后新河道阶段	时间段 Δt	M_n/(m/h)
第 1 阶段	0～1	0.102	第 1 阶段	0～10min	1.044
第 2 阶段	1～23.33	0.004	第 2 阶段	10min～2h	0.095
第 3 阶段	23.33～24	0.180	第 3 阶段	2～18h	0.013

5.5　本 章 小 结

本章采用室内水槽实验研究恒定流量、阶梯流量和植被作用下弯曲河流颈口裁弯过程，主要分析裁弯前颈口宽度随时间的变化过程、发生颈口裁弯的临界条件、裁弯前后水力参数的调整和河道形态对于裁弯的响应，并提出植被作用下颈口裁弯的模式。主要得到以下结果：

(1)颈口上、下游两侧河岸的崩塌是促成颈口裁弯发生的主要因素。裁弯前，颈口段侵蚀速率随时间变化过程具有相同的规律，可划分 3 个阶段：第 1 阶段，在实验前 30%的时段内，侵蚀速率较高；第 2 阶段，在随后的 40%时段内，侵蚀速率较低；第 3 阶段，在之后至裁弯发生的时段内，这个时段很短，侵蚀速率又增加。

(2)裁弯前颈口段演变经历 3 个阶段。第 1 阶段：河岸崩塌阶段；第 2 阶段：冲刷侵蚀阶段；第 3 阶段：水流连通阶段。

(3)裁弯前，阶梯流量下颈口宽度随时间变化过程与恒定流量下相同，颈口裁弯均是由颈口段上、下游河岸的冲刷侵蚀引起，这进一步验证本书所提出的恒定流量下颈口裁弯过程和临界条件的合理性。当裁弯发生时，两种工况单位长度上的水流功率值 P 接近，进一步验证了本书所采用单位长度的水流功率来反映裁弯时临界水流条件的合理性。

(4)植被作用下裁弯前颈口演变过程经历 4 个阶段。第 1 阶段：河岸崩塌阶段；第 2 阶段：冲刷侵蚀阶段；第 3 阶段：漫顶冲刷阶段；第 4 阶段：水流连通阶段。与无植被实验相比，颈口演变过程增加漫顶冲刷阶段。

(5)裁弯后新河道的发展过程与恒定流量下新河道的发展过程相同，分为 3 个阶段，即颈口段连通阶段、新河道展宽阶段和新河道稳定阶段。

(6)植被增加了裁弯所需时间，减小了新河道宽深比。裁弯前植被作用下 3 个阶段颈口宽度变窄速率分别下降了 16.2%、85%和 60%。裁弯发生后植被作用下 3 个阶段新河道展宽速率分别下降了 21.4%、34.9%和 23.8%。植被使河道冲刷面积减小，裁弯发生时，有植被条件下河道冲刷面积减小 11.6%，实验结束时，河道冲刷面积减小了 13.4%。平滩流量下颈口裁弯实验说明，植被作用下不需要除去植物茎干也可以发生裁弯，但是需要增大流量。

第6章 牛轭湖淤积过程与数值模拟

牛轭湖是冲积平原上一种常见的弯曲河流地貌单元,是弯曲河流发生自然裁弯之后形成的废弃河道。牛轭湖的沉积特征不仅可表明其发育过程,还能够反映冲积平原的洪水期时间及频率、水环境状况以及流域气候变化。牛轭湖可指示局部河段的弯道裁弯过程,如黑河在1990~2010年已识别发生两次颈口裁弯,形成两个牛轭湖(李想等,2017)。本章旨在通过野外观测典型牛轭湖形成过程,建立牛轭湖进口段推移质淤积的理论模型和出口段悬移质淤积的数值模拟,探究影响进口段和出口段淤积速率的主要控制因素。

6.1 典型河曲带牛轭湖分布与形态特征

黑河全长约456km,源头海拔高程4335m,河道比降为0.016%。黑河出口控制站大水水文站1980~2017年水文数据显示,黑河多年平均流量为32.6m³/s,径流量为10.3亿m³,多年平均悬移质输沙量为34.2万t,多年平均含沙量为0.33kg/m³。黑河流经若尔盖县、嫩哇乡,在玛曲县东南部汇入黄河干流。黑河上游的主要支流麦曲、哈曲、格曲都受到了两侧丘陵限制。树杈状的河网分布是黑河最明显的特征,每一条支流都是典型的弯曲型河道,形成典型河曲带(图6.1)。

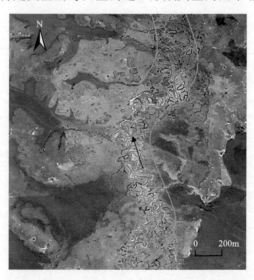

图 6.1　黑河流域研究河段和局部河曲带(33°13' N,102°53' E)

　　河曲带是弯曲河流在河谷内横向迁移或自然裁弯，弯道在河谷内横向移动的最大范围。本节统计了黑河从麦曲汇入口开始至黄河入汇口沿程 168 个断面的河曲带宽度(图 6.2)，发现黑河的河曲带沿程呈增—平—增特点。据此将黑河分成 3 个部分，第 1 部分为源头至格曲汇入口，第 2 部分为格曲汇入口至嫩哇乡，第 3 部分为嫩哇乡至黄河入汇口。黑河流域的地势总体较开阔，河谷相对较宽，地势相对平坦，沿程比降只有 0.016%，适合弯曲河型发育。

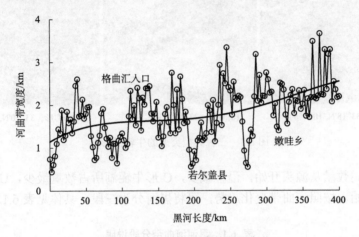

图 6.2　黑河河曲带宽度的沿程变化

　　在黑河源头，河道两岸丘陵地势对河道的横向摆动起到一定的限制作用。在格曲、哈曲汇入黑河之后，黑河水量增加，流量增大使黑河横向迁移能力增强，同时该地段的河谷比黑河源头也有所展宽。源头处河谷平均宽度为 2.03km，而此段平均河谷宽度为 3.74km。因此第 2 部分的河曲带发展平稳，唯一突变的部位就是若尔盖县所在河段。在若尔盖县有热曲汇入，黑河流量进一步加大，而且该部分为冲积平原，黑河河曲带并没有自由发展，而直接流经若尔盖县，因此河曲带趋窄。

　　不同于若尔盖县，嫩哇乡部分的黑河自由发展痕迹明显，遥感影像上可识别嫩哇乡西侧黑河曾发生多次裁弯。在延伸至下游河段，海拔从 3440m 减少至 3417m，比降为 0.025%，黑河呈自然发展状态，河曲带宽度稳步增加。

6.1.1　形态分类及数量

　　牛轭湖的选取必须搜寻整个黑河流域，而最理想的情况便是这些牛轭湖是从正发生裁弯时或裁弯之后依然清晰可辨的情况下选取。该条件下选取的牛轭湖代表性强，对河道的演变指示性佳。运用 ArcGIS 对 Google Earth(2000~2014 年，精度为 0.6m)和 SPOT(1990 年和 2000 年，精度为 10m)的遥感影像进行预处理，对比筛选后，获得了黑河沿程不同形态的 217 个牛轭湖，并分类为 Ω 形(76 个)、U 形(88 个)和 C 形(53 个)(图 6.3)。这些牛轭湖的原河弯进口与出口，都可清晰辨认，而有一部分牛轭湖已远离现在的河道，对此类牛轭湖不做统计。

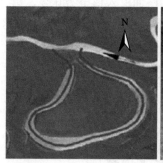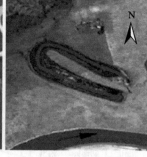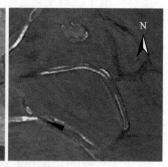

(a) Ω形, 33°18′N, 102°56′E　　(b) U形, 33°39N, 102°44′E　　(c) C形, 33°20′N, 102°54′E

图 6.3 三种典型类型的牛轭湖影像

牛轭湖数量从源头开始，沿程减少，C 形牛轭湖所占数量最少，U 形最多。从源头开始，按照河曲带变化趋势，可将黑河分为三段，具体见表 6.1。

表 6.1 黑河河曲带分段说明

段数	长度/km	海拔变化/m	比降/%	Ω形个数	U形个数	C形个数	最宽/km	最窄/km
第 1 段，麦曲汇入口作为源头至格曲汇入口	27.41	3464～3445	0.069	31	25	23	2.61	0.44
第 2 段，格曲汇入口至若尔盖县	33.49	3445～3440	0.014	20	12	16	3.29	0.92
第 3 段，若尔盖县至黄河入汇口	92.56	3440～3417	0.025	25	51	13	3.66	0.55

牛轭湖形成后主要经历 3 个演变阶段，分别对应 3 个不同形态。Ω 形为牛轭湖初期形态，U 形为中期形态，C 形为末期形态。图 6.4 表明 Ω 形和 C 形牛轭湖的密度往下游逐渐降低，U 形则类似正态分布(第 1 段和第 3 段密度小，第 2 段密度大)。在第 1 段(0～100km)，Ω 形最多可达 8 个/10km，U 形和 C 形平均有 5 个/10km。而在第 2 段(100～200km)，从格曲汇入直到若尔盖县，Ω 形稳定在 2.5 个/10km，C 形 1.5 个/10km，U 形牛轭湖分布则较无序，时有时无，最多可到 7 个/10km，最少则为 0 个/10km。第 3 段(200～400km)，三种形态的牛轭湖分布都相对较均匀并且稳定，Ω 形平均为 1.5 个/10km，U 形平均为 2.5 个/10km，C 形平均为 0.5 个/10km。

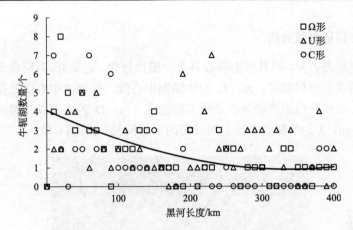

图 6.4　黑河向下游沿程不同类型牛轭湖的密度

黑河沿程牛轭湖总数统计如图 6.5 所示。在第 1 段，黑河沿程的 3 种形态的牛轭湖数量增长趋势差异并不大。在第 2 段，Ω 形数量持续增加，而 U 形和 C 形牛轭湖数量增加趋势相对于 Ω 形更平稳。第 3 段，U 形开始大量增加，C 形变化小，200km 河长中只增加了 8 个，Ω 形也有增加，但远不如第 1 段的增长趋势。

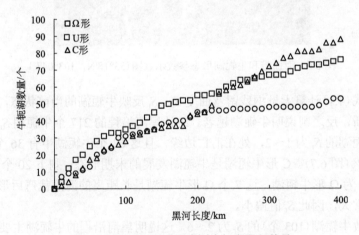

图 6.5　黑河沿程不同类型牛轭湖累积数量

牛轭湖所形成的沙栓是泥沙在牛轭湖进口段或出口段形成的淤积段，其高度和长度主要是由最大流量决定，在水量充足时，河水有能力越过沙栓重新为 Ω 形牛轭湖补充水量，而流量下降后则无法给 Ω 形牛轭湖补充水量。缺少河水补充时，在渗透、蒸发和植物蒸腾等作用下，Ω 形牛轭湖会逐渐演变为 U 形牛轭湖。U 形牛轭湖进一步演化成 C 形牛轭湖，直至消失。黑河沿程牛轭湖总数是增多的，因此沿程的径流量也是增大的 (图 6.5)。

6.1.2　形态特征参数分析

牛轭湖形态各异，但其形态参数具有一般性规律。定义 W_b 为河曲带宽度，m；b 为牛轭湖残留开口宽度，m；L_c 为牛轭湖中心线，牛轭湖中心线是指牛轭湖每一断面中心点到两边距离相等的点所汇集的线，m；D 为牛轭湖与黑河主河道的最短距离，m；λ 为牛轭湖平行于河曲带的平行河长，m（图 6.6）。

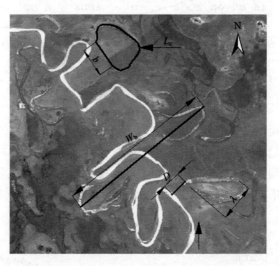

图 6.6　河曲带和牛轭湖形态参数示意图（33°18'N，103°04'E）

采用式（4.1）计算无量纲残留弯曲度 S_r，S_r 反映牛轭湖的当前状态，S_r 越大，牛轭湖越新，反之则说明牛轭湖越老。统计黑河沿程的 217 个牛轭湖 S_r 可知，绝大部分牛轭湖的 S_r 为 1～2，处在消亡边缘，且这 63 个牛轭湖中有 36 个为 C 形，占比超 50%（图 6.7）。C 形牛轭湖是牛轭湖发展的末期形态。剩下 20 个为 U 形牛轭湖，7 个为 Ω 形牛轭湖。这 7 个 Ω 形牛轭湖是长距离的河湾裁弯后形成，残留开口度非常大，因此 S_r 值偏小。

近半数牛轭湖（103 个）的 S_r 为 2～6，这说明黑河沿程的牛轭湖主要处于发展中期。年轻的牛轭湖有 44 个，与黑河的连通性强，是黑河流域在非洪水期重要的储水器。目前处于中期的牛轭湖最多，而新生的牛轭湖数量并未能超过中期的牛轭湖数量。采用式（4.2）计算牛轭湖的相对河道连通性，结果如图 6.8 所示。

为说明自然裁弯后的偏移情况，引入相对河道连通性 ζ。ζ 值越大，裁弯后的牛轭湖离黑河主干越远；ζ 值越小，说明该牛轭湖越年轻（图 6.8）。在整个黑河流域，有 5 个位置，黑河干流在被裁弯后并没有远离牛轭湖，而是从原河道位置逐渐靠近牛轭湖，最终吞并牛轭湖，因此其连通性为负，代表牛轭湖的萎缩速率小于黑河的横向发展速率。

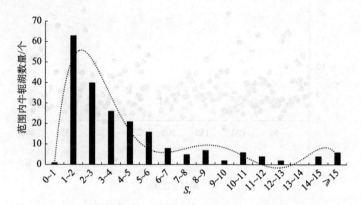

图 6.7　黑河的牛轭湖残留弯曲度的统计分布

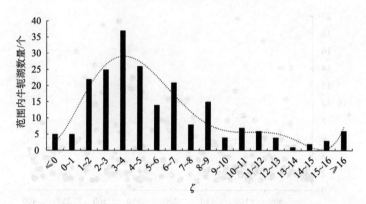

图 6.8　黑河所有牛轭湖相对河道连通性的统计分布

　　连通性小于 3 的牛轭湖有 57 个，与黑河连通性较好，在黑河水量充足时可得到补给，因此消亡速度很慢。这 57 个牛轭湖有 25 个 Ω 形，且这 25 个 Ω 形牛轭湖 S_r 都大于 3，所以这也表明 Ω 形牛轭湖是年轻牛轭湖的主要形态。连通性超过 15 的牛轭湖，S_r 都非常小，平均为 1.12，说明这一类牛轭湖已处于消亡边缘。黑河流域的牛轭湖绝大部分处于发展中期，末期的牛轭湖与年轻的牛轭湖少于中期的牛轭湖。

　　黑河沿程的牛轭湖演化随机性较强，并无明显规律，其原因是黑河绝大部分区域为自然湿地，牛轭湖演化过程主要是自然演化(图 6.9，图 6.10)。在若尔盖县附近(200km 处)并未发现 ζ 与 S_r 较大的牛轭湖，说明该县附近年轻的牛轭湖非常少，而在黑河源头以及黄河入汇口处均有年轻的牛轭湖形成。以若尔盖县为分界线，黑河上游存在 4 个较年轻的牛轭湖，黑河下游存在 5 个较年轻的牛轭湖。说明在近代，黑河发生的自然裁弯最少有 9 次。

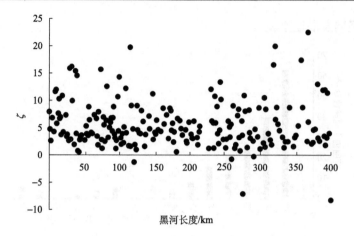

图 6.9 黑河沿程牛轭湖相对河道连通性

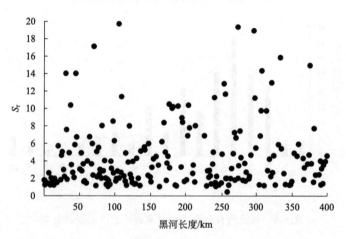

图 6.10 黑河沿程牛轭湖的残留弯曲度

牛轭湖越年轻，其残留弯曲度 S_r 越大，相对河道连通性越强。因此这两个系数具有一般性，对于牛轭湖形态特征具有参考价值。

黑河沿程的牛轭湖是弯曲河流长期演变的产物，其形成过程主要受来水来沙条件的影响。黑河所处的若尔盖草原表层覆盖的是泥炭层（1～3m），下层为粉砂或卵砾石。在牛轭湖进口沙栓形成过程中，通过打孔取样，发现沙栓为二元结构，下层为褐黄色淤泥，是泥炭与粉砂的混合物，上层为推移质粗砂，d_{50} 为 2mm。沙栓淤积物以褐黄色淤泥为主。在出口段以悬移质细颗粒泥沙为主。与其他河流的对比（表 6.2）可知，黑河径流量不大，但推移质输沙比例偏高，牛轭湖进口段的淤积速率比床沙质要快。

表 6.2　不同流域的牛轭湖基本情况对比

地区	沉积物	多年平均径流量/亿 m³	输沙量/(万 t/a)	形成时间
若尔盖黑河流域	泥炭、粉砂混合物	11	34	25 年
日本北部石狩河	火山灰、泥沙混合物	107	210	几十年或者 100 年
法国 Ain River	床沙质	37.8	6	15～30 年

6.2　牛轭湖进口段淤积过程与理论模型

6.2.1　概化模型建立

在原河道的进口段，新河道可视为直线河道，原河道进口区域的水流存在逆时针环流效应，在河道底部从靠近新河道一侧河岸流向远离新河道一侧河岸，这使得推移质在原河道进口段的淤积并不平衡，会从远离新河道河岸开始淤积，慢慢淤积至靠近新河道河岸。裁弯开始后，新河道的河床高程仍高于原河道，推移质仍只从原河道输移，同时由于牛轭湖进口段的长度小、形成沙栓时间短，故本书研究可忽略进口段的悬移质淤积。

设上游段河道宽度不变，上游来流量为 Q，上游来沙量为 Q_s。在弯道颈口处某个较窄的位置发生裁弯，原河道流量为 Q_1，新河道流量为 Q_2（图 6.11）。由流量守恒可知：

$$Q = Q_1 + Q_2 \tag{6.1}$$

同时，原河道与新河道的纵向水力比降可表示为

$$S_1 = \frac{\Delta h}{L_1} \tag{6.2}$$

$$S_2 = \frac{\Delta h}{L_2} \tag{6.3}$$

式中，S_1 为原河道水力比降；S_2 为新河道水力比降；Δh 为上下游水面差，m；L_1 为原河道长度，m；L_2 为新河道长度，m。

Q_1 与 Q_2 会因为原河道进口段的淤积而变化，Q_1 会减小而 Q_2 会增大。由于 $L_2 \ll L_1$，所以 $S_2 \gg S_1$，且处在发育阶段的新河道宽度小于原河道，所以在裁弯处，新河道的断面平均流速高于原河道。L_u 是原河道沙栓长度，在整个牛轭湖进口段的淤积过程中，可假设推移质在进口段河道内随时间均匀淤积。新河道在较短时间完成初期冲刷和展宽，并形成一定尺寸的新河道，同时后续将被持续冲刷。

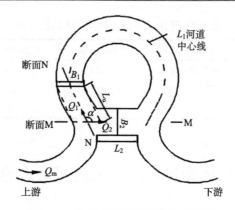

图 6.11　裁弯后牛轭湖进口段示意图

裁弯发生后，新河道快速冲刷，可认为牛轭湖的进口段淤积是在新河道稳定之后才开始。图 6.12 中，H_1 为原河道平均水深，H_2 为新河道平均水深。h_d 为原河道与新河道的河床底部高差，d 为底部淤积的总高度，L_2 为新河道河长，Δh 为上下游水面高差，单位均为 m。

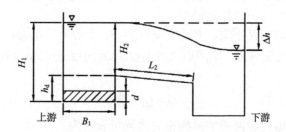

图 6.12　牛轭湖进口段剖面（M-M 断面）

为了简化分析，对于新河道和原河道，皆视为宽浅河道，即水力半径约等于水深。在所有时段，上游来沙量为

$$Q_s = B \cdot g_m \tag{6.4}$$

式中，Q_s 为上游来沙量，kg/s；B 为上游段河宽，m；g_m 为上游段单宽输沙率，kg/(m·s)。

对于上游段的推移质输沙率，采用修正后的 Meyer-Peter 和 Müller 推移质输沙公式（Wong and Parker, 2006）：

$$\frac{g_m}{\sqrt{(\rho_s / \rho - 1)\rho g d_{50}{}^3}} = 6(\theta_m - 0.047)^{5/3} \tag{6.5}$$

式中，ρ_s 为沙的密度，取 2650kg/m³；ρ 为水的密度，取 1000kg/m³；d_{50} 为推移质中值粒径，m；θ_m 为上游段水流的无量纲边界切应力（Shields number）。

$$\theta_m = \frac{H \cdot S}{(\rho_s / \rho - 1)d_{50}} \tag{6.6}$$

式中，H 为水深；S 为上游段水力比降。

在 $t = t_0$ 的时段内：

$$\theta_{1,0} = \frac{H_{1,0} \cdot S_1}{(\rho_s / \rho - 1)d_{50}} \tag{6.7}$$

式中，$\theta_{1,0}$ 为 t_0 时段原河道水流的无量纲水流切应力，第 1 个下标 1 代表原河道，第 2 个下标 0 代表时段；$H_{1,0}$ 为 t_0 时段的原河道的水深，m。

此时可给出 $t = t_0$ 时段内，原河道单宽输沙率 $g_{1,0}$：

$$\frac{g_{1,0}}{\sqrt{(\rho_s / \rho - 1)\rho g d_{50}^3}} = 6(\theta_{1,0} - 0.047)^{5/3} \tag{6.8}$$

同时，计算 $t = t_0$ 的时段内输沙量 $Q_{s1,0}$：

$$Q_{s1,0} = B_1 \cdot g_{1,0} \tag{6.9}$$

在裁弯处的分汊口部分，原河道和新河道底部存在高差，所以在开始时推移质不能进入新河道，只能从原河道向下游段输移。但是由于水流向新河道分流，原河道水深下降，原河道单宽输沙率比上游段小，因此过多的推移质无法输送到下游段，只能在此进口段淤积，抬高局部河床，于是牛轭湖进口段便开始淤积。以下简要描述进口段淤积过程的两个阶段。

1. 第 1 阶段：新河道底部淤积填平

新河道冲刷后逐渐稳定，短期内不再展宽与冲深，这是为了定性分析牛轭湖进口淤积情况而假设的前提。当新河道已经贯通上下游河道，水流在分流之后使原河道水深下降，单宽输沙率也下降，上游段来的推移质无法再全部通过原河道输送到下游段，而新河道由于底部与上游段存在高差，推移质也无法越过，因此才会在原河道进口段开始自然淤积过程。淤积过程类比于有限差分法，将整个过程按时间分割，计算每一个微小时间段内的淤积情况，再进行线性叠加，以此来模拟整个连续的淤积过程。

上游段输移的推移质在新河道与原河道交汇处开始淤积，一部分推移质留在新河道入口远离原河道的一侧，另一部分则随水流进入原河道，并同时在弯道环流的影响下被水流推送至远离新河道入口的原河道内。此时，无推移质从新河道输送到下游，而原河道的进口段淤积速率为

$$q_{s1,0} = Q_s - Q_{s1,0} \tag{6.10}$$

式中，$q_{s1,0}$ 为原河道淤积速率。

进口段淤积初始淤积形状，可近似为矩形断面：

$$q_{s1,0} \cdot t_0 = \rho_s \cdot (1-\varepsilon) \cdot B_1 \cdot d_{1,0} \cdot L_u \tag{6.11}$$

式中，$d_{1,0}$ 为原河道初始淤积高度，m；L_u 为进口段沙栓长度；ε 为淤积泥沙的水下空隙度，取 0.42；t_0 为第 0 时段。

在非常短的时间内，由式(6.11)得到 $d_{1,0}$ 之后，可计算得到原河道水位下降的高度，而水位下降意味着原河道流量减小，这一部分流量进入新河道。这里可近似认为原河道水位的减少等于淤积厚度：

$$H_{1,1} = H_{1,0} - d_{1,0} \tag{6.12}$$

式中，$H_{1,1}$ 为 t_1 时段内原河道水位，m。

根据式(6.4)～式(6.6)，可得到 t_1 时段的进口段淤积速率。根据水流连续性方程和曼宁公式，由式(6.6)可反算得到新河道水深 $H_{2,1}$。

$$Q = Q_1 + Q_2 = \frac{1}{n} H_{1,1}^{\frac{5}{3}} \cdot S_1^{\frac{1}{2}} \cdot B_1 + \frac{1}{n} H_{2,1}^{\frac{5}{3}} \cdot S_2^{\frac{1}{2}} \cdot B_2 \tag{6.13}$$

式中，n 为曼宁糙率系数，取 0.035。

在得到 $H_{1,1}$、$H_{2,1}$ 之后，便开始重复上述步骤。

式(6.4)～式(6.12)，只有在求 d_1 时公式改为

$$\sum_{i=0}^{k} q_{s1,i} \cdot t_i = \rho_s \cdot (1-\varepsilon) \cdot B_1 \cdot d_{1,i} \cdot L_u \tag{6.14}$$

考虑裁弯后新河道与原河道存在夹角 α，新河道上游推移质进入新河道和原河道的比例受此夹角影响，故在某个 k 时刻，满足式(6.15)时，原河道来沙量将发生改变：

$$d_{1,k} = h_d \sin \alpha \tag{6.15}$$

式中，h_d 为新河道与原河道的初始河床高差(图 6.13)；α 为新河道与原河道的夹角(图 6.14)，当 $\alpha=90°$ 时，全部推移质沿原河道输移；当 $\alpha<90°$ 时，部分推移质便从原河道转向流进新河道，则原河道的来沙量为

$$q_{s1,k+1} = Q_s \frac{\sin \alpha \cdot h_d}{d_{1,k}} - Q_{s1,k} \tag{6.16}$$

第 1 阶段结束时，由式(6.17)确定：

$$d_{1,l} = h_d \tag{6.17}$$

即在某个 l 时段后，淤积高度与新原河道底部高差相等，第 1 阶段淤积结束

（图 6.13）。在这个阶段之后，一部分泥沙将进入新河道，从新河道进入下游段，原河道来沙量将减少，淤积过程发生了变化，同时也将开始第 2 阶段的淤积过程。

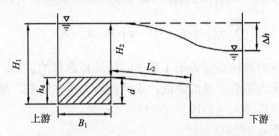

图 6.13　阶段 1 结束时，$d_{1,l} = h_d$（M-M 断面）

2. 第 2 阶段：河道底部齐平，原河道沙栓开始形成

在新河道口已经有一部分的推移质可通过新河道河床输移，进入新河道并被输送到下游，从而进入原河道的推移质进一步减少。

在第 1 阶段的最后可获得 $H_{1,l+1}$ 与 $H_{2,l+1}$。通过 $H_{1,l+1}$ 得到 $Q_{s1,l+1}$。由于新河道与原河道存在夹角，故向新河道分沙与分流角有关，原河道的来沙量主要受来流量与分流角决定（分流角 α 越大，推移质惯性越大，原河道进沙越多，$0° < \alpha < 90°$），可近似表达为

$$q_{s1,l+1} = Q_s \cdot \frac{Q_{1,l+1}}{Q} \cdot \eta \cdot \sin \alpha - Q_{s1,l} \tag{6.18}$$

式中，α 为新河道与原河道的水流方向夹角；$\eta = Q/Q_{1,l}$，为第 2 阶段开始时的初始流量比，以第 1 阶段末的原河道流量与总流量之比来计算，其比值在第 2 阶段中假设为定值，不随水深改变。

沙栓第 2 阶段淤积形式如图 6.14 所示。在第 1 阶段矩形淤积物的上方，从河道口开始将会形成一段坡度先缓升、后急降的楔形沙栓，随推移质持续淤积，最终可近似淤积成梯形横截面的沙栓。此时将前后两段的楔形部分叠加后，第 2 阶段淤积过程沙栓高度的增加为

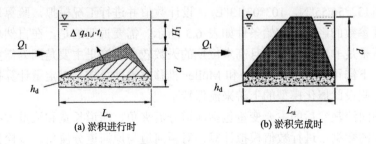

(a) 淤积进行时　　　　　　　　　(b) 淤积完成时

图 6.14　原河道中牛轭湖进口段（N-N 断面）

$$q_{s1,l+1} \cdot t_{l+1} = \rho_s \cdot (1-\varepsilon) \cdot B_1 \cdot d_{1,l+1} \cdot L_u / 2 \tag{6.19}$$

在得到了 $H_{1,k+2}$，$H_{2,k+2}$ 之后便开始重复上述步骤，只有在求 d_1 时公式改为

$$\sum_{i=l}^{m} q_{s1,i} \cdot t_i = \rho_s \cdot (1-\varepsilon) \cdot B_1 \cdot d_{1,i} \cdot L_u / 2 \tag{6.20}$$

整个淤积过程的沙栓高度为第 1 和 2 阶段沙栓高度的总和。原河道的淤积并不会完全堵塞，因为随着水深的降低，水流挟沙力也在降低，最后的水流切应力将无法再携带推移质进入进口段。

因此在某一个 m 时刻结束时

$$\theta_{1,m} = \frac{H_{1,m}S_1}{(\rho_s / \rho - 1)d_{50}} \leqslant 0.047 \tag{6.21}$$

式中，$\theta_{1,m}$ 为 t_m 时段原河道水流切应力；$H_{1,m}$ 为 t_m 时段的原河道水深，m。

原河道淤积的推移质总量为

$$Q_{s,max} = \sum_{i=0}^{l} q_{s1,i} \cdot t_i + \sum_{i=l}^{m} q_{s1,i} \cdot t_i \tag{6.22}$$

式中，$Q_{s,max}$ 为整个过程推移质淤积量，kg。

在当原河道水深小于临界切应力所需要的水深时，认为牛轭湖进口段的推移质淤积基本结束。整个过程历时为

$$T = \sum_{i=0}^{l} t_i + \sum_{i=l}^{m} t_i \tag{6.23}$$

式中，T 为整个淤积过程所需要的时间，s；l 为第一阶段淤积所需要的时间，s；m 为第 2 阶段淤积所需要的时间，s。

整个模型计算过程中所选择的上游的流量假定为平滩流量。

6.2.2 主要参数分析

根据黄河源区若尔盖黑河上流麦曲的 Google Earth 遥感影像与 2014～2017 年麦曲某一牛轭湖（以下简称牛轭湖 A，该牛轭湖 2010 年并未发生裁弯）发育过程的实测资料（32°56′55″N，103°03′13″E），设计数值并进行工况模拟，验算以上概化模型主要参数的影响，初始条件如表 6.3 所示。需要说明的是，在自然环境下，上游来流量是非恒定的，而且高水位期的天数较少，这里主要是因为需要采用恒定流条件下修正的 Meyer-Peter 和 Müller 推移质输沙公式，以定量计算推移质输沙率，才假设此概化模型的上游来流保持不变。

弯曲河流裁弯后的主要变量包括河道分流夹角、河道长宽和流量大小。基于表 6.3 中的数据，进行数值模拟计算，对新河道与原河道分流角、沙栓长度、上

游来沙量三个主要参数进行分析。

表 6.3　牛轭湖进口段基本参数

参数	数值	参数	数值
H_1/m	1	d_{50}/m	0.002
H_2/m	0.6	ε	0.4
B_1/m	8	h_d/m	0.4
B_2/m	5	S_1	0.0036
L_1/m	70	α/(°)	60
L_2/m	10	Δt/s	86400
L_u/m	7	n	0.035

1. 新河道与原河道分流角

弯曲河流的新河道与原河道之间的分流角，随着弯道形态变化和水位波动而变化，但是其锐角范围为 0°～90°。因此，为了分析夹角的影响，模型主要计算了 3 种分流角所产生的变化，分别是 45°、60° 和 90°。图 6.15 为进口段 3 个角度的变化，原河道的水深会随沙栓高度的增加而逐渐下降，多余水量进入新河道，使新河道水深逐渐增加。通过理论分析可知，若上游来沙量不变，原河道泥沙在河床底部高差齐平之前，单位时间内淤积的泥沙会逐渐变多，因此变化速率增大。

当河床底部高差齐平之后，水流将以新河道为主要通道，因此进入原河道的泥沙减少，使原河道水深与沙栓厚度变化速率下降。但是分流角越大，推移质被水流推着过弯之后存在的惯性也会越大，在河道口泥沙分流之后，进入新河道的沙量少，进入原河道的沙量多。所以，分流角越大，牛轭湖进口段淤积完成所需时间越短。

2. 沙栓长度

沙栓指在牛轭湖淤积过程中，进口段或者出口段泥沙淤积形成的堵塞段。沙栓长度的确定仅从推移质输移的角度考虑是不够的，影响沙栓长度的因素有很多，如进口段宽度、来沙量及粒径、植被作用、截流后的水量下渗与蒸发等。目前，主要的手段还是通过统计某一确定区域内的大量牛轭湖，分析沙栓长度的统计分布，以此确定沙栓长度的大致范围。

本节的沙栓长度 L_u 通过 Google 卫星对黄河源的 111 个牛轭湖进行测量统计得到（表 6.4）。统计表明 $L_1/L_u \approx 12$，因此，在理论分析时简化取 $L_u = L_1/12$。为了增加沙栓长度的代表性，除了 $L_u = L_1 / 12$，模拟工况还增加了 $L_u = L_1 / 10$。

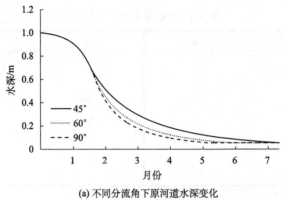

(a) 不同分流角下原河道水深变化

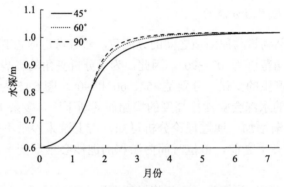

(b) 不同分流角下新河道水深变化

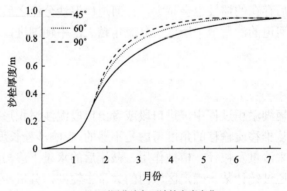

(c) 不同分流角下沙栓高度变化

图 6.15 不同分流角的影响

表 6.4　黄河源牛轭湖原河道长度与进口段沙栓比值的统计

L_1 / L_u	个数	L_1 / L_u	个数	L_1 / L_u	个数
8	3	11	17	14	13
9	3	12	36	15	8
10	9	13	20	16	2

图 6.16 表明,当沙栓从 $L_u / L_1 =1∶10$ 的长度减小至 $L_u / L_1 = 1∶14$ 的长度时,原河道水深下降速度加快,新河道水深上升速度加快,沙栓厚度增加的速率也加快。沙栓变短使得淤积所需的总沙量下降,在其他条件保持不变的情况下,到达平衡所需的时间更少。

3. 上游来沙量

上游来沙量是影响牛轭湖进口段淤积的主要参数之一,上游来沙量的变化可显著影响牛轭湖进口段淤积完成所需时间。工况模拟选择了 0.40kg/s、0.42kg/s和 0.44kg/s 三种输沙率,在设计时还考虑了上游来沙不能超过水流最大挟沙能力。

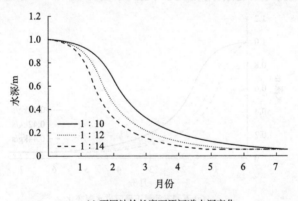

(a) 不同沙栓长度下原河道水深变化

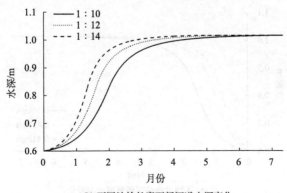

(b) 不同沙栓长度下新河道水深变化

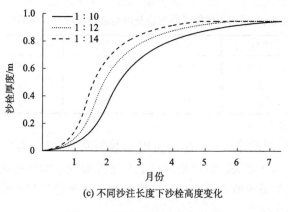

(c) 不同沙注长度下沙栓高度变化

图 6.16　不同沙栓长度的影响

图 6.17 表明，当上游来沙量逐渐变大后，原河道的水深平衡所需时间从 6 个月减少至 4 个月，新河道与沙栓厚度也如此。如果只采用一种输沙率，原河道水深、新河道水深、沙栓厚度的变化率都是在河床底部高程齐平前逐渐增大，而在河床底部高程齐平后就开始逐渐下降，直到达到平衡。

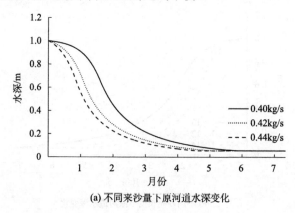

(a) 不同来沙量下原河道水深变化

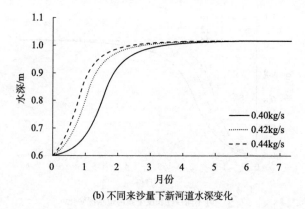

(b) 不同来沙量下新河道水深变化

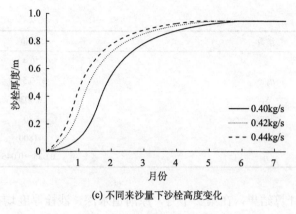

(c) 不同来沙量下沙栓高度变化

图 6.17　不同来沙量的影响

6.2.3　理论模型验证

2013 年 7 月，作者在若尔盖黑河支流麦曲上游，在一个弯道处的曲流颈口开挖了一个河槽，尺寸为长 5.9m、宽 0.4m、深 0.5m。当时所测原河道的平均水深是 0.9m，新河道人工开挖后水深是 0.4m。在人工加速裁弯之后，原河道开始淤积。2014 年 7 月和 2016 年 7 月开展连续河道地形和水流观测。

本书研究野外测量的基本边界条件如表 6.5 所示，根据 2017 年同一河道断面布设 3 个推移质输沙采集槽(长 0.3m、宽 0.2m、深 0.1m)的测量结果，断面平均输沙率约为 0.27kg/s，即每年 6～8 月的输沙率。计算时默认流量变幅不大，这是因为每年洪水期，水流挟沙力较大，若流量变幅较大，冲刷与淤积的行为将会难以辨别，而且会导致冲刷作用过于明显。在所选择的若尔盖地区，黑河流量变化较平缓。新河道展宽的幅度以原河道宽度代替，将以上数据代入模型计算，可得新老河道水深以及相关的结果。

表 6.5　2014 年若尔盖人工裁弯后牛轭湖进口段基本参数

参数	数值
H_1/m	0.9
H_2/m	0.4
B_1/m	4.3
B_2/m	4.3
L_1/m	140
L_2/m	6
L_u/m	9
d_{50}/m	0.002

参数	数值
ε	0.4
h_d/m	0.5
S_1	0.0036
$\alpha/(°)$	80
$\Delta t/s$	1800
n	0.035~0.045

图 6.18 为计算结果,在第 2 个月,原河道水深、沙栓厚度均在急速变化,新河道水深变化并不大(0.40m 增至 0.65m)。第 2 个月之后,三者的速率都开始下降,并且逐渐开始趋于平衡。

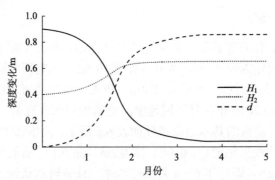

图 6.18　基于实测数据进口段淤积的数值模拟

2016 年 7 月,第 3 次来到若尔盖黑河的支流麦曲上游的裁弯点观测,原河道已淤积封口,这表明 3 年时间中牛轭湖进口段的推移质淤积一次比一次高。在雨季过后,整条河流水位下降,原河道露出推移质淤积形成的沙栓,原河道有近 5m 宽,进口段的泥沙粒径中值约 2mm,新河道达到 5.9m,接近平衡状况。牛轭湖进口的淤积以推移质为主、悬移质为辅,整个沙栓中推移质的淤积厚度约 1m。野外观测数据如表 6.6 所示。由于是实地测量,不同位置的测量精度会有所差别,

表 6.6　数值模拟结果与实测值的比较

变量	计算值/m	实测值/m	误差/m	误差/%
H_1	0.13	0.12	0.01	7.7
H_2	0.65	0.70	−0.05	7.7
B_2	4.30	4.60	−0.30	7.0
d_1	0.88	1.00	−0.12	13.6
L_u	9.00	7.20	1.80	20.0

而计算值 0.88m 是淤积至第 5 个月的计算结果，其他参数计算值见表 6.6。尽管本概化模型的计算结果与实测值存在误差（平均误差达 11%），但考虑到自然演变的过程十分复杂，涉及影响因素众多，这个误差是可接受的。

6.3　牛轭湖出口段淤积过程与数值模拟

6.3.1　出口段淤积过程简述

牛轭湖的选取必须保证具有足够的样本，最理想的情况是这些牛轭湖正在发生自然裁弯或裁弯之后依然清晰可辨。基于 Google Earth 对黄河源区 36 条弯曲河流沿程牛轭湖的遥感影像分析，在牛轭湖的形成过程中，出口段的淤积比进口段具有明显的滞后性。出口段的淤积按照形成过程可分为两个阶段，即进口漫水阶段与回流淤积阶段（图 6.19）。

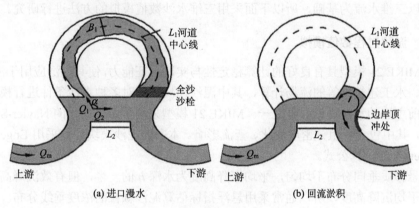

图 6.19　牛轭湖出口段发育示意图

图 6.19（a）中，进口段淤积已经完成，从进口段漫进的水流已无法输运推移质，但是水体本身仍携带悬移质。由水流连续性可知，Q_1 不变的情况下，原河道的水深 H_1 与河宽 B_1 沿程增宽，流速 v_1 将沿程下降，而流速又是泥沙悬浮的重要物理条件，结合张瑞瑾水流挟沙力公式，$S^* = K\left(\dfrac{v_1^3}{gR_1\omega}\right)^m$，$S^*$ 为原河道挟沙力，kg/m³；K 为包含量纲的系数，kg/m³；ω 为床沙平均沉速，m/s；m 为指数。由上式可知，水流挟沙力与流速 v_1 的 3 次方成正比，流速下降会使水流挟沙力快速下降，因此在牛轭湖进口漫水阶段，Q_1 中所含沙自进口段进来之后便沿程开始淤积。这一过程中原河道会整体开始淤积抬高，可近似看作均匀淤积，淤积高度为

$h_1 = \dfrac{S_{in} - S_{out}}{\varepsilon B_1 L_1 \rho_s}$，$h_1$ 为原河道整体淤积高度，m；ε 为泥沙孔隙率；S_{in} 为原河道进口

初始泥沙含量，kg；S_{out} 为原河道出口泥沙含量，kg；ρ_s 为泥沙密度。

Q_1 与 Q_2 出口段汇合时，Q_1 对 Q_2 在出口段的横向环流有抑制作用，Q_1 会阻止 Q_2 从出口段进入原河道，Q_2 中携带的泥沙只能在出口段的最外部形成沙栓。Q_1 由于流速极低无法对沙栓进行冲刷，沙栓会缓慢向牛轭湖内部发展，此时的淤积为全沙淤积。进口漫水阶段的持续时间由流量过程决定，当流量减少使得进口段不再有水流进入，出口段便开始进入回流淤积阶段。

回流淤积阶段时，水流从新河道流过来会在边岸顶冲处分离，一部分继续向下游流去，另一部分则会在牛轭湖出口段形成平面顺时针环流[图 6.19(b)]。环流淤积阶段是出口段主要的淤积阶段，泥沙先被环流带入牛轭湖出口段，随水流速度下降，泥沙开始垂向沉积。边岸顶冲处受到的冲刷严重，冲落的泥沙一部分被带向下游，另一部分组成出口段沙栓。推移质一般不会在出口段淤积，主要是向下游河道运动，故出口段的沙栓以悬移质为主。由于出口段环流淤积阶段的流场必须以三维水流为基础，所以下面采用三维水沙数值模拟的方法进行研究。

6.3.2 淤积过程数值模拟

MIKE 21 模型具有良好的计算稳定性与实况验证能力，使其广泛应用于海岸、河道、水工建筑物等的流场计算，其中泥沙模块可针对多种水沙条件进行模拟，是目前主流的水沙模拟软件之一。MIKE 21 模型采用雷诺平均化的 Navier-Stokes 方程，其中包含各组分密度变化、紊流影响。本书的泥沙模块计算采用 Engelund-Hansen 全沙计算公式。

悬移质垂向分布不均匀，平均沉降高度为水深 h 的一半，但有效沉降高度不等于平均沉降高度，所以通常采用悬浮指标估算泥沙颗粒的浓度垂线分布。结合以形心高度计算的沉降时间，获取模型计算时的泥沙有效沉降高度。在 2016 年野外考察点（32°56′55″N，103°03′13″E），获得了一个刚好处于进口漫水阶段且即将进入回流淤积阶段的牛轭湖（2010 年的遥感影像显示尚未裁弯）数据。测量的主要数据包括地形、平均流速、断面水深、河床和河岸泥沙组成。野外用仪器包括差分 GPS、全站仪、直流式流速仪（Global Water，精度为 0.1m/s）。

2016 年 7 月 5 日首次测量该牛轭湖，出口段因新河道的分流导致水面下降，左岸已出露滩地，只有右岸还有水流与牛轭湖内部连通[图 6.20(a)]，属于典型的进口漫水阶段。2017 年 4 月 28 日第 2 次到达该牛轭湖，详细测量了该牛轭湖的地形数据与水流数据。2017 年 7 月 15 日第 3 次对该牛轭湖进行实地测量，该牛轭湖已严重淤积，出口处沙栓已完全露出，这表明出口处已淤积堵塞，只剩牛轭湖中心处还有少量积水[图 6.20(b)]。

(a) 2016年7月　　　　　　　　　　　　(b) 2017年7月

图 6.20　黑河上游某个牛轭湖的实地测量

　　出口处流场产生了明显的环流。出口段沙栓表层的泥沙粒径极细（1mm 以下），以粉砂为主。进行深挖采样，在沙栓表面 20cm 以下的部分开始出现细小的卵砾石，泥沙粒径开始变大（2～3mm），40cm 以下则已经与河床类似，所以沙栓纵向上的泥沙分布应为表层的悬移质逐渐过渡到底层的推移质。

　　数值模拟依赖网格质量，网格质量对数值模拟是否收敛具有重要的影响。本次计算网格为三角形非结构网格，边长为 2m，最小角度为 15°。采用离散方程求解模型时，边界只能给水位或者是流速。每个单元根据水深需要分成 3 类：干单元、部分干单元和湿单元，部分干单元面可确定水流边界，预设值是干水深 0.005m，淹没水深 0.05m，湿水深 0.1m，湿深度需要大于干湿度和淹没水深。

　　此牛轭湖河宽 4.5～5.5m，曲率半径为 4.8m，水面比降小于 0.002。该模型采用 2017 年 4 月 28 日的水沙数据，模型包含水动力模块与非黏性输沙模块，时间步长为 3600s，共 1464 步，分 10 层。模型最大模拟时间为 30s，最小模拟时间为 0.01s，干湿水深采用预设值，涡旋黏滞系数为 0.28，河床糙率采用曼宁系数 0.025～0.030，初始水深约 0.4m。边界条件上游为恒定流量 $0.6\text{m}^3/\text{s}$，下游为恒定水深 0.7m，平衡输沙；边界不透水，河岸崩塌角度为 30°。研究牛轭湖出口淤积速率基本特性时，暂不考虑风、浪、潮汐、温度、盐度等因素的影响。图 6.21 (a) 中对 Up、New、PS1、PS2 和 PS3 五个断面采取顺水流方向观察，图 6.21 (b)、(c) 为水动力模块验证（左岸-右岸），图 6.22 中 PS1、PS2 断面的左岸和右岸分别对应河道和牛轭湖。

　　两个断面的计算水位与实测水位差值均在 5cm 以内[图 6.22 (b)、(c)]，主要断面的流速误差在 0.05m/s 以内，整体验证结果良好，河道过流能力与河道实际情况基本相符。牛轭湖出口段平面流场内存在一个顺时针环流[图 6.22 (c)]，水流在靠近下游段处流入牛轭湖，经过一段回旋，再从靠近上游段处回到河道中，与实地观察结果一致[图 6.22 (b)]。结合 PS1 纵断面分析[图 6.22 (a)]，上游段处水流

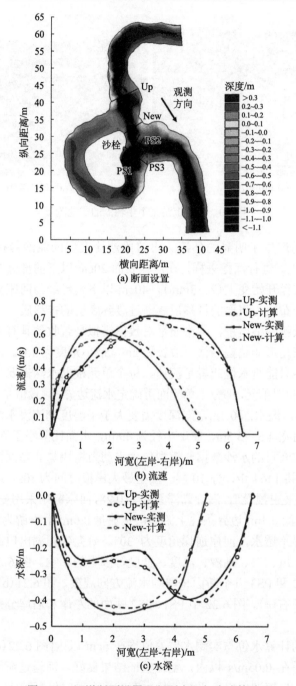

图 6.21 河道断面设置及断面水深与流速的验证

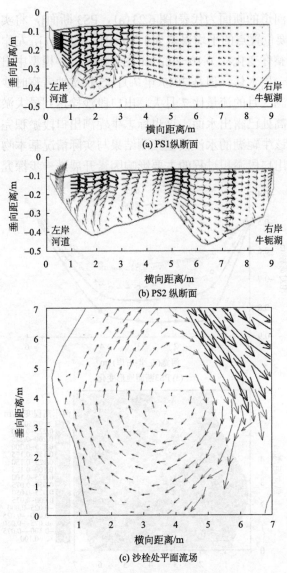

(a) PS1 纵断面

(b) PS2 纵断面

(c) 沙栓处平面流场

图 6.22　出口段的三维流场结构

只有小部分接近河床底部重新汇入河道，其余都受到河道水流的顶冲，并未进入河道。从 PS2 纵断面看[图 6.22 (b)]，弯道螺旋流效应使得靠近凸岸的水流因惯性而往牛轭湖方向流动，下游处河岸边岸顶冲处也对水流存在分流效果，促使更多水流进入牛轭湖。水动力模块验证后加入非黏性输沙模块，模拟牛轭湖出口段淤积过程。模型中含沙浓度采用 0.27kg/m^3，中值粒径为 2mm，地形随泥沙淤积发生变化。

以最靠近新河道的断面为代表[图 6.23 (a)，PS3 断面]，将实测地形断面与计算结果对比，主要位置点的平均误差为 1.74cm[图 6.23 (a)]，左岸淤积速度比右岸快，出口段地形整体变化在 0.10～0.25m[图 6.23 (b)]。模型中出口段沙栓达到平衡时上面仍然有一层水体，但是 2017 年 7 月 15 日实地考察时沙栓已全部露出，这是因为该牛轭湖 5 月的流量比 7 月大，出口段沙栓达到最大淤积状态后，流量降低后，沙栓最高处已露出水面，这也标志牛轭湖出口段淤积完成，牛轭湖与新河道完全隔离。该牛轭湖的水沙模型预测结果与实际情况基本吻合，说明该模型有能力对牛轭湖出口段淤积过程的主要影响因素开展进一步探究。

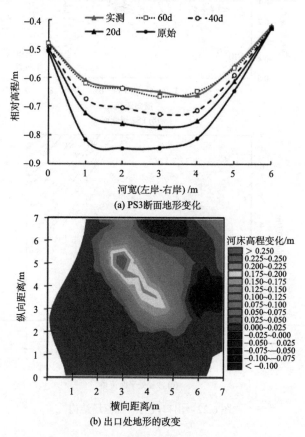

(a) PS3断面地形变化

(b) 出口处地形的改变

图 6.23　数值模拟的泥沙模块验证

6.3.3　主要影响因素分析

1. 不同中值粒径的影响

每个工况达到淤积平衡的时间不同，拟采用 40d 的地形变化估算平均淤积速率：

$$V = \frac{1}{n}\sum_{i=1}^{n}\frac{S_i - S}{T} \qquad (6.24)$$

式中，V 为平均淤积速率，m/d；n 为除去两岸端点的端点数；S_i 为第 i 点的淤积高度，m；S 为原始地形高度，m；T 为淤积所花时间，d。本次模拟中 $n=5$，$T=40$d。

中值粒径有 3 个工况，分别为 2mm、1.5mm 和 1mm，其他参数未改变。所选择的 PS3 断面在 60d 内小幅波动，但都在±1cm 以内，可视为淤积情况已基本达到平衡（图 6.24）。在 20d、40d、60d 中，中值粒径 1mm 的工况淤积速度最快，中值粒径 2mm 淤积速度最慢。1mm 工况在 20d 的时候，河道中间的主要位置已达到 5cm 的变化，比 2mm 工况多淤积 2cm。在 40d 时，1mm 工况与 2mm 工况之间的差距已达到 4cm 以上。在 60d 时，3 种工况都达到平衡状态，但是仍有差距，1mm 工况的中间 5 个点位置，淤积高度平均比 2mm 工况高 1cm。中值粒径 2mm 的 40d 平均预计速率是 0.0027m/d，1.5mm 是 0.0031m/d，1mm 是 0.0036m/d，所以中值粒径越小，淤积速率越快。

结合图 6.24(a)、(b)可知，表层偏向牛轭湖方向的水流对底层的粗颗粒泥沙影响较小，粗颗粒泥沙更多被河道中水流带向下游。当水流从河道携带泥沙进入牛轭湖后，流速下降时，细颗粒泥沙的垂向沉积增强，出口段开始发生淤积。泥沙颗粒越细，落淤距离越长。

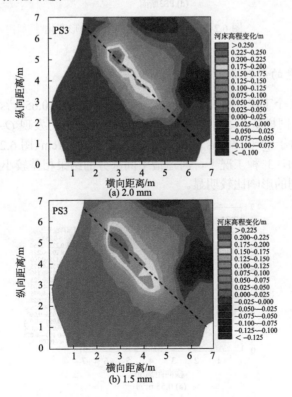

(a) 2.0 mm

(b) 1.5 mm

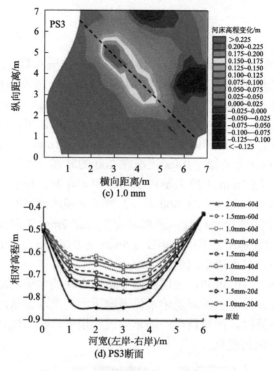

(c) 1.0 mm

(d) PS3断面

图6.24 不同中值粒径的河道地形变化

2. 不同流量的影响

流量选取 3 个工况,分别是 $Q=0.55\text{m}^3/\text{s}$、$0.60\text{m}^3/\text{s}$、$0.65\text{m}^3/\text{s}$,其他条件保持不变。3 种工况同样是在 60d 的时候达到了淤积平衡,可发现 $Q=0.65\text{m}^3/\text{s}$ 时淤积速度最快,相对于 $Q=0.55\text{m}^3/\text{s}$ 工况,每 20d 可多淤积 1cm(图6.25)。从中间 5 个观测点位置可知,3 种工况下,河道最中间部分的结果相差较小,但是对于河道两岸,流量不同的影响比较明显。

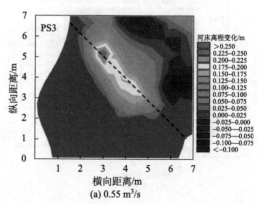

(a) 0.55 m³/s

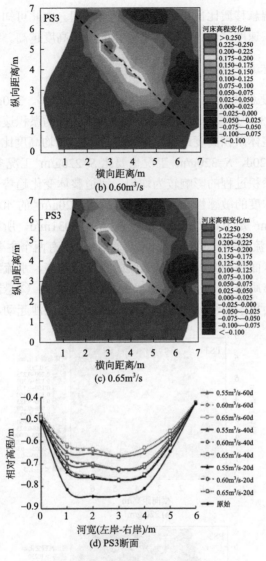

图 6.25　不同流量的河道地形变化

Q=0.55m³/s，在河道中间 4 个观测点(除去河道正中间 1 个观测点)，其整体的平均淤积高度比 Q=0.65m³/s 低 1.9cm。Q=0.55m³/s 的 40d 平均淤积速率是 0.0026m/d，Q=0.60m³/s 是 0.0027m/d，Q=0.65m³/s 是 0.0029m/d，即流量越大，淤积速率越快。两侧淤积速率高于环流中心淤积速率[图 6.25(c)]，环流中心的水体与周围水流方向相反，水体紊动强烈，水体交换剧烈，悬移质可一直保持悬浮状态，所以难以淤积。环流进入端[图 6.25(d)右岸]又比环流出口端[图 6.25(d)左岸]淤积慢，这是由于水流在刚进入牛轭湖出口段形成环流时，进入端流速比出口端流速大，进入端悬移质比出口端悬移质更难淤积。由此可知，流量越大，出口段河道两侧的淤积速度越快，同时河道整体的淤积高度越高。

3. 不同悬沙浓度的影响

水流悬沙浓度总共有 3 个工况，$220g/m^3$、$270g/m^3$、$320g/m^3$，计算结果如图 6.26 所示。由 3 种悬沙浓度可知，$S=320g/m^3$ 工况的淤积速度是最快的，且达到平衡状态时其整体淤积高度最高，中间 5 个点的平均高度比 $S=220g/m^3$ 工况要高出 4.43cm。每 20d，$S=320g/m^3$ 工况也要比 $S=220g/m^3$ 工况多淤积 1.41cm。悬沙浓度的改变对淤积过程的影响较为均匀，河道整体变化趋势一样，河道中心与河道两岸对悬沙浓度的敏感性相同。悬沙浓度 $S=220g/m^3$ 的 40d 平均淤积速率是 0.0024m/d，$270g/m^3$ 是 0.0027m/d，$320g/m^3$ 是 0.0031m/d，所以悬沙浓度越高，淤积速率越快。水流悬沙浓度对牛轭湖出口段的淤积有两个主要影响：①垂向上，含沙量从河床至水面逐渐减少，上游来流的含沙量越高，水流经横向环流带入牛轭湖出口段的悬移质越多，经流速衰减后泥沙淤积越多；②悬沙浓度增加后相当大一部分的泥沙会集中在河床的底部运动，抑制底部泥沙起动，加速泥沙淤积。

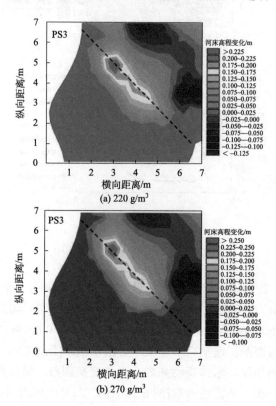

(a) 220 g/m³

(b) 270 g/m³

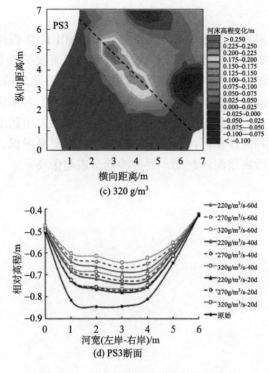

(c) 320 g/m³

(d) PS3断面

图 6.26　不同上游悬沙浓度的地形变化

6.4　本 章 小 结

本章对黑河干流及其上游 3 条支流(格曲、麦曲、哈曲)的 217 个典型牛轭湖以及所在河曲带进行了形态参数的定义与分析。河曲带宽度沿黑河往下游方向增加,增长率的变化趋势为急-缓-急,中游牛轭湖数量最多。黑河下游的牛轭湖因受到泥沙淤积的影响更大,从 Ω 形牛轭湖发展成 U 形和 C 形所需时间远小于上中游的牛轭湖。黑河在 1990~2013 年仅发生两次颈口裁弯,已分别形成 U 形和 Ω 形牛轭湖,说明黑河的牛轭湖发育速率较慢。

基于 2011~2017 年黄河源区野外调查,通过分析裁弯后牛轭湖进口段的推移质淤积过程及其影响因素,构建相应的简化物理图形,建立其进口段推移质淤积过程的理论模型,并采用野外观测数据验证。进口段的淤积速率是上游来沙量、沙栓长度和原河道分流角的函数,即沙栓越短、上游来沙量越大、分流角越大,牛轭湖进口淤积完成所需时间越短。概化模型用于模拟黑河上游麦曲的某个牛轭湖进口段淤积过程,其计算值与实测值较符合,但也存在一定误差,主要因为该牛轭湖形成后经历了 2013~2016 年的洪水期,其来流量与输沙量并非恒定,且存在较大变幅。

结合黄河源区黑河支流麦曲的观测数据，采用 MIKE 21 模拟牛轭湖出口段沙栓的淤积过程。牛轭湖出口段淤积分为进口漫水与回流淤积两个阶段，前者仅在出口段的底部少量淤积，后者在横向环流作用下悬移质在出口段发生累积性淤积。牛轭湖出口段淤积的主要影响因素是悬移质中值粒径、上游来流量和悬沙浓度，如中值粒径减小 50%，淤积速率加快 33%。来流量越大，引起出口段横向环流中心的紊动强度增大和泥沙悬浮，导致出口段两岸边滩更易淤积。同时悬移质浓度的增加会抑制出口段底层泥沙起动，促进沙栓形成与淤高。

第7章 弯曲河流内有机碳输移规律

陆地经河流向海洋输送有机碳是单向、不可逆的。这一过程不仅影响陆地生态系统的营养状态,也调节区域乃至全球碳平衡,指示和影响气候变化。若尔盖盆地是世界上最大的高原泥炭地,其泥炭储量约占青藏高原的88%,因而区内有机碳动态对脆弱的高原生态非常重要。有机碳在河流中以水沙为载体迁移,水沙过程的变化直接影响河流中有机碳的输入、迁移、转化和输出。弯曲河流从凹岸侵蚀、凸岸沉积,到裁弯形成牛轭湖的过程,也是有机碳随水沙调整而变化的过程。因此,作者探讨了弯曲河流不同地貌单元对流域内有机碳迁移的影响。

7.1 弯曲河流内有机碳输送

7.1.1 白河干流有机碳浓度波动与组成

在2016年、2018年和2019年的生长季,沿白河干流采集水样。河水温度、pH和DO平均值在2016年(7月)分别为16.96℃、7.77和6.15mg/L,在2018年(5月)分别为9.54℃、7.11和7.65mg/L(图7.1)。水温的显著差异与监测月份有关。温度升高降低水体饱和DO水平,导致2018年显著较高。pH在两年间没有显著差异。浊度和电导率的均值在2016年分别为99.02NTU和128.70μS/cm,2018年分别为98.53NTU和103.88μS/cm。前者没有年际上的显著差异,后者2016年偏高。二者均表现出沿河道变化趋势,2016年近河口样点分别是近源头样点的2.87倍和1.14倍,2018年则分别是3.16倍和1.18倍,说明往下游,河水逐渐浑浊,悬浮物增多。

在3个研究年份里,河道内DOC(溶解有机碳,dissolved organic carbon)浓度波动范围依次为2.10~3.18mg/L、2.62~11.81mg/L和7.17~14.52mg/L,平均值依次为2.95mg/L、4.05mg/L和10.72mg/L(图7.2)。2016年和2018年的DOC浓度在均值上有显著差异,但这是2018年采样点16的异常高浓度(11.81mg/L)所致。2019年数据远高于前两个年份,以均值计算为2~5倍,反映了年际的波动。所有年份里自上游至下游DOC浓度没有显著不同,说明溶解态有机碳含量在流域尺度上稳定。

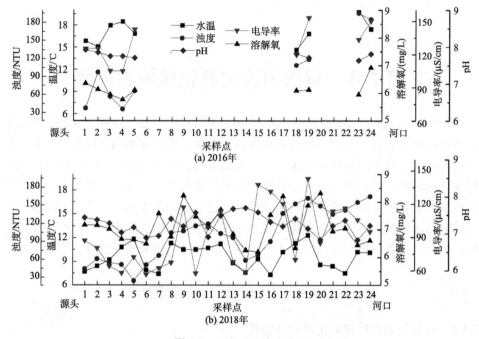

图 7.1 沿白河干流水化学

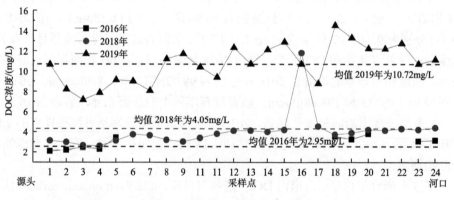

图 7.2 沿白河干流 DOC 浓度

河道内 POC（颗粒有机碳，particulate organic carbon）附着于悬移质。自上游至下游，TSS（悬浮的固体总量，total suspended solids）粒度有明显变化（图 7.3）。1～2mm 粒度在上游约占 1%，而到下游升高至约 20%；粒度 0.02～0.1mm 的悬移质，则由上游的 42% 下跌至下游的约 20%。其他 3 个粒度的悬移质所占比重没有明显变化。总体而言，河流悬移泥沙越往下游越粗质化。TSS 浓度沿河道变化，从上游的约 130mg/L 增加到下游的约 1300mg/L，增幅达 10 倍。这一趋势在所有研究年份里都显著，并可由图 7.1 中浊度和电导率往下游方向的增加趋势印证。

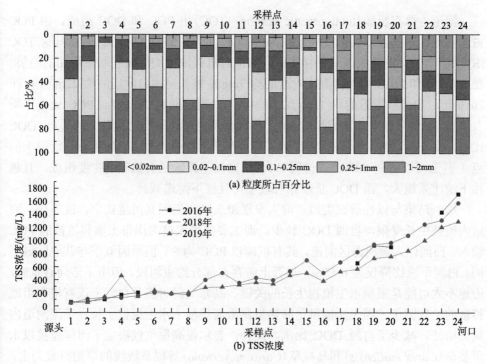

图 7.3　沿白河干流河流粒度所占百分比及 TSS 浓度

POC 浓度在 3 个研究年份的波动范围依次为 1.09%～7.27%、1.14%～6.08% 和 1.29%～5.85%，平均值依次为 4.15%、3.95% 和 3.74%（图 7.4），没有显著的年际变化趋势。在所有年份，POC 都呈现沿河道至下游浓度下降的趋势，大约从近源头的 6% 下降至近河口的 1.5%，与 TSS 的浓度变化趋势相反。

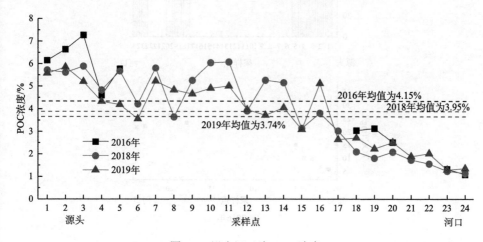

图 7.4　沿白河干流 POC 浓度

河道内总有机碳(total organic carbon，TOC)由 POC 和 DOC 组成，由 POC 占悬移质比重与悬移质浓度的乘积得到 POC 含量，进而与 DOC 求和得到 TOC 浓度(图 7.5)。发现在 3 个采样年份，河道有机碳浓度均有显著顺流增加的趋势。在 2016 年和 2018 年，由源头附近的约 7mg/L 增长至河口附近的约 22mg/L；在 2019 年，由源头附近的约 12mg/L 增加至河口附近的约 27mg/L。POC 比重在所有年份、所有采样点几乎都超过 60%，同时表现出越往下游比重越大的趋势；DOC 比重通常不到 50%，但在上游部分采样点是优势组分，如 2019 年最靠近源头的点 1 甚至可以达到 80%。这说明 POC 是白河干流输送有机碳的主要组成，且越往下游比重越大，而 DOC 贡献相对较小，且往下游递减。

这一结果与以往研究类似。前人发现源头区河流因其河道狭窄、流速快，河道内植被生长受限，自源 DOC 较少，而主要接受来自河岸带土壤和植被的 POC 输入。白河作为黄河源区河流，其有机碳以 POC 为主，但原因似乎与其他区域不同。白河干流比降仅为 0.55‰，尽管上游存在部分约束河段，但中下游河谷宽阔，流速不太可能是限制水生植物生长的关键。高寒气候可能是白河干流有机碳组成特征的控制因子。因无法提供足够热量供激流环境下水生植被生长，干流河道内缺乏植被，减少了自源 DOC 比重。此外，若尔盖高原气候决定了河岸覆盖以木里薹草(*Carex muliensis*)和乌拉草(*Carex meyeriana*)等根系较浅的草甸植被为主，因而根系分泌 DOC 有限，且深度可能不会到达平水期地下水补给河水的水流路

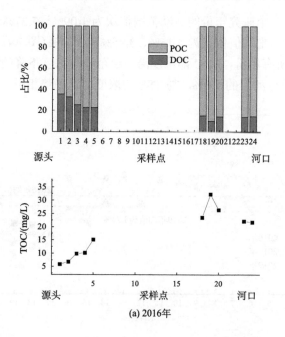

(a) 2016年

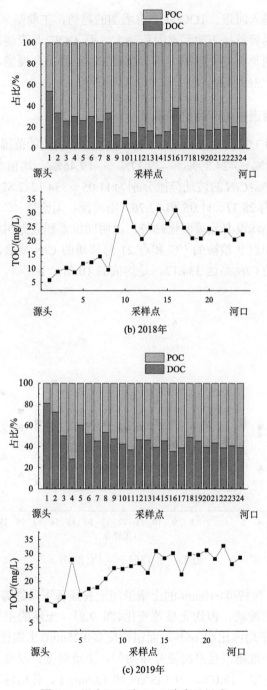

图 7.5 沿白河干流 TOC 浓度及组成

径，无法被携带进入河道。TOC 往下游增加的趋势，主要是来自 POC，而 DOC 保持稳定，说明尽管越往下游汇水面积越大，而 DOC 却表现出增长惰性。如果植被及根系分泌物是其重要来源，那么随河谷往下游方向展宽、河岸植被增加，输入河道的 DOC 也应增加。

7.1.2 白河干流河道颗粒态有机碳来源

如图 7.6 和图 7.7，河道悬移质、土壤和植被 ^{13}C 的波动范围分别为–26.98‰～–23.13‰、–28.14‰～–24.89‰和–29.37‰～–19.46‰，均值分别为–25.46‰、–26.40‰和–27.69‰；C/N 的波动范围分别为 11.05～334.12、7.82～13.88 和 10.71～44.41，均值分别为 28.37、11.05 和 27.76。沿河流，无论是 ^{13}C 还是 C/N，在悬移质、土壤和植被中均没有显著变化趋势，说明同位素和碳氮相对比例稳定。但有观测到异常值，如点 9 植被的 ^{13}C 和点 21 悬移质的 C/N 显著高于各自均值，尤其后者，TSS 中的 C/N 高达 334.12，是均值的 10 倍之多。

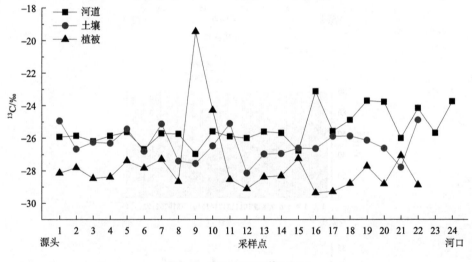

图 7.6　沿白河干流 ^{13}C 波动

在洪泛平原，仅粒度>10mm 的土壤沿河道有显著下降趋势，其余 4 个等级粒度的土壤比重虽有波动，但均无显著变化(图 7.8)，土壤的主要组成始终是粒度<0.25mm 部分，平均占比约 66%，而粗粒度(>0.25mm)土壤比重不足 1/3，说明洪泛平原土壤较为细质，且沿河流分布均匀。土壤温度、湿度、电导率和盐度的平均值分别为 11.6℃、18.0%、19.4μS/cm 和 10.6mg/L，各指标沿河流往下游均未表现显著变化趋势。湿度、电导率和盐度两两显著正相关，尤其后两者相关系数(R^2)超过 0.95，温度与湿度正相关，但与电导率和盐度不相关，这可能是因为湿度增加可防止热量散发，同时水分输入补充盐分，提高电导率。

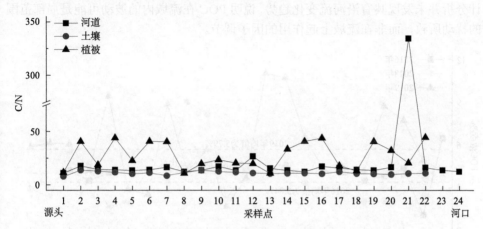

图 7.7　沿白河干流 C/N 波动

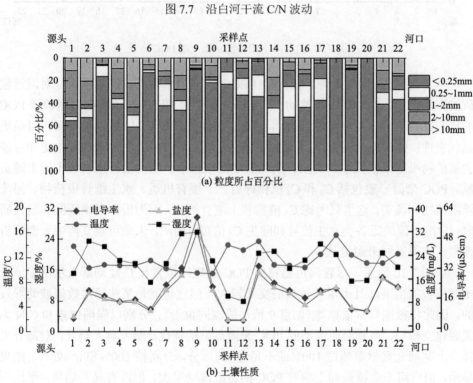

图 7.8　沿白河干流洪泛平原粒度所占百分比及土壤性质

洪泛平原上 POC 含量，在 2016 年、2018 年和 2019 年三次采样中的变化范围分别为 1.09%～6.48%、1.55%～9.55% 和 1.71%～11.01%（图 7.9），均值分别是 3.84%、4.03% 和 5.79%，方差分别是 1.9、3.5 和 6.6，说明洪泛平原土壤 POC 就

均值而言多年变化不大，但就波动幅度而言似有不断增大的趋势。尽管如此，统计分析并未发现其有沿河流变化趋势，说明 POC 在流域内的波动可能是局部范围的扰动所致，而非在流域上起作用的因子调节。

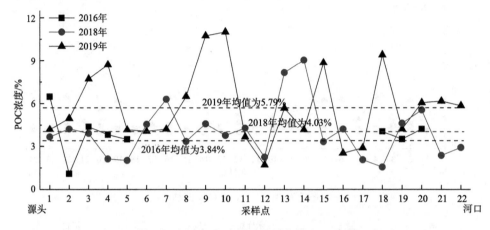

图 7.9　沿白河干流洪泛平原土壤 POC 含量

本书只分析 POC 来源，因为：①POC 占河道中有机碳比重更大，对河道输碳的影响更强；②POC 多年波动小于 DOC（图 7.2，图 7.4），说明向河道输送 POC 的机制比较稳定，因为只在 2018 年测定了碳同位素和 C/N，所以相对而言可能更具代表性；③POC 在输向河道过程中较为稳定，而 DOC 在输送过程中更加可能会被矿物吸附或被微生物利用，所以其示踪结果不一定能很好地对应不同来源贡献。POC 来源一般包括 C_3 和 C_4 植物碎屑、土壤有机质、水生维管束植物、河流浮游植物和藻类，这里只考虑 C_3 植物和土壤有机质，因为根据实地观测和前人研究，白河干流缺乏各类水生植被和陆生 C_4 植被。因此，未来可建立两端元源解析模型，求得不同来源贡献。

如图 7.10 所示，尽管河道悬移质 POC 的碳同位素和 C/N 均落入洪泛平原土壤和植被的范围，且土壤和植被的交叉较大，但这可能是某些异常数值波动导致的。因此将极端异常值剔除（如点 9 植被的碳同位素），分别以碳同位素和 C/N 为关联建立模型，得到沿河流不同 POC 来源贡献的变化。参考前人研究，对部分采样点上某端元贡献率超过 100% 或不足 0% 的部分，分别按 100% 和 0% 处理。结果显示，沿白河干流植被和土壤对 POC 的贡献波动很大，但没有显著趋势。平均而言，以 C/N 和同位素示踪，土壤对河道 POC 的贡献分别为 63% 和 88%，而植被的贡献分别为 37% 和 12%。示踪数据说明白河干流颗粒态有机碳主要来自土壤，且这一主导地位自源头至河口始终保持不变。

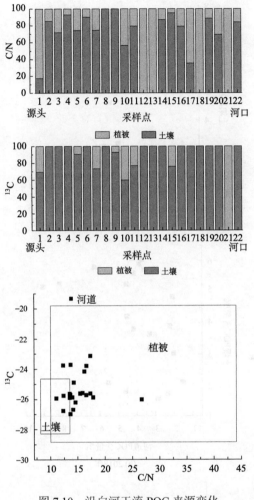

图 7.10　沿白河干流 POC 来源变化

　　两个原因可以解释这一特征：①寒冷湿润条件及排水不畅，导致洪泛平原微生物分解作用缓慢，有机质大量积累形成泥炭土，在降水时通过地表和地下径流进入河道，贡献 POC；②地带性高山草甸植被，地下根系和地上部分发育都不充分，尤其相对于温带和热带的落叶或常绿阔叶植被而言，缺乏枯枝落叶。因此，虽然往下游河谷展宽，河岸植被获得更大生长空间，同时洪泛平原与河道的横向连通加强，但这并未导致植被端元对 POC 贡献的显著增长。即使是在植被充分发育的生长季，仍然以土壤有机碳输出为主。

　　尽管模型计算结果显示土壤是河道有机碳的主要来源，但河道 POC 与邻近土壤 POC 的含量却并没有相关性，且土壤 POC 的波动更大（图 7.11）。这可能与河岸带土壤有机碳浓度的空间异质性有关。河流 POC 是土壤面源输送有机碳的综合

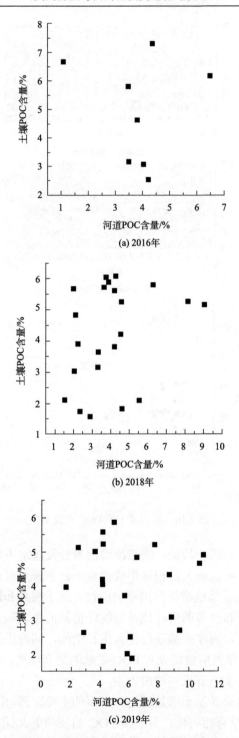

图 7.11 河道与土壤 POC 含量散点拟合

结果，如果河岸带土壤有机质分布不均，则某一点的浓度与河道中浓度相关性不大。河岸带土壤有机质分布可能受到微地貌、微气候和生物因素的影响，如蚯蚓入侵会促进泥炭地有机碳释放，高原鼢鼠掘洞也会影响土壤呼吸。

沿白河干流，有机碳输送以颗粒态为主，颗粒态又以土壤源为主，但河道中 TSS 含量与 POC 占 TSS 的比重呈显著负相关关系(图 7.12)。这与前人研究基本一致。Ludwig 等(1996)给出 TSS 中 POC 比重的经验拟合公式：

$$POC = -0.16(\lg TSS)^3 + 2.8(\lg TSS)^2 - 13.6(\lg TSS) + 20.3 \tag{7.1}$$

式(7.1)就二者的负相关关系给出解释：①随河道中悬移质增加，水体浊度增大，透光性下降，河道内生物合成有机碳能力下降，即使外源 POC 输入增加，但两项之和仍然为负；②随河道内悬移质增加，POC 被更多的矿物稀释。此外，土壤剖面 POC 含量随埋藏深度呈对数下降，从而随土壤侵蚀加剧，扰动同样量的表层和深层土壤，其 POC 迁出量并不一致，所以侵蚀影响土壤剖面的深度增加，而随径流进入河道的 POC 比例却减小。

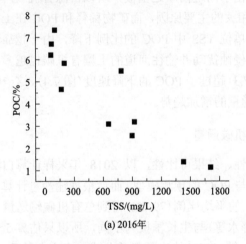

(a) 2016年

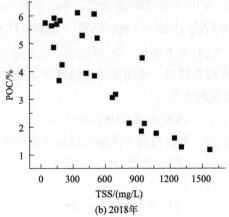

(b) 2018年

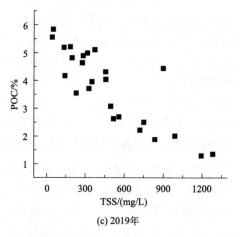

图 7.12　TSS 与 POC 的负相关关系

在白河流域，由于河道内缺乏植被，所以自源有机碳产出的下降应该并非导致 TSS 与 POC 负相关的主要原因，而矿物稀释和 POC 在土壤剖面的变化可能是关键。但是，尽管单位 TSS 中 POC 的比例下降，由于越靠近下游河口，控制面积越大，能够通过侵蚀扰动并输往河道的土壤有机碳也越多，所以河流悬移质浓度的增长速度(图 7.3)超过了 POC 的下降速度(图 7.4)，这一特征解释了往下游方向河流输送 POC 通量的增加趋势。

7.1.3　白河干流有机碳通量

考虑数据全面性、结果可比性，以 2018 年采样计算白河干流输送有机碳通量，首先建立 TSS 与 POC 的预测模型，而后根据输沙量计算得到 POC 输送通量，再由 POC 占 TOC 的平均比例(79.7%)得到总有机碳输送量。因为非生长季的环境条件(如温度、降水等)与生长季极为不同，所以只估算 5~10 月生长季有机碳通量。根据 Ludwig 等(1996)给出的经验公式，率定参数后，得到

$$POC = -0.17(\lg TSS)^3 + 2.8(\lg TSS)^2 - 13.6(\lg TSS) + 20.5 \tag{7.2}$$

但其预测效果(图 7.13)并不理想，就 R^2 而言，远低于直接将 TSS 与 POC 进行线性拟合。因此舍弃对数模型，采用简单但精度更高的一元线性回归模型，建立 TSS 对 POC 含量的预测关系：

$$POC = -0.0036TSS + 5.94 \tag{7.3}$$

根据已有研究和数据，得到白河干流输沙量与径流量的关系：

$$TSS = 0.2533Q + 9.4718 \tag{7.4}$$

径流量与降水量的关系为

$$Q = 0.0299P + 0.6752 \tag{7.5}$$

　　进而由此计算得到生长季白河干流径流量为 22.98×10⁸m³，输沙量为 15.29×10⁴t，换算并代入式(7.3)，得到悬移质中 POC 比重为 5.7%，干流在生长季共输出 POC 约 8.7×10³t，DOC 约 2.2×10³t，总计有机碳输出约 1.1×10⁴t，按流域面积折合 2.0g/m²。将这一数值在表 7.1 中与北半球其他典型泥炭地流域研究比较，所选区域主要包括西欧、北欧、北美和中国，通量范围为 1.8～126.1g/(m²·a)，最多可相差两个数量级。通量较低区域主要是北欧和中国，包括本书研究的若尔盖白河流域，其有机碳输出量均小于 20g/(m²·a)，相应的年均降水量一般小于800mm，温度为–4.2～15.5℃。区间另一端，北美和苏格兰泥炭地年均有机碳输出大于 20g/(m²·a)，相应降水较多(>1000mm)、温度也较高(5.1～12.0℃)。这说明似乎存在受气候控制的梯度，河流输送有机碳能力部分取决于降水和温度。降水及径流决定有机碳从陆地向河流迁移的能力，而温度通过影响植被决定流域中

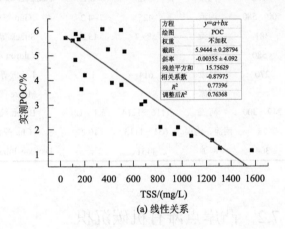

(a) 线性关系

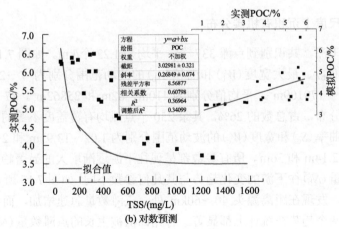

(b) 对数预测

图 7.13　TSS 与 POC 关系的线性和对数预测

可随地表和地下径流迁移的有机碳储存。因此，气候是有机碳从陆地向河道迁移的先决条件和动力因素。尽管白河流域分布着大量泥炭地，但因降水少、频率虽高却强度小，地表难形成稳定径流，缺乏将泥炭地有机碳输送至河道的动力，河道输碳能力受限。

表 7.1　全球北方泥炭地流域有机碳输出通量比较

通量/[g/(m²·a)]	区域	海拔/m	排水系统	年降水/mm	温度/℃	参考文献
1.8	中国东北	50～200	河流	398～685	3.5	Wang 等 (2016)
2.0	中国西南	>3500	河流	648.5	0.7～1.1	本书
2.8～7.3	瑞典东北	<500	河流	335	0	Olefeldt 等 (2013)
3.9～6.6	德国东北	<100	沟渠	642	8.7	Tiemeyer 和 Kahle (2014)
4.7	中国东北	500～580	河流	425	−4.2	Guo 等 (2018)
8.4～11.3	加拿大东部	381	河流	589.7	15.5	Strack 等 (2008)
11.2～25.5	苏格兰	<580	河流	—	—	Waldron 等 (2009)
12.2	瑞典东部	270	河流	614	1.8	Leach 等 (2016)
20～50	加拿大	—	河流	—	—	Moore 等 (1998)
30.4	苏格兰	249～300	河流	1116～1214	5.1～12	Billett 等 (2004)
86.1	美国北部	75	河流、沟渠	631～1113	10.2	Chu 等 (2015)
126.1	苏格兰	304	河流	1131	—	Dawson-Julian 等 (2004)

7.2　凸岸点滩有机碳沉积

7.2.1　流域尺度上沉积有机碳分布

沿白河干流，共识别到点滩 337 个，平均为 1.22 个/km。如图 7.14 所示，点滩最大长度(L_b)、最大宽度(W_b)和面积(A_b)的波动范围分别为 7～2351m、2～432m 和 151～179109m²，平均值分别为 410m、82m 和 25862m²。87 个点滩未发现先锋植被分布，占总数的 26%，其余 250 个点滩均有覆盖度不等的植被。点滩所在河弯的曲率(S_c)和宽度(W_c)的波动范围分别为 1.02～13.91m 和 2～301m，平均值分别为 2.14m 和 36m。所有参数都呈现往下游逐渐增大的显著趋势。

点滩数量(N_b)往下游的变化趋势与其几何参数不同，如图 7.15 所示。以 10km 河段为分割，发现在距离源头 40～60km 处，点滩数量急速增加，而后往下游缓慢减少。这两个趋势在统计上都显著。有先锋植被生长的点滩数量(N_{b-p})与 N_b 的比值自始至终比较稳定，没有显著趋势，说明 N_{b-p} 沿河流的变化服从 N_b。点滩平均面积(MA_b)的增长趋势与 A_b 相同。

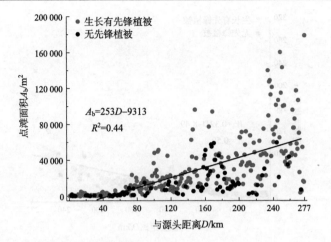

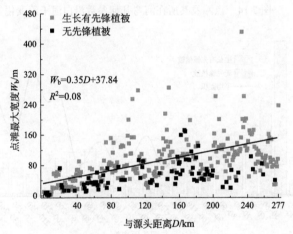

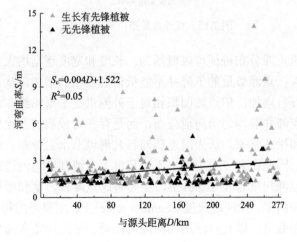

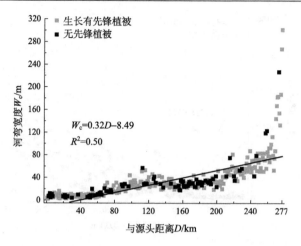

图 7.14　点滩及其所在河弯几何参数沿白河干流变化

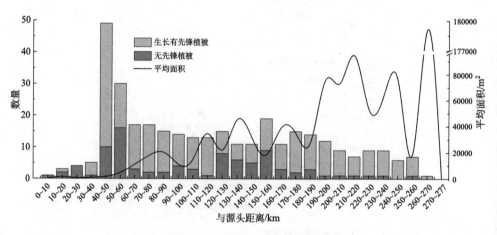

图 7.15　点滩数量沿白河干流变化

　　沿白河干流点滩分布特征可以概括为：长度和宽度逐渐增大，导致单个点滩面积也相应增大；点滩数量的下降并不能抵消其面积的增加，从而使点滩平均面积(每 10km 河段)增加；但点滩面积相对于外侧洪泛平原始终非常小。因此，在流域尺度上，点滩并非均匀沿河道分布，而是存在可预测的变化模式。

　　河流学家和生态学家均认为河道和河谷几何调节水力分布，进而影响泥沙输送和点滩沉积，因此在表 7.2 中列出不同尺度上点滩几何与河道或河谷几何的相关性。在单个点滩尺度(site scale)上，主要考虑点滩长、宽和面积，以及点滩所在河弯的宽度和曲率。在河段尺度(segment scale)上，主要考虑每 10km 河段上点滩的平均面积和数量，以及点滩所在河段的比降、平均河宽和曲率。表中，↑和↓分别表示沿河道自上游至下游的显著上升或下降趋势，*和**分别表示靠近源头的

60km 河段和除此之外的 217km 河段；+、−和×分别表示显著正相关、负相关和无
显著相关关系。

表 7.2　不同尺度上点滩几何与河道或河谷几何的相关性

点滩几何			单个点滩尺度		河段尺度		
			W_c	S_c	G_r	W_r	S_r
单个点滩尺度	L_b	↑	+	+			
	W_b	↑	+	+			
	A_b	↑	+	+			
河段尺度	MA_b	↑	−	−		+	+
	N_b	↑↓**	−	−	−*×**	×*×**	×*×**

　　在单个点滩尺度，点滩几何特征很大程度上由其所在弯道的地貌特征塑造。
点滩规模与弯道的宽度和曲率显著正相关，说明高度弯曲河流和无约束河谷有利
于河道横向展宽。在河段尺度，对应于水流从源头往下游由约束河谷进入无约束
河谷，点滩数量在距离源头最近的 60km 河道中快速增加，并与河流比降显著负
相关，展示了由河谷几何控制的能量扩散空间对泥沙及 POC 横向沉积的影响。河
道弯曲是一种能量吸收机制，在水流作用下，水流泥沙沿河谷梯度往下游方向移
动，会自我调节能量消耗以保持稳定。

　　白河中下游无约束河谷可提供足够空间以便河道调节其河床和横断面形态，
沉积从而形成点滩，而靠近源头的上游受约束河段和狭窄河道使水流集中，水力
作用加强，限制了泥沙和有机质沉积。靠近河口的 217km 河段中，点滩数量呈下
降趋势，但并不与任何河道几何参数相关。对控制弯曲河流横向迁移的复杂过程
和迁移形式之间联系的研究，目前仍不完善。尽管如此，在白河干流，河流深度
可能是一个潜在的相关因子。河流深度与曲率正相关，因此河道往下游方向曲率
的增加可能意味着水深的增加。水深增加会导致流速在垂向上的递减梯度，削弱
弯道螺旋流，使最大流速线靠近内侧河岸而远离河道中心线，无法堆积泥沙以形
成点滩，也无法沉积有机碳。

　　总的来说，河道和河谷几何特征通过影响可供河道自我调节的活动空间，控
制水文地貌过程的强度，进而决定点滩的形成和特征。随着水流从上游受约束河
段进入下游无约束河段，以及河道展宽和曲率增加，弯曲河流地貌过程的影响不
断增大，导致点滩面积增加，截留有机碳增加。因此，河流地貌过程对 POC 的截
留存在沿河道往下游逐渐增强的趋势。

7.2.2　点滩尺度上沉积物有机碳含量及影响因素

　　如图 7.16，就占总体的比重而言，点滩沉积物的所有 5 个粒度都没有明显的沿河流变化趋势，说明沉积物粒度分布可能在流域尺度上存在比较稳定的模式。这一模式的特征可以概括为：粒度大于 2mm 的沉积物占比约 67%，而粒度小于 1mm 的沉积物占比不足 29%，这两者一起贡献了绝大部分的沉积物组成，使 2～1mm 粒度范围的沉积物比例仅约 4%。生长有先锋植被的点滩和无先锋植被的点滩并没有显著沉积物组成的差异。沉积物的温度、湿度、电导率和盐度的均值分别为 12.5℃、5.8%、4.6μS/cm 和 2.3mg/L，且都没有沿河流显著变化的趋势。湿度、电导率和盐度两两之间显著正相关，但均与温度无相关关系。

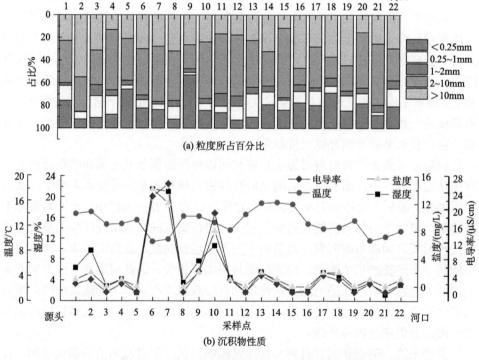

图 7.16　沿白河干流点滩粒度所占百分比及沉积物性质

　　垂直方向上，在所有分层采样的点上，除点 16 外，点滩沉积物 POC 含量并没有显著变化趋势(图 7.17)。在点 16，POC 含量随深度增加而显著下降。尽管点 12 也存在同样的下降趋势，但在统计上并不显著。与之相反，点 13 的 POC 含量与深度呈正相关，另外几个点则只表现出垂向异质性，并未发现有趋势。水平方向上，点滩上、中、下部的 POC 含量波动范围分别为 0.17%～2.04%、0.33%～

2.36%、0.33%~2.75%,平均值分别为0.95%、1.21%、1.09%。与垂直方向相同,沿点滩最大长度方向也没有观测到POC的显著差异。

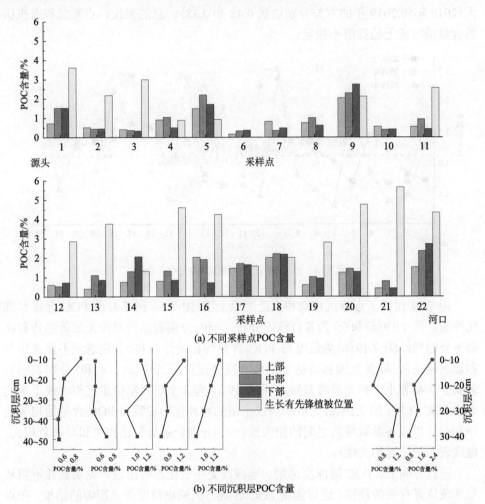

(a) 不同采样点POC含量

(b) 不同沉积层POC含量

图 7.17 点滩内部 POC 含量

在某个点滩上,POC 含量的最大值可能出现在上部(如点 7),也可能出现在中部(如点 5)或下部(如点 9),最小值的分布类似,说明在单个点滩尺度上,POC在水平方向上的分布并没有明显的可预测模式,而更多表现为异质性。对比点滩上生长有植被的位置和无植被的位置,发现其 POC 含量存在显著差异,前者平均值为 2.96%,显著高于后者的 1.08%,说明单个点滩内部有明显不均匀的 POC 分布。

点滩沉积物 POC 含量在 2016 年、2018 年和 2019 年的波动范围分别为0.70%~1.44%、0.17%~2.52%和 0.29%~2.36%(图 7.18)。在所有研究年份中,

并没有发现往下游方向 POC 含量的变化趋势,说明沿河流各点滩沉积物中的有机碳波动区间大致相同,而不遵从可预测的纵向变化趋势,尽管这一区间范围比较大(2018 年和 2019 年的方差分别达到 0.48 和 0.38)。总的来说,点滩沉积有机碳的含量沿河流无趋势但不稳定。

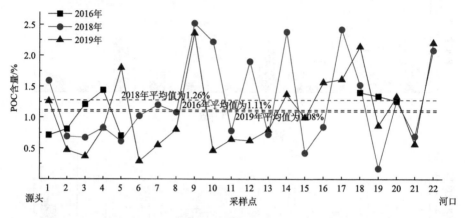

图 7.18　沿白河干流点滩沉积物 POC 含量

图 7.19 比较了点滩沉积物和洪泛平原土壤(图 7.3,图 7.4)的 POC 含量和理化性质。图 7.19(a)和(c)为各自粒度分布,=和↓分别表示沿河流无显著趋势和显著下降趋势;图 7.19(b)为粒度与 POC 含量的相关性(×和○分别表示不显著相关和显著相关),以及点滩和洪泛平原某一粒度比重的比较(>、<和×分别表示显著大于、显著小于和无显著差异);图 7.19(d)为 3 个研究年份里沉积物或土壤的平均 POC 含量;图 7.19(e)为沉积物或土壤的物理化学参数与 POC 含量的相关性(×和○),以及各参数两两之间的相关性(+、−分别表示显著正相关和显著负相关,虚线表示无显著相关性)。

垂直方向上,POC 随深度递增、递减或无序变化都有出现,说明其并不服从与埋藏位置有关的规律。这可能是 POC 含量与沉积物粒度关系影响的结果。在点滩上,POC 含量与最细质沉积物(<0.25mm)的比重显著正相关,而与其他粗粒度

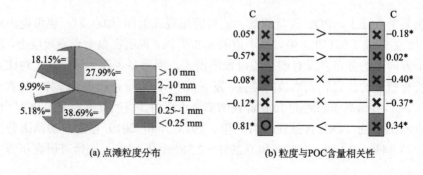

(a) 点滩粒度分布　　　　　　　　(b) 粒度与POC含量相关性

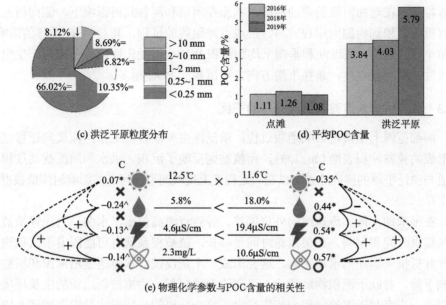

(c) 洪泛平原粒度分布

(d) 平均POC含量

(e) 物理化学参数与POC含量的相关性

图 7.19　点滩和洪泛平原 POC 含量及理化性质

沉积物无显著相关关系。这与前人研究结果一致，其原因是有机碳吸附受颗粒大小、有效表面积和钙、铁、铝可得性的控制，质地较细土壤更容易吸附有机碳。因此，细粒度沉积物比重的变化，可以很大程度上反映 POC 含量的变化。平均而言，细质沉积物可以被水流抬升到更高的位置，所以点滩沉积往往出现向上细质化（fining-upward）的趋势。但是有时这一趋势并不明显，甚至出现相反情况，点滩沉积物越往上层质地越粗。因此，在白河干流的点滩上，POC 在垂向上的分布缺乏规律性，可能是由于细粒度沉积物的分布缺乏规律性所致。

沿水流的纵向上，POC 含量在点滩长轴均匀分布，说明在单个点滩尺度，水文地貌过程均匀地沉积了泥沙和有机质。这一点并不令人意外，因为水流逐层侧向加积点滩，同一层的沉积物反映了同一时间的沉积，所以泥沙分选性好，POC 含量可能近似。此外，在单个点滩尺度（最大长度不超过 410m），不太可能出现对泥沙粒度分选干扰足够强的因素。

有先锋植被生长的位置，POC 含量比没有植被生长的一般位置约高出 3 倍。这一空间异质性说明了河岸带生态系统中植被对有机碳再分布的影响。植被对有机碳的贡献主要来自三个方面，一是组成表层有机层的枯枝落叶；二是已被部分分解的凋落物形成的腐殖层；三是根系分泌物。因此，先锋植被的出现决定了沉积物中有机质可以获得来自生物部分的输入，进而决定了其与无植被覆盖裸地的区别。

综合所述，总结弯曲河流水文地貌过程及其影响如下：在本书中，水文地貌过程特指，在弯曲河流的弯曲河段，水流在河道和河谷几何影响下，侧向将泥沙和有机质沉积到内侧河岸(凸岸)，形成点滩地貌的过程，其对 POC 迁移的影响，在单个点滩尺度，在纵向和垂向上均匀沉积 POC，但受先锋植被干扰时产生空间异质性；在河段尺度，越往下游方向，可沉积的 POC 越多。

7.2.3　先锋植被对点滩有机碳分布的干扰

局部范围上植被可影响地貌过程，洪泛区主要演替发生在河流横向迁移过程中形成的裸露冲积表面(如点滩)，而植被则反映了沉积、洪水和河流扰动过程。河道与洪泛平原的横向连通可以在一定程度上反映河道几何，并影响河岸植被群落的生存。

在平水期，最大流速线向外岸偏移，导致点滩高位露出水面，为先锋植被的侵入提供时间和空间。如果出露时间足够长，植被根系就有可能固着于沉积物之上，并抵抗丰水期的水流冲刷。这会形成一个正反馈：水流速度沿河岸和植被化沙洲下降，有助于沉积物顺流而下沿河流泥沙沉积，为植被创造新的生长环境，从而进一步有利于泥沙加积和河岸稳定。这一结果的长期影响是旧点滩逐渐依附于洪泛平原，新点滩重新开始这一过程。先锋植被入侵机制说明了水文气候和河流地貌过程的相互作用，反映了陆面过程对水文地貌过程的抵抗。因此，使用图7.20 分析先锋植被入侵在流域尺度上是否与河谷几何有关，使用表 7.3 分析在局部尺度上点滩几何是否影响先锋植被在其上生长。

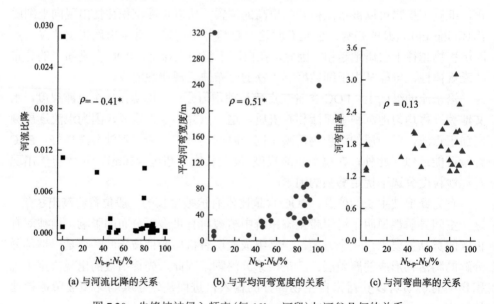

(a) 与河流比降的关系　　　(b) 与平均河弯宽度的关系　　　(c) 与河弯曲率的关系

图 7.20　先锋植被侵入频率(每 10km 河段)与河谷几何的关系

表 7.3 先锋植被侵入与点滩几何的关系

点滩	点滩几何			点滩所在弯道几何	
	面积/m²	长度/m	最大宽度/m	曲率	河宽/m
生长有先锋植被	30257	448	92	2.3	38
无先锋植被	13234	300	53	1.7	30

以每 10km 河段为单位,生长有先锋植被的点滩比例与河流比降显著负相关,与平均河宽显著正相关,但与曲率无显著相关关系。这可能是由于比降下降和河道展宽降低流速,削弱了点滩上的侵蚀过程。生长有先锋植被的点滩面积显著大于无先锋植被的点滩面积,由于点滩规模与河道比降负相关,以及点滩规模与河道宽度正相关,这进一步印证了先锋植被入侵频率与河道几何特征的相关性。

图 7.20 和表 7.3 都指向同一个观点,即越往下游先锋植被的入侵越频繁(因为往下游方向比降下降、河道展宽)。这说明越靠近河口,陆面过程的强度逐渐超过水文地貌过程,在点滩有无植被生长上起关键作用。陆面过程主导权的获得,并非其自身沿河道往下游方向的增强,而是水文地貌过程往下游的减弱。这是因为,对于流域,控制陆面过程的气候因子可视为均质,而控制水文地貌过程的因子与先锋植被入侵频率存在相关性。

在单个点滩,邻近洪泛平原和长有植被处的 POC 含量都显著高于裸露地表的 POC 含量,除点 12 和 16 外,洪泛平原 POC 含量(平均值 5.65%)又显著高于点滩长有植被处(平均值 2.96%)。因此在白河流域,POC 的梯度为洪泛平原>点滩长有植被处>点滩无植被处。这一序列与植被的演替阶段有关,因为植被向土壤输送有机质构成枯枝落叶层和腐殖层,而输送量是时间的函数。以往研究发现,河道横向迁移可以重置洪泛平原内的植被演替序列,全球范围内河岸带有机碳储量均反映了其植被演替阶段。因此,如图 7.21,使用概念模型说明白河流域的植被演替阶段。

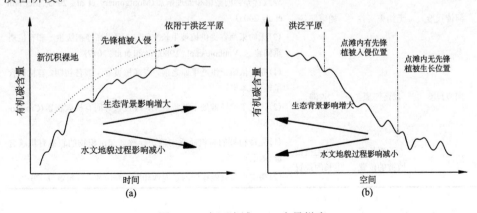

图 7.21 白河流域 POC 含量梯度

在点滩依附于洪泛平原的过程中,有机碳含量随植被的演替进程和覆盖度增加而增加,反映了不断加强的陆面过程逐渐压制不断削弱的水文地貌过程。在流域内,不同位置的点滩处于不同的演替阶段,形成洪泛平原上镶嵌分布的地貌格局,进而导致了POC含量的异质性。在单个点滩,陆面过程逐渐获得主导权也并非因为其自身作用的加强,而是由于与河道-河岸带横向连通有关的水文地貌过程的削弱。这是因为,越远离河道,横向连通越弱,受水文地貌过程的影响越小,而河道侧向沉积过程不断形成新的点滩,使旧点滩逐渐远离河道,并且控制陆面过程的气候因子(如降水、光照)在局部尺度上均质。总而言之,在白河流域,陆面过程纵向上往下游、横向上随与河道距离的增大而获得更大的主导权。但这两个趋势都并非其自身能量增强的结果,而是物理条件(河流尺度上河谷几何的变化、局部尺度上与河道距离的增加)削弱了河流地貌过程所致。

生物地球化学热点(biogeochemical hotspot)是指参与特定生物地球化学过程的某反应物(reactant)与周围区域显著不同,并导致相对于周围区域不成比例的高反应速率的区域。以往研究发现:热点往往出现在陆-水界面;引起分流、流速下降和临时性或长期性POC截留储存的物理地貌,均有可能成为热点;河道的物理复杂性通过为微生物提供代谢有机碳和营养物的场所,有利于热点形成;反应物的持续供给,尤其是通过水流路径,是热点区域保持高反应速率的条件。在白河干流,弯曲河段引起螺旋流,并通过侧向沉积形成点滩,连通河道与洪泛平原。点滩满足成为热点的所有条件,但有机碳含量却远低于周围的洪泛平原,说明其并非热点。原因可以由表7.4分析。

表7.4　河流到局部尺度上的有机碳热点

尺度	热点区域	周围区域	原因
河流尺度	无约束河谷	约束河谷	(1)无约束河谷提供河道横向摆动空间,促进流域内空间异质性,导致营养物的截留和处理增加(Montgomery et al., 2003; McClain et al., 2003)
			(2)无约束河谷提供植被生长空间,进而提高净初级生产和有机质垂向输送(Vannote et al., 1980; Wohl et al., 2017)
河段尺度	洪泛平原	点滩	(1)完全依附洪泛平原之前,点滩植被处于演替初期,有机碳含量较低(本书)
			(2)洪泛平原植被处于演替后期,经过长时间有机碳积累(Crosato, 2008)
局部尺度	点滩生长有植被的位置	点滩无植被生长的位置	(1)先锋植被的有机质垂向输送导致局部沉积物的较高有机碳含量(本书)
			(2)裸露点滩只能接受河道泥沙和有机质沉积(Wohl et al., 2017)

从河流到河段尺度,控制地貌的气候因子并未发生显著变化,洪泛平原承接

无约束河谷地貌，也具有同样的生物有机质积累和分解机制。所以在河段尺度，洪泛平原相比于点滩而言是热点，并非因为其本身受扰动而增加反应物输入、加速反应速率，而是由于点滩的相对低 POC 含量。在局部尺度，被先锋植被占领的点滩反映陆面过程对水文地貌过程的抵抗，并产生相对于周围裸露点滩而言较高含量的有机碳，成为热点。因此，尽管点滩具有成为热点的诸多特征，但其并非热点。相反，点滩代表的是在河段尺度上水文地貌过程对热点的干扰。陆面过程通过植被入侵点滩抵抗这一干扰，并导致点滩内部 POC 的非均质分布。所以，生物地球化学热点是空间异质性的表现，点滩同样也是水文地貌过程导致空间异质性的表现，只是方向相反，或可以称为"冷点"，表示与周围区域相比，反应物含量显著较低、反应速度显著较慢。

陆面过程控制河流向流域外输送有机碳，而水文地貌过程沉积有机碳至点滩的过程对流域碳收支的影响较小。本节通过比较点滩、洪泛平原和河道 POC 含量及沿河流趋势阐述这一论点。如图 7.22，在 3 个研究年份里，点滩沉积物 POC 含量均显著低于河道。尽管河道 POC 含量与点滩植被覆盖处 POC 含量在 2019 年没

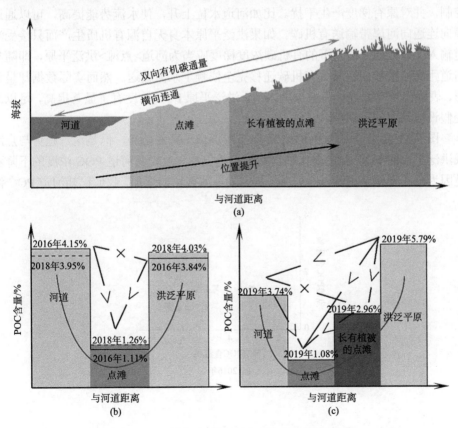

图 7.22　河道、点滩和洪泛平原 POC 含量对比

有显著差异，但由前述可知这是源于陆面过程的贡献，而非点滩本身截留河道输送有机碳。此外，由于水文地貌过程的作用强度在横向上随与河道距离的增加而急剧下降，所以实际也缺少足够空间截留和储存有机碳。

河道中输运的 POC 主要来自洪泛平原，这一点已由源解析分析确定，本节则进一步提供了新的支撑证据。首先，低水温、高流量和水生命体的缺乏，限制了河道内有机质的自源生产。其次，洪泛平原有机碳含量显著高于点滩(无论是否生长有植被)，并可以随降水和地表、地下径流进入河道。再次，尽管高流量时点滩上发生的侵蚀也可以暂时成为河道碳源，但因其本身有机碳含量低，所以单位面积点滩不太可能提供与单位面积洪泛平原同样水平的碳供给。最后，河道 TSS 的粒度分布与洪泛平原土壤近似(图 7.3，图 7.5)，而与点滩沉积物粒度分布差异较大。

图 7.22 的 U 形曲线更加直观地说明陆面过程足够强烈以至于可以改变水文地貌过程对流域内 POC 的分布。具体来说，有机质生产、输入和输出的不同决定了不同地貌单元之间有机碳含量的异质性，从而在流域内产生浓度梯度。不同地貌单元之间存在双向的有机碳通量交换(bidirectional flux)，这一交换受重力因素的控制，并对原有梯度产生干扰。比如河道水位上升，使水流势能提高，可以通过横向连通向河岸带输送有机碳。如果洪泛平原本身无自源有机质生产而只接受河道输入，那么这一情景下的有机碳浓度梯度应当为河道>点滩>洪泛平原，即随与河道距离的增加而递减，有机碳迁移完全依赖于水流输送。然而实际数据却呈 U 形，表明接受陆面过程有机碳输入后，洪泛平原 POC 浓度有了显著提高，足以改变假设情景中的单调型。

图 7.23 显示了河道 POC 浓度向下游逐渐下降的趋势，但是这一趋势与点滩或洪泛平原的 POC 含量变化趋势均无相关关系。这说明河道 POC 浓度的下降不是因为洪泛平原输出的减少，也不是因为点滩截留的增加。我们已知河道 POC 浓

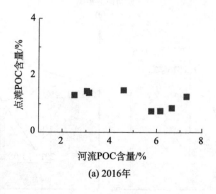

(a) 2016年

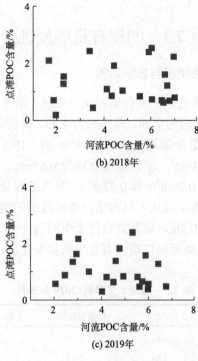

图 7.23　河道与点滩 POC 含量的关系

度变化与 TSS 含量往下游逐渐增加有关。而 TSS 的增加主要来自洪泛平原，并非点滩。这是因为，尽管越靠近下游点滩面积越大，在高水位时侵蚀量也越多，但往下游有先锋植被覆盖的点滩比重增大，从而增加沉积物抗蚀性，且点滩面积仍远不及洪泛平原；往下游方向河谷展宽，白河干流甚至发育二、三级阶地，在河岸带提供了更多可能被降水侵蚀和地表、地下径流输送至河道的泥沙。

　　总而言之，就浓度和沿河流变化而言，河道 POC 主要由洪泛平原调节，与点滩关系并不大。这进一步说明，在弯曲河流流域内陆面过程的作用范围更大，对河流有机碳输送的影响更强，而水文地貌过程只在局部尺度起作用。沿河流两岸密集分布的点滩显示了弯曲河流内水沙过程截留和沉积有机碳的重要作用。由于白河干流缺少自源有机碳生产，点滩可能在较大程度上影响河道源汇角色的此消彼长，尤其是在其快速侧向加积阶段。但是就流域内外的有机碳通量及流域的源汇角色而言，点滩可能通过截留沉积，在一定程度上延缓或加速流域向流域外输送有机碳，但因其作用范围有限，对总迁移通量的影响仍然较小。

7.3 凹岸有机碳侵蚀

7.3.1 水文年内凹岸侵蚀情况与影响因素

本章对凹岸侵蚀的研究，主要在黑河支流麦区上游麦多岗处一河弯开展。沿河道中心线，研究河弯长约为72m，曲率约为4.43。如表7.5，平水期(5月)入口、中间和出口端的平均河宽分别为2.77m、2.45m和2.19m，平均横断面面积分别为0.89m²、0.67m²和0.46m²，平均流速分别为0.63m/s、0.52m/s和0.81m/s，平均流量分别为0.42m³/s、0.26m³/s和0.32m³/s。除流速和受流速及横断面面积控制的流量外，其余各参数均呈现从入口到出口逐渐减小的趋势。平水期弯道凹岸最低处位于中间端，不到0.3m，最高处也位于中间端，不到1.0m，弯道平均高度为0.7～0.8m，且从入口端至出口端没有发生明显变化。

表 7.5 河弯水文参数(2019 年 5 月)

参数	水温/℃	河宽/m	横截面面积/m²	平均流速/(m/s)	平均流量/(m³/s)
入口端	—	2.81	0.61	0.61	0.37
		5.53	1.65	0.21	0.34
		1.30	0.40	1.08	0.43
		1.44	0.89	0.61	0.52
中间端	—	3.13	0.77	0.34	0.26
		2.09	1.20	0.22	0.26
		2.87	0.44	0.67	0.29
		1.71	0.25	0.86	0.21
出口端	9.1	1.70	0.82	0.46	0.38
	9.3	2.51	0.31	0.98	0.30
	9.4	1.34	0.27	1.22	0.33
	9.5	3.22	0.44	0.57	0.25

弯道2018年5月～2019年5月的水位波动如图7.24所示，受设备埋藏位置影响，在非生长季，部分时段温度低于-0.102℃时，均记录为-0.102℃。水位在全年、生长季和非生长季的波动范围分别为0.18～1.37m、0.33～1.37m和0.18～0.63m，平均值分别为0.47m、0.60m和0.35m，中位值分别为0.43m、0.59m和0.35m；温度在全年、生长季和非生长季的波动范围分别为-0.77～23.29℃、-0.10～23.29℃和-0.77～18.33℃，平均值分别为6.09℃、10.85℃和1.70℃，中位值分别

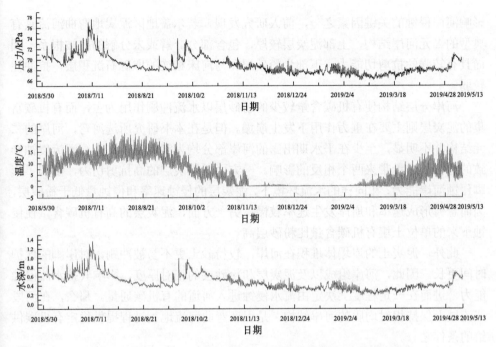

图 7.24　2018 年 5 月～2019 年 5 月弯道水位变化(分辨率为 1h)

为 4.73℃、11.04℃和 0.01℃；压力在全年、生长季和非生长季的波动范围分别为 66.02～77.70kPa、67.49～77.70kPa 和 66.02～70.39kPa，平均值分别为 68.89kPa、70.14kPa 和 67.74kPa，中位值分别为 68.44kPa、70.00kPa 和 67.69kPa。

受高海拔导致的稀薄大气层影响，近地面保温效果差，水温的日变化较大，而年内变化相对较小。水位大约在 10 月中旬至次年 4 月底进入平水期，对应于非生长季，波动较小，基本稳定在 0.4m 左右，最低水位大约 0.2m，且累计天数可超过 10 天。5～10 月为丰水期，对应于生长季，有两个峰值，最高峰出现在 7 月上旬，水位可达约 1.4m，次高峰出现在 9 月下旬，可以接近 1.0m，这与黑河、白河干流的往年记录相似，峰值反映了降水增加的补给，基流期主要接受地下水补给。另外在 4 月底至 5 月初也有一个不明显的小峰值，这可能是融雪补给径流导致。水压与水位有显著的相关性且无时滞，这是在期望之内的，但二者与温度均无相关关系。

弯道自 2018 年 5 月至 2019 年 5 月的凹岸位置有所后退，在中间端最明显，入口端和出口端较不显著。平均河岸后退距离约 0.2m，河岸一些位置下部已被淘刷，上部形成悬臂，尚未崩塌进入河道。在某一弯道尺度，由河流侵蚀贡献的有机碳也许可以匹敌由坡面侵蚀贡献的有机碳。但是这一结论能否推广到河段甚至流域，取决于控制河岸侵蚀的因子能否在更大尺度上保持稳定。河岸物质组成是影响河岸侵蚀的关键因素之一,前人研究发现,若尔盖地区泥炭地弯曲河流具有典型的二元河岸结构,上部泥炭层较厚,包含部分分解或未分解的植被根系,因而具有较强的抗剪切能力,下部为粉砂层和与河床相连的卵砾石沉积层,抗冲性较弱。

河岸分层结构使有机碳含量较少的粉砂层以水流冲刷作用为主,而有机碳富集的泥炭层则主要在重力作用下发生崩塌。但是在本书研究所选河弯,河岸的二元结构并不明显,至少在平水期出露的河岸部分均为泥炭层。这会给河流侵蚀导致的有机碳通量带来两个相反的影响。一方面,泥炭层的高抗剪切力,削弱了岸脚侵蚀河岸能力,在同样的水流环境下,泥炭层的侵蚀速率和侵蚀量低于粉砂层,因而悬臂形成速率和崩岸发生速率较慢;另一方面,泥炭层的高有机碳含量使侵蚀下来的单位土壤有机碳含量比粉砂层高。

此外,泥炭土的崩塌体堆积在河岸,较粉砂土更不易被冲刷,对岸脚的保护时间更长。因此,河岸组成以及泥炭层和粉砂层的相对厚度,影响其抗水流侵蚀能力,进而在一定程度上决定由流水侵蚀进入河道的有机碳通量。那么,在河段或流域上保持相对均质的河岸结构,是保证弯曲河流地貌过程提供稳定有机碳供给的条件之一。

但是这一条件往往会受到自然和人为因素的干扰。已有研究证明了泥炭层含水量与河岸稳定性的正相关关系,含水率越高,泥炭土抵抗水流剪切能力越强。河岸土壤受降水的季节波动影响,其湿度也存在相应的周期变化,但是由于降水因素在若尔盖流域属于稳定的生态背景,因此其周期性并不能导致上、下游河段之间湿度的异质性,相反,局部因素可能发挥重要作用。

实地考察发现放牧和河道渠化可能是造成河段和流域尺度上河岸组成显著变化的重要因素。放牧的影响主要表现为牲畜沿河岸低矮处饮水和排泄,一是通过践踏加速悬臂的自然崩塌过程,二是排泄物进入河道直接为河流贡献有机质,或附着于土壤之上改变土壤理化性质。放牧的影响是周期性的,在雨水和温度适宜植被生长的生长季显著,而在非生长季近似于零;其影响也是局部性的,上游受约束河谷的河岸带牧草缺乏而牲畜数量较少,下游宽阔河谷则相反。河道渠化是人为改变河岸组成、约束水流的工程措施,尤其在若尔盖地区河流的下游城镇附近河段较常见。渠化工程往往使用铁丝网包覆石方,以增加河岸不透水层,削弱河道与陆地的横向连通,减缓河道横向迁移速率,保护城镇基础设施。水沙横向连通性下降导致以之为载体的生物地球化学连通性下降,因此在渠化河段的凹岸,由河流侵蚀河岸进入河道的有机碳也近似于零。

以上讨论了不同空间范围里可能影响河岸侵蚀的变量。根据实测和历史水文数据的比较,发现在若尔盖盆地,上、下游之间和不同河流之间,其水文年内径流变化服从相同的规律,即生长季为丰水期、非生长季为枯水期,两个峰值出现在 7 月和 10 月。因此，尽管河道水情也是河岸侵蚀的重要影响因素，但是在流域范围内水文作用及作用强弱的变化可能较为一致。

　　然而，水文因素却是长时间上影响河岸侵蚀的重要变量，这主要取决于径流长期变化及年内波动规律。已有研究使用水文敏感性分析(hydrologic sensitivity analysis)和月水量平衡模型(monthly water balance model)分析了人类活动和气候变化对若尔盖黑河、白河径流的影响，发现过去 55 年里年均降水的减少和温度、蒸发的增加导致径流深度显著下降，且气候变化的影响大于人类活动，如排水、放牧等。但是，沟渠排水在丰水期可以降低河道汇流速度，在枯水期则可以提供额外水源补给(主要来自地下水)，因此在较短时间内，沟渠挖掘改变地貌单元间的连通性，通过削峰补谷而对年内径流模式的影响是显著的。

　　除径流外，降水、温度、土地利用等在不同时间尺度上的变化也均直接或间接地影响河岸带土壤有机碳含量和水流塑造河岸能力。降水和温度影响河岸土壤饱和状态，一方面限制或促进微生物分解有机质，改变可供河流侵蚀的土壤有机碳库储量；另一方面影响土壤抗水流剪切强度，降水还通过增加径流而增大水流侵蚀能力。土地利用变化的影响也是双向的：许多研究强调了气候变化、过度放牧和沟渠排水的共同影响下，近 50 年来若尔盖区域泥炭土不断萎缩，土地沙化趋势严重，这可能改变河岸组成，降低其抗蚀性，为河道贡献更多悬移质，但是，土地沙化伴随着有机质含量的减少，如果有机质减少的比例高于土壤侵蚀增加的比例，则可能虽然河岸侵蚀加剧，但由侵蚀而来的有机碳减少。

7.3.2　弯道凹岸土壤有机碳含量

　　图 7.25 为沿凹岸四条样线(line1～4)上垂向和纵向土壤 POC 含量，uv、dv、mv、mv′分表示上游端、下游端、中间端和中游端垂向，u、d、m、m′分别表示上游端、下游端、中间端和中游端纵向。在受到水流冲刷的河岸垂直方向上，POC含量的波动范围为 3.24%～5.64%，最大值出现在 2019 年上游端靠近表土约 25cm

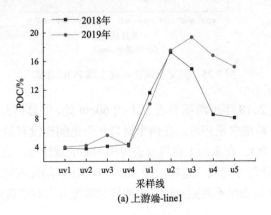

(a) 上游端-line1

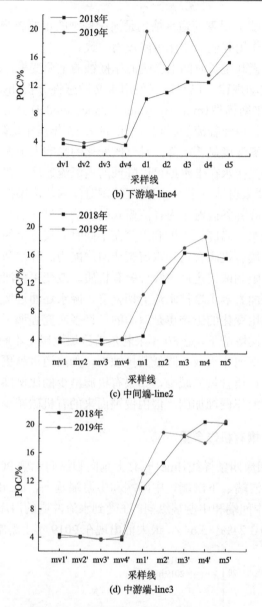

(b) 下游端-line4

(c) 中间端-line2

(d) 中游端-line3

图 7.25　凹岸垂向和纵向土壤 POC 含量

处,最小值出现在 2018 年下游端靠近表土约 60cm 处,但总体而言变化幅度较小,在上游、中间和下游端含量相近,在两个研究年份之间也没有显著区别,平均值约为 4.02%。此外,POC 在垂向上也没有表现出明显的规律性,只有中间端的样线 2 在 2018 年表现出随深度递减的趋势,在 2019 年则出现随深度递增的趋势,另外三条样线上,POC 含量均呈不规则波动,说明埋藏深度并非有机碳浓度的预测变量。

在河岸带，垂直于河道的纵向上，上游、中间和下游端 4 条样线上表层土壤 POC 含量在 2018 年的均值分别为 12.06%、12.93%、16.91%和 12.28%；在 2019 年的均值分别为 15.76%、12.52%、17.68%和 16.93%。2019 年的 POC 含量就均值而言显著高于 2018 年，这可能与温度和采样前降水事件(频率、强度)的冲刷有关。与有机碳在垂向上分布相同的是，河岸带 POC 含量与距离河道远近也没有预测关系，4 条样线在两个年份均没有出现与河流距离有关的规律性变化，而是处于明显的不规则波动状态，且波动幅度显著大于垂向，这可能是微地貌在河岸带再分布有机碳的结果，也可能是垂向上水流长期冲刷使不同深度的 POC 含量差异不再显著。2019 年样线 2 上点 m5 的有机碳含量显著低于其他采样点，这也应当是局部因素的干扰作用。总体而言，河岸带纵向上 POC 含量始终高于垂向上所有深度的 POC 含量，平均约 4 倍，但在同一年份的各点之间，并没有显著差异，说明研究河段凹岸一侧的河岸带上表层土壤有机碳分布相对均匀。

凹岸土壤的粒度分布具体为：0.002～0.1mm 粒度的土壤在上游、中间和下游端均占主要部分，合计平均超过 80%，尤其以 0.02～0.05mm 粒度为最，而更细粒度(<0.002mm)和更粗粒度(0.1～2mm)土壤合计比重不足 20%。平均而言，黏粒(<0.002mm)含量不足 1%，粉粒(0.002～0.02mm)和砂粒(0.02～2mm)含量分别约占 26%和 73%。除中间和下游端最靠近河道的样点(m1 和 d1)土壤组成粗粒度占比显著更大外(砂粒含量超过 80%)，其余各样点间，并未显示与距河道距离有关的变化趋势，且上、中、下端也没有显著的粒度分布区别，说明在研究弯道的凹岸一侧，河岸带表层土壤分布近似于均匀。

7.3.3　弯道河道内有机碳含量

表 7.6 为河道内水化学与水体有机碳含量。pH、溶解氧和电导率在上游、中间和下游端没有显著区别，说明河水充分混合，且在弯道内没有被明显干扰。DOC、TSS 和 POC 含量从弯道入口到出口也没有明显差异或显示出可预测的变

表 7.6　河道内水化学参数和有机碳含量

指标单位	pH	DO/(mg/L)	电导率/(μS/cm)	DOC/(mg/L)		TSS/(mg/L)		POC/%	
		2019 年		2018 年	2019 年	2018 年	2019 年	2018 年	2019 年
上游端	7.43	7.49	173.2	2.80	6.30	10.94	5.71	5.23	7.83
中间端	7.51	7.23	184.0	2.35	3.65	11.90	3.26	3.22	7.13
				2.91	3.58	12.82	2.91	5.15	8.41
下游端	7.44	7.50	156.1	2.66	3.63	8.88	3.21	4.01	7.20

化趋势,且河水中 DOC 含量在两个采样年份之间相差不大。但悬浮物浓度在 2019 年平均值为 3.77mg/L,显著低于 2018 年的 11.14mg/L;悬浮物中有机碳含量则相反,2019 年平均值为 7.64%,约是 2018 年平均值 4.40%的 2 倍。

7.4　本 章 小 结

围绕弯曲河流地貌及人类活动(开挖沟渠)对有机碳迁移的影响机制这一科学问题,作者在青藏高原若尔盖泥炭地的弯曲河流(白河、黑河)开展了为期 4 年的研究。通过在河道、点滩、牛轭湖、沟渠和洪泛平原等位置的原位监测和实验室检测分析,结合无人机航拍和遥感影像解译以及水文气象数据,借助数理模型和统计方法,得到了以下主要结果。

(1)识别了弯曲河道输送有机碳的组成、来源、通量和影响因素。颗粒态有机碳主要来自流域内富含有机质的泥炭土,浓度随悬移质的增加而显著下降,但通量被悬移质增加趋势抵消,往下游呈增加趋势,并始终是河道内有机碳的主要组成。估算生长季白河干流输送至流域外的有机碳通量约 1.1×10^4t,在北半球泥炭地流域中处于较低水平。

(2)讨论了凸岸点滩截留有机碳的分布、特征和控制因子。受河谷和河道几何影响,白河干流往下游方向点滩面积增大,截留 POC 相应增多。有机碳在点滩内部分布较均匀,平均浓度约 1.08%,纵向和垂向上均无显著差异。点滩的有机碳含量显著高于无植被覆盖的裸露沉积物,反映了凋落物和根系分泌物垂向输送造成的局部异质性。

(3)讨论了由弯道凹岸侵蚀进入河道的有机碳及时空影响因素。一个水文年内,监测凹岸有机碳由水流裹挟、悬臂崩塌等河岸侵蚀过程进入河道。有机碳随崩岸土块进入河道后,其输送至下游的过程主要受流场和水流挟沙能力影响。河曲带放牧和部分河道渠化工程显著干扰了研究区域自然状态下河岸组成的二元结构,影响河岸侵蚀速率和有机碳输移。

第8章 结论与展望

8.1 主要结论

本书提出了冲积河流弯曲河群的概念,识别并确定了黄河源区发育 4 个弯曲河群,即玛多-达日草原、若尔盖盆地、甘南草原、黄南草原的弯曲河群。这些弯曲河流的主要类型是草甸型和泥炭型,前者河岸由紧密的草甸根土复合体和卵石夹砂组成,后者河岸由高强度泥炭层和河湖相粉砂组成。若尔盖弯曲河群(黑河、德讷河曲、哈曲和瓦切河)在过去 100 年内共发生 105 次颈口裁弯事件,特别是黑河下游 1990~2018 年发生 4 次颈口裁弯,黑河和德讷河曲上游河段发生裁弯频率高,哈曲和瓦切河下游河段发生裁弯频率高,其颈口裁弯相对时间序列为[5, 90],预测黑河、德讷河曲、哈曲和瓦切河在未来 80 年将发生 39 次颈口裁弯事件。

草甸型弯曲河流河岸根土复合体的物理力学特性是抑制崩岸速率的关键因子。基于近岸根土复合体崩岸的临界力矩平衡方程,揭示了草甸型河岸崩岸的悬臂式崩岸力学机制,推导了崩塌块的临界宽度公式,其理论计算值与实测值较为符合。提出了一个计算河岸稳定性的理论模型,进而推导了泥炭型弯曲河流发生悬臂式张拉破坏的临界崩塌宽度公式。由于某一时间范围内岸坡侵蚀受流量大小的量级及其频率的共同影响,而不受峰值流量控制,故可将平均流量定义为某个水文过程中的有效流量,以评估水流对河岸侵蚀和崩塌的作用大小。

本书实现了将无人机航测应用到黄河源区弯曲河道冲淤变化分析中,并提出了弯道单位河长泥沙亏损量的计算方法。从弯道入口段到出口段,凸岸单侧断面面积大于凹岸。通过弯顶后,凸岸单侧断面面积急剧减小,凹岸单侧断面面积急剧增大,随后保持较平稳的状态,而且凸岸单侧断面面积小于凹岸。对于同一个弯道,凸岸与凹岸的泥沙亏损量存在相同的变化趋势。弯曲河道始终存在横向冲淤不平衡的亏损量,且同一个河段沿程亏损量较不均匀,这间接表明在河段尺度弯道河宽只是近似不变,而且不同弯道横向迁移速率均表现出一定的差异性。

本书对黑河上游人工加速颈口裁弯发生后,新河道不断冲深展宽,新河道的分流比和宽深比相应改变,而且随着新河道的宽深比增加,分流比呈线性增加趋势。颈口裁弯引起新、老河道的流量发生重分配和流场重分布。裁弯初始发生时,原河道的流场不受影响。2018 年黑河下游弯道的颈口裁弯事件是由极端洪水过程产生的强烈河岸侵蚀触发,裁弯未影响原颈口上游河道的水下地形和流速分布,但对裁弯处新河道及原颈口下游产生明显影响。

本书首次在室内水槽实验中实现和观测了弯曲河流颈口裁弯过程，揭示了颈口上、下游两侧河岸的冲刷侵蚀是触发颈口裁弯的主要机制，揭示了滨河植被的茎叶增加近岸水流阻力，减少颈口河岸冲刷速率，进而延长或阻止颈口裁弯发生。

本书较深入地揭示裁弯后牛轭湖进口段的推移质淤积过程及其影响因素(上游输沙率、夹角、沙栓长度)，构建相应的简化物理图形，建立牛轭湖进口段推移质淤积过程的理论模型。牛轭湖进口段形成以粗颗粒泥沙为主的阶梯式沙栓，高水位时牛轭湖与新河道全连通，低水位时只有牛轭湖出口与新河道连通。牛轭湖出口段淤积可分为进口漫水阶段与环流淤积阶段，并且以环流淤积阶段为主。牛轭湖会形成顺时针横向环流，环流方向与新河道水流方向一致。中值粒径、来流量和悬沙浓度是牛轭湖出口段淤积速率的主要影响因素。

本书重点关注若尔盖弯曲河道不同地貌单元对有机碳输移的影响。颗粒态有机碳主要来自流域内富含有机质的泥炭土壤，浓度虽然随悬移质增加而显著下降，但下降趋势被悬移质增加趋势抵消，所以通量越靠近河口越上升，并始终是河道有机碳通量的主要组成部分，平均超过 60%。凸岸点滩沉积有机碳受河谷和河道几何控制，即往下游方向点滩数量减少但面积增大，河道输送的颗粒态有机碳被点滩截留增多。有机碳在凸岸点滩内部的分布较均匀，其有机碳含量显著高于无植被覆盖的裸露沉积物，这是植被凋落物和根系分泌物垂向输送有机质造成的局部异质性。点滩有机碳含量始终显著低于洪泛平原土壤，这是由于点滩处于陆地化过程初期，有机质积累时间较短。一个水文年内弯道凹岸由近岸侵蚀和河岸崩塌进入河道的河岸土壤，是河道颗粒态有机碳通量的重要组成。

以上研究结果是较系统地总结黄河源区弯曲河流演变过程与机理的最新成果，其扩展弯曲河流动力学的研究区域，突显青藏高原河流的研究特色和弥补高原河流演变的研究薄弱，对于黄河上游河流的生态保护和湿地生态修复具有重要的参考价值。

8.2　研　究　展　望

作者及团队成员历经 10 年青藏高原河流野外考察与原型观测，本书仅总结了黄河源区弯曲河流分布、形态、崩岸、演变与裁弯等问题，但是在广袤的青藏高原其他流域也大量分布中小型弯曲河流，如澜沧江源、怒江源和雅鲁藏布江流域及某些内流区(如羌塘高原)，这些弯曲河流形态与演变过程仍鲜为人知。在今后的研究工作中需要结合高分辨率的遥感影像和多频次的野外考察，扩展弯曲河流研究区域的代表性，提高青藏高原河流动力学研究的深度与广度。

悬臂式剪切或张拉破坏崩岸是黄河源区弯曲河流横向迁移的驱动力，然而受限于野外原位测试河岸土体物理力学性质仪器的可靠性和精度，目前关于河岸根土复合体的物理力学性质数据仍十分缺乏，下一步需要采用直接观测或间接测量等多种方法增加崩岸监测数据。同时，作者及带领团队正在开展崩岸触发颈口裁弯过程的原位监测与机理研究，由于长时间高分辨率遥感影像较难获取甚至稀缺，准确计算崩岸速率和裁弯时间仍存在较大不确定性。室内概化水槽实验和数值模拟方法，可弥补野外观测数据的不足，但是如何考虑比尺效应和相互验证仍存在较大问题。

颈口裁弯的发生时间短，往往在几天和几周内完成，遥感影像捕捉或野外观测只能逼近裁弯和已裁弯的 Ω 形弯道，直接原位监测正在裁弯的弯道具有较大挑战和不确定性。野外采取开挖浅槽触发颈口裁弯只是一个人工加速的方法，但这并不完全代表真实的颈口裁弯。因此，需要考虑在黄河源区弯曲河流逼近裁弯的 Ω 形弯道观测数据的基础上，建立基于物理过程的颈口裁弯形态动力学模型，采用数值模拟黄河源区不同类型和不同尺度的颈口裁弯发生、发展和周期，是下一步需要研究的问题。

颈口裁弯的触发依赖于弯道平面形态、河岸边界物质组成、滨河植被作用和流量过程，目前室内实验塑造高度弯曲的连续弯道仍有一定难度，直接触发颈口裁弯是一个具有挑战性的难题。下一步可考虑选取黄河源区逼近裁弯的 Ω 形弯道作为实验原型，缩小几何比尺后，在水槽内人工建造模型弯道，辅以开挖和不开挖浅槽条件，以不种植和种植草本植物分别开展崩岸贯穿型和漫滩冲刷型的颈口裁弯，在不同水流、泥沙和植被条件下实现颈口裁弯及观测其全过程，确定触发颈口裁弯的水流-泥沙-植被临界条件是值得探索的科学问题。

牛轭湖是弯曲河流发生自然裁弯后的遗留河道，一般情况原河道的进口段先发生淤积至堵塞，形成半封闭湖泊。之前，对于牛轭湖缓慢形成过程认识较少，尽管近期开展一些野外观测和理论分析，但是仍缺少系统的监测数据验证理论模型的精度和可靠性。因此，下一步可以考虑采用缩小几何比尺，开展室内概化模型实验，进一步揭示牛轭湖形成与淤积过程。

黄河源区的众多弯曲河流从泥炭湿地和草甸湿地输送生源物质，包括作为重要生态指标的颗粒态和溶解态的有机碳，下一步通过年内非汛期和汛期的野外监测与取样，加深认识若尔盖流域范围内有机碳来源与组成，这对于揭示弯曲河流与泥炭湿地的有机碳通量与湿地生态功能具有较重要的科学意义。

参 考 文 献

曹耀华. 1994. 长江中游边滩类型及几何特征. 石油天然气学报, (4):22-27.

韩剑桥, 张为, 袁晶, 等. 2018. 三峡水库下游分汊河道滩槽调整及其对水文过程的响应. 水科学进展, 29(2):186-195.

洪笑天, 马绍嘉, 郭庆伍. 1987. 弯曲河流形成条件的实验研究. 地理科学, 7(1):35-43.

胡旭跃, 郭楠, 李志威, 等. 2017. 若尔盖泥炭型弯曲河流的悬臂式崩岸机理研究. 工程科学与技术, 49(S1):1-7.

假冬冬, 邵学军, 王虹, 等. 2010. 荆江典型河湾河势变化三维数值模型. 水利学报, 41(12):1451-1460.

江青蓉, 夏军强, 周美蓉, 等. 2020. 黄河下游游荡段不同畸形河湾的演变特点. 湖泊科学, 32(6):28-38.

金德生. 1986. 边界条件对曲流发育影响过程的响应模型试验. 地理研究, 5(3):12-21.

李想, 李志威, 胡旭跃, 等. 2017. 若尔盖黑河的牛轭湖沿程数量变化与形态特征. 水利水电科技进展, 37(6):19-24.

李志威, 秦小华, 方春明. 2011. 天然河流几何形态统计分析. 水科学进展, 22(5):44-50.

李志威, 王兆印, 赵娜, 等. 2013a. 弯曲河流斜槽裁弯的力学模式与发育过程. 水科学进展, 24(2):161-168.

李志威, 王兆印, 徐梦珍, 等. 2013b. 弯曲河流颈口裁弯模式与机理. 清华大学学报(自然科学版), 53(5):618-624.

李志威, 余国安, 徐梦珍, 等. 2016. 青藏高原河流演变研究进展. 水科学进展, 27(4):617-628.

李志威, 刘晶, 胡世雄, 等. 2017. 中国冲积大河的河型分布与成因. 水利水电科技进展, 37(2):7-13.

刘桉, 刘成, 冀自清, 等. 2018. 黄河源区弯曲河流滨河植被与河湾迁移的关系. 水利水电科技进展, 38(2):57-61.

刘晶, 李志威, 田世民, 等. 2017. 近60年渭河下游自然裁弯成因分析. 泥沙研究, 42(1):12-19.

倪晋仁. 1989. 不同边界条件下河型成因的试验研究. 北京: 清华大学.

潘庆燊, 史绍权, 段文忠. 1978. 长江中游河段人工裁弯河道演变的研究. 中国科学, 21(6):85-106.

庞炳东. 1986. 兴建三门峡水库后渭河下游河道自然裁弯的研究. 泥沙研究, 4:37-49.

覃莲超, 余明辉, 谈广鸣, 等. 2009. 河湾水流动力轴线变化与切滩撇弯关系研究. 水动力学研究与进展(A辑), 24(1):29-35.

孙昭华, 冯秋芬, 韩剑桥, 等. 2013. 顺直河型与分汊河型交界段洲滩演变及其对航道条件影响——以长江天兴洲河段为例. 应用基础与工程科学学报, 21(4):647-656.

谈广鸣, 卢金友. 1992. 河道主流摆动与切滩演变初步研究. 武汉水利电力学院学报, 25(2):

107-112.

汤韬, 李志威. 2020. 黄河源弯曲河群分布与形态及边界条件. 水利水电科技进展, 40(1): 10-16.

唐日长. 1963. 蜿蜒性河段成因的初步分析和造床实验研究. 地理学报, 29(2): 13-21.

汪富泉, 曹叔尤, 丁晶. 2001. 河流网络的分形与自组织及其物理机制. 水科学进展, 12(1): 7-16.

王随继, 倪晋仁, 王光谦. 2000. 河型的时空演变模式及其间关系. 清华大学学报(自然科学版), 40(S1): 96-100.

王延贵, 匡尚富. 2005. 河岸淘刷及其对河岸崩塌的影响. 中国水利水电科学研究院学报, 3(4): 251-257.

王兆印, 李志威, 徐梦珍. 2014. 青藏高原河流演变与生态. 北京: 科学出版社.

吴新宇. 2019. 弯曲河流颈口裁弯过程实验研究. 长沙: 长沙理工大学.

夏军强, 宗全利. 2015. 长江荆江段崩岸机理及其数值模拟. 北京: 科学出版社.

谢鉴衡. 1963. 裁弯取直的水力计算和河床变形计算. 武汉水利电力学院学报, (2): 16-29.

尹学良. 1965. 弯曲性河流形成原因及造床试验初步研究. 地理学报, 31(4): 287-303.

张斌, 艾南山, 黄正文, 等. 2007. 中国嘉陵江河曲的形态与成因. 科学通报, 52(22): 2671-2682.

钟德钰, 张红武. 2004. 考虑环流横向输沙及河岸变形的平面二维扩展数学模型. 水利学报, 7: 14-20.

朱海丽, 李志威, 胡夏嵩, 等. 2015. 黄河源草甸型弯曲河流悬臂式崩岸机制. 水利学报, 46(7): 836-843.

朱海丽, 胡夏嵩, 李志威, 等. 2018. 黄河源草甸型弯曲河流的凸岸植被分带特征与演替规律. 泥沙研究, 43(1): 58-65.

朱玲玲, 张为, 葛华. 2011. 三峡水库蓄水后荆江典型分汊河段演变机理及发展趋势研究. 水力发电学报, 30(5): 106-113.

朱玲玲, 许全喜, 熊明. 2017. 三峡水库蓄水后下荆江急弯河道凸冲凹淤成因. 水科学进展, 28(2): 193-202.

Abad J D, Garcia M H. 2006. RVR meander: A toolbox for re-meandering of channelized streams. Computers and Geosciences, 31(1): 92-101.

Abad J D, Garcia M H. 2009. Experiments in a high-amplitude Kinoshita meandering channel: 1. Implications of bend orientation on mean and turbulent flow structure. Water Resources Research, 45: 1-19.

Andrle R. 1996. Measuring channel planform of meandering rivers. Physical Geography, 17(3): 270-281.

Arulanandan K, Gillogley E, Tully R. 1980. Development of a quantitative method to predict critical shear stress and rate of erosion of natural undisturbed cohesive soils. Clinical and Experimental Immunology, 3(4): 305-312.

Billett M, Palmer S, Hope D, et al. 2004. Linking land-atmosphere-stream carbon fluxes in a lowland peatland system. Global Biogeochemical Cycles, 18(1): GB1024.

Blue B, Brierley G, Yu G A. 2013. Geodiversity in the Yellow River source zone. Journal of

Geographical Sciences, 23(5): 775-792.

Braudrick C A, Dietrich W E, Leverich G T, et al. 2009. Experimental evidence for the conditions necessary to sustain meandering in coarse-bedded rivers. Proceedings of the National Academy of Sciences, 106(40): 16936-16941.

Brice J C. 1974. Evolution of meander loops. Geological Society of America Bulletin, 85: 581-586.

Brierley G J, Li X L, Cullum C, et al. 2016. Landscape and Ecosystem Diversity, Dynamics and Management in the Yellow River Source Zone. Berlin: Springer.

Bywater-Reyes S, Diehl R M, Wilcox A C, et al. 2018. The influence of a vegetated bar on channel-bend flow dynamics. Earth Surface Dynamics, 6: 487-503.

Camporeale C, Perona P, Porporato A, et al. 2005. On the long-term behavior of meandering rivers. Water Resources Research, 41: W12403.

Camporeale C, Perucca E, RidolfiI L. 2008. Significance of cutoff in meandering river dynamics. Journal of Geophysical Research, 113: F01001.

Carson M A, Lapointe M F. 1983. The inherent asymmetry of river meander planform. The Journal of Geology, 91(1): 41-55.

Chen D, Tang C L. 2012. Evaluating secondary flows in the evolution of sin-generated meanders. Geomorphology, (163): 37-44.

Chu H, Gottgens J, Chen J Q, et al. 2015. Climatic variability, hydrologic anomaly, and methane emission can turn productive freshwater marshes into net carbon sources. Global Change Biology, 21: 1165-1181.

Church M. 2002. Geomorphic thresholds in riverine landscapes. Freshwater Biology, 47: 541-557.

Constantine J A, Dune T. 2008. Meander cutoff and the controls on the production of oxbow lakes. Geology, 36(1): 23-26.

Constantine J A, Mclean S R, Dunne T. 2010. A mechanism of chute cutoff along large meandering rivers with uniform floodplain topography. GSA Bulletin, 122(5/6): 855-869.

Crosato A. 2008. Analysis and Modelling of River Meandering. Amsterdam: IOS Press.

Dawson-Julian J, Billett M, Hope D, et al. 2004. Sources and sinks of aquatic carbon in a peatland stream continuum. Biogeochemistry, 70: 71-92.

Dulal K P, Shimizu Y. 2010. Experimental simulation of meandering in clay mixed sediments. Journal of Hydro-environment Research, (4): 329-343.

Erskin W, Mcfadden C, Bishop P. 1992. Alluvial cutoffs as indicators of former channel conditions. Earth Surface Processes and Landforms, 17(1): 23-37.

Fares Y R. 2000. Changes of bed topography in meandering rivers at a neck cutoff intersection. Journal of Environmental Hydrology, 13(8): 1-18.

Ferguson R I. 1973. Regular meander path models. Water Resource Research, 9(5): 1079-1086.

Ferguson R I. 1976. Disturbed periodic model for river meanders. Earth Surface Processes, (1): 337-347.

Frascati A, Lanzoni S. 2009. Morphodynamic regime and long-term evolution of meandering rivers.

Journal of Geophysical Research, 114: F02002.

Frascati A, Lanzoni S. 2010. Long-term river meandering as a part of chaotic dynamics? A contribution from mathematical modeling. Earth Surface Processes and Landforms, 35: 791-802.

Friedkin J F. 1945. A laboratory study of meandering of alluvial rivers. Vicksburg: Report of Mississippi River Commission, U. S. Waterways Experiment Station.

Gautier E, Brunstein D, Vauchel P, et al. 2007. Temporal relations between meander deformation, water discharge and sediment fluxes in the floodplain of the Rio Beni(Bolivian Amazonia). Earth Surface Processes and Landforms, 32(2): 230-248.

Gay G R, Gay H H, Gay W H, et al. 1998. Evolution of cutoffs across meander necks in Power River, Montana, USA. Earth Surface Processes and Landforms, 23: 651-662.

Gran K, Paola C. 2001. Riparian vegetation controls on braided stream dynamics. Water Resources Research, 37(12): 3275-3283.

Guneralp I, Rhoads B L. 2009. Empirical analysis of the planform curvature-migration relation of meandering rivers. Water Resources Research, 45: W09424.

Guneralp I, Abad J D, Zolezzi G, et al. 2012. Advances and challenges in meandering channels research. Geomorphology, (163/164): 1-9.

Guo X Y, Chen D, Parker G. 2019. Flow directionality of pristine meandering rivers is embedded in the skewing of high-amplitude bends and neck cutoffs. Proceedings of the National Academy of Sciences, 116(47): 23448-23454.

Guo Y, Song C, Tan W, et al. 2018. Hydrological processes and permafrost regulate magnitude, source and chemical characteristics of dissolved organic carbon export in a peatland catchment of northeastern China. Hydrology and Earth System Sciences, 22: 1081-1093.

Han B, Endreny T A. 2014. Detailed river stage mapping and head gradient analysis during meander cutoff in a laboratory river. Water Resources Research, 50(2): 1689-1703.

Hanson G J, Simon A. 2001. Erodibility of cohesive streambeds in the loess area of the midwestern USA. Hydrological Processes, 15(1): 90-96.

Hickin E J. 1974. The development of meanders in natural river-channels. American Journal of Science, 274: 414-442.

Hickin E J, Nanson G C. 1975. The character of channel migration on the Beatton River, Northeast British Columbia, Canada. Geological Society of America Bulletin, 86: 487-494.

Hooke J M. 1995. River channel adjustment to meander cutoffs on the River Bollin and River Dane, northwest England. Geomorphology, 14(3): 235-253.

Hooke J M. 2004. Cutoffs galore!: Occurrence and causes of multiple cutoffs on a meandering river. Geomorphology, 61(3-4): 225-238.

Hooke J M. 2007. Complexity, self-organization and variation in behavior in meandering rivers. Geomorphology, 91: 236-258.

Hooke J M. 2013. River meandering // Shroder J, Wohl E. Treatise on Geomorphology. San Diego: Academic Press: 260-288.

Howard A D. 1992. Modeling channel migration and floodplain sedimentation in meandering streams// Carling P A, Petts G E. Lowland Floodplain Rivers: Geomorphological Perspectives. New York: John Wiley & Sons Ltd: 1-41.

Howard A D. 1996. Modeling channel evolution and floodplain morphology//Anderson M A, Walling D E, Bates P D. Floodplain Processes. New York: John Wiley& Sons Ltd.

Howard A D. 2009. How to make a meandering river. PNAS, 106(41): 17245-17246.

Howard A D, Hemberger A T. 1991. Multivariate characterization of meandering. Geomorphology, (4): 161-186.

Howard A D, Knutson T R. 1983. Sufficient conditions for river meandering: A simulation approach. Water Resources Research, 20(11): 1659-1667.

Ielpi A, Lapotre M G. 2020. A tenfold slowdown in river meander migration driven by plant life. Nature Geoscience, 13: 82-86.

Ikeda S, Parker G, Sawai K. 1981. Bend theory of river meanders. Part 1. Linear development. Journal of Fluid Mechanism, 112: 363-377.

Kawai S, Julien P Y. 1996. Point bar deposits in narrow sharp bends. Journal of Hydraulic Research, 34(2): 205-218.

Khodashenas S R, El Kadi Abderrezzak K, Paquier A. 2008. Boundary shear stress in open channel flow: A comparison among six methods. Journal of Hydraulic Research, 46(5): 598-609.

Kinoshita R. 1961. Investigation of Channel Deformation in Ishikari River. Tokyo: Report to the Bureau of Resources.

Klavon K, Fox G, Guertault L, et al. 2017. Evaluating a process-based model for use in streambank stabilization: insights on the Bank Stability and Toe Erosion Model(BSTEM). Earth Surface Processes and Landforms, 42: 191-213.

Konsoer K M, Rhoads B L, Landgendoen E J, et al. 2016. Three-dimensional flow structure and bed morphology in large elongate meander loops with different outer bank roughness characteristics. Water Resources Research, 52(12): 9621-9641.

Lancaster S T, Bras R L. 2002. A simple model of river meandering and its comparison to natural channels. Hydrological Processes, 16(1): 1-26.

Langbein W B, Leopold L B. 1966. River Meanders-Theory of Minimum Variance. Washington: Geological Survey Professional Paper.

Leach J, Larsson A, Wallin M, et al. 2016. Twelve year interannual and seasonal variability of stream carbon export from a boreal peatland catchment. Journal of Geophysical Research: Biogeosciences, 121: 1851-1866.

Lewis G W, Lewin J. 1983. Alluvial cutoffs in Wales and the Borderlands//Collinson J D, Lewin J. Modern and Ancient Fluvial Systems. International Association of Sedimentologists, 6: 145-154.

Li Z W, Gao P. 2019. Channel adjustment after artificial neck cutoffs in a meandering river of the Zoige basin within the Qinghai-Tibet Plateau, China. Catena, 172: 255-265.

Li Z W, Wang Z Y, Pan B Z, et al. 2013. Analysis of controls upon channel planform at the First

Great Bend of the Upper Yellow River, Qinghai-Tibet Plateau. Journal of Geographical Science, 23(5): 833-848.

Li Z W, Yu G A, Brierley G, et al. 2017. Migration and cutoff formation of meanders in hyper-arid environments of the middle and lower Tarim River, Northwestern China. Geomorphology, 276: 116-124.

Li Z W, Wu X Y, Gao P. 2019. Experimental study on the process of neck cutoff and channel adjustment in a highly sinuous meander under constant discharges. Geomorphology, 327: 215-229.

Liu B Y, Wang S J. 2017. Planform characteristics and development of interchannel wetlands in a gravel-bed anastomosing river, Maqu Reach of the Upper Yellow River. Journal of Geographical Sciences, 27(11): 1376-1388.

Ludwig W, Probst J, Kempe S. 1996. Predicting the oceanic input of organic carbon by continental erosion. Global Biogeochemistry Cycle, 10(1): 23-41.

Matsubara Y, Howard A D, Burr D M, et al. 2015. River meandering on Earth and Mars: A comparative study of Aeolis Dorsa meanders, Mars and possible terrestrial analogs of the Usuktuk River, AK, and the Quinn River, NV. Geomorphology, 240: 102-120.

McClain M, Boyer E, Dent C, et al. 2003. Biogeochemical hot spots and hot moments at the interface of terrestrial and aquatic ecosystems. E-cosystems, 6(4): 301-312.

Micheli E R, Larsen E W. 2011. River channel cutoff dynamics, Sacramento River, California, USA. River Research and Applications, 27: 328-344.

Midgley T L, Fox G A, Heeren D M. 2012. Evaluation of the bank stability and toe erosion model(BSTEM) for predicting lateral retreat on composite streambanks. Geomorphology, 145-146(4): 107-114.

Millar R G. 2000. Influence of bank vegetation on alluvial channel patterns. Water Resources Research, 36(4): 1109-1118.

Monegaglia F, Zolezzi G, Guneralp I, et al. 2018. Automated extraction of meandering river morphodynamics from multitemporal remotely sensed data. Environmental Modelling and Software, 105: 171-186.

Montgomery D, Collins B, Buffington J, et al. 2003. Geomorphic effects of wood in rivers. American Fisheries Society Symposium, 37: 21-47.

Montgomery K. 1996. Sinuosity and fractal di mension of meandering rivers. Area, 28(4): 491-500.

Moore T, Roulet N, Waddington J. 1998. Uncertainty in predicting the effect of climatic change on the carbon cycling of Canadian peatlands. Climatic Change, 40: 229-245.

Nicoll T J, Hickin E J. 2010. Planform geometry and channel migration of confined meandering rivers on the Canadian prairies. Geomorphology, 116: 37-47.

Nikora V I. 1991. Fractal structures of river plan forms. Water Resources Research, 27(6): 1327-1333.

Olefeldt D, Roulet N, Giesler R, et al. 2013. Total waterborne carbon export and DOC composition from ten nested subarctic peatland catchments-importance of peatland cover, groundwater influence, and inter-annual variability of precipitation patterns. Hydrological Processes, 27: 2280-2294.

Parker G. 1976. On the cause and characteristic scales of meandering and braiding in rivers. Journal of Fluid Mechanism, 76(3): 457-480.

Parker G, Shimizu Y, Wilkerson G V, et al. 2011. A new framework for modeling the migration of meandering rivers. Earth Surface Processes and Landforms, 36: 70-86.

Peakall J, Ashworth J P, Best J L. 2007. Meander-bend Evolution, alluvial Architecture, and the role of cohesion in sinuous river channels: A flume study. Journal of Sedimentary Research, 77: 197-212.

Perucca E, Camporeale C, Ridolfi L. 2005. Nonlinear analysis of the geometry of meandering rivers. Geophysical Research Letters, 32: L03402.

Posner A J, Duan J G. 2012. Simulating river meandering processes using stochastic bank erosion coefficient. Geomorphology, (163/164): 26-36.

Schumm S A, Khan H R. 1971. Experimental study of channel patterns. Nature, 233: 407-409.

Smith E C. 1998. Modeling high sinuosity meanders in a small flume. Geomorphology, (25): 19-30.

Snow R S. 1989. Fractal sinuosity of stream channesl. Pure and Applied Geophysics, 131(1/2): 99-109.

Song X L, Xu G Q, Bai Y C, et al. 2016. Experiments on the short-term development of sine-generated meandering rivers. Journal of Hydro-environment Research, 11: 42-58.

Stølum H H. 1996. River meandering as a self-organization process. Science, 271: 1710-1713.

Stølum H H. 1998. Planform geometry and dynamics of meandering rivers. GSA Bulletin, 110(11): 1485-1498.

Strack M, Waddington J, Bourbonniere R, et al. 2008. Effect of water table drawdown on peatland dissolved organic carbon export and dynamics. Hydrological Processes, 22: 3373-3385.

Sun T, Meakin P, Jossang T, et al. 1996. A simulation model for meandering rivers. Water Resources Research, 32(9): 2937-2954.

Swamee P K, Parkash B, Thomas J V, et al. 2003. Changes in channel pattern of river Ganga between Mustafabad and Rajmahal, Gangetic Plains since 18th century. International Journal of Sediment Research, 18(3): 219-231.

Sylvester Z, Paul D, Covault J A. 2019. High curvatures drive river meandering. Geology, 47(3): 263-266.

Tal M, Paola C. 2010. Effects of vegetation on channel morphodynamics: results and insights from laboratory experiments. Earth Surface Processes and Landforms, (35): 1014-1028.

Thompson D M. 2003. A geomorphic explanation for a meander cutoff following channel relocation of a coarse-bedded river. Environmental Management, 31(3): 0385-0400.

Tiemeyer B, Kahle P. 2014. Nitrogen and dissolved organic carbon(DOC) losses from an artificially drained grassland on organic soils. Biogeosciences, 11: 4123-4137.

Tiffany T M, Nelson G A. 1939. Studies of Meandering of Model-Streams. AGU, 20(4): 644-649.

van Dijk W M, van de Lageweg W I, Kleinhans M G. 2012. Experimental meandering river with chute cutoffs. Journal of Geophysical Research, 117: F03023.

Vannote R, Misnshall G, Sedell J, et al. 1980. The river continuum concept. Canadian Journal of Fisheries and Aquatic Sciences, 37: 130-136.

Visconti F, Camporeale C, Ridolfi L. 2010. Role of discharge variability on pseudo-meandering channel morphodynamics: Results from laboratory experiments. Journal of Geophysical Research, 115: F04042.

Waldron L J, Dakessian S. 1981. Soil reinforcement by roots: Calculation of increased soil shear resistance from root properties. Soil Science, 132(6): 427-435.

Waldron L J. 1977. The shear resistance of root-permeated homogeneous and stratified soil. Journal of the Soil Science Society of America, 41(5): 843-849.

Waldron S, Flowers H, Arlaud C, et al. 2009. The significance of organic carbon and nutrient export from peatland-dominated landscapes subject to disturbance, a stoichiometric perspective. Biogeosciences, 6: 363-374.

Wang L, Song C, Guo Y. 2016. The spatiotemporal distribution of dissolved carbon in the main stems and their tributaries along the lower reaches of Heilongjiang River Basin, Northeast China. Environmental Science and Pollution Research, 23: 206-219.

Willis B J. 2010. Palaeochannel reconstructions from point bar deposits: A three-dimensional perspective. Sedimentology, 36(5): 757-766.

Wohl E, Hall R, Lininger K, et al. 2017. Carbon dynamics of river corridors and the effects of human alterations. Ecological Monographs, 87(3): 379-409.

Wong M, Parker G. 2006. Reanalysis and correction of bed-Load relation of Meyer-Peter and Müller using their own database. Journal of Hydraulic Engineering, 132(11): 1159-1168.

Wu T H, Li M K, Swanston D N. 1979. Strength of tree roots and landslides on Prince of Wales Island, Alaska. Canadian Geotechnical Journal, 16(1): 19-33.

Xu D, Bai Y C, Ma J M, et al. 2011. Numerical investigation of long-term planform dynamics and stability of river meandering on fluvial floodplains. Geomorphology, 132(3/4): 195-207.

Yang S Q, Bai Y C, Xu H J. 2018. Experimental analysis of river evolution with riparian vegetation. Water, 10: 1500.

Yu G A, Liu L, Li Z W, et al. 2013. Fluvial diversity in relation to valley setting in the source region of the Yangtze and Yellow Rivers. Journal of Geographical Sciences, 23(5): 817-832.

Yu G A, Brierley G, Huang H Q, et al. 2014. An environmental gradient of vegetative controls upon channel planform in the source region of the Yangtze and Yellow Rivers. Catena, 119: 143-153.

Yu G A, Li Z W, Yang H Y, et al. 2020. Effects of riparian plant roots on the unconsolidated bank stability of meandering channels in the Tarim River, China. Geomorphology, 351: 106958.

Zinger J A, Rhoads B L, Best J L. 2011. Extreme sediment pulses generated by bend cutoffs along a large meandering river. Nature Geoscience, 4: 675-678.